化学工业出版社"十四五"普通高等教育规划教材

普通高等教育一流本科课程建设成果教材

生命科学概论

王元秀　　李新军　　主编

化学工业出版社

·北京·

内容简介

《生命科学概论》是山东省一流线上课程"生命科学概论"配套教材。内容包括绪论、生物的化学组成与营养、细胞与克隆、遗传与遗传病、生物类群与人类、生态与环境。全书以生命与健康为主线，以人为中心，每章内容分为三个层次，便于读者由浅入深、循序渐进地掌握生命科学知识，建立生物结构、功能、制备及应用互相联系的知识体系。本教材知识内容融合学科前沿、产业及思政，润物细无声地对读者进行价值引领与思想教育。

本教材编写力求简洁扼要，同时把丰富的讲课视频、案例等拓展数字资源通过二维码互联到书中，与本书配套的课件可以通过化学工业出版社教学资源网下载。

本教材可作为全国各类高校生物类专业基础课教材和非生物类专业通识课教材，也可供社会学习者阅读参考。

图书在版编目（CIP）数据

生命科学概论 / 王元秀，李新军主编. —北京：
化学工业出版社，2022.9（2024.3重印）

普通高等教育一流本科课程建设成果教材　化学工业
出版社"十四五"普通高等教育规划教材

ISBN 978-7-122-41736-7

Ⅰ.①生… Ⅱ.①王… ②李… Ⅲ.①生命科学-高
等学校-教材　Ⅳ.①Q1-0

中国版本图书馆 CIP 数据核字（2022）第 105463 号

责任编辑：傅四周

责任校对：宋　玮

装帧设计：王晓宇

出版发行：化学工业出版社（北京市东城区青年湖南街 13 号　邮政编码 100011）

印　　装：北京天宇星印刷厂

787mm×1092mm　1/16　印张 14　字数 329 千字　2024 年 3 月北京第 1 版第 2 次印刷

购书咨询：010-64518888　　　售后服务：010-64518899

网　　址：http://www.cip.com.cn

凡购买本书，如有缺损质量问题，本社销售中心负责调换。

定　　价：49.00 元　　版权所有　违者必究

编写人员名单

主　　编：王元秀　李新军

副 主 编：刘月辉　王明山　秦晓春

编写人员 (按汉语拼音排序)：

车彤彤 (济南大学)，胡杨 (济南大学)，李新军 (齐鲁理工学院)，刘月辉 (济南大学)，秦晓春 (济南大学)，宋新华 (山东理工大学)，汪靖超 (青岛大学)，王明山 (枣庄学院)，王元秀 (济南大学)，张俊娇 (齐鲁理工学院)

前　言

　　生命科学代表着 21 世纪自然科学的前沿，正在成为发展最快、应用最广、潜力最大、竞争最为激烈的领域之一，也是最有希望孕育关键性突破的领域之一。通识教育是超越功利和实用的非职业性、非专业性的"全人教育"，"生命科学概论"是高校重要的通识课程。教育部"关于印发《关于生命科学普及教育课程教学的原则意见（试行）》的通知"（教高司函［2004］158 号）要求积极推进高等学校非生命科学类本科生的生命科学素质教育。生命科学通识教育课程是面向非生命科学类专业本科生的综合性素质教育课程。该课程旨在更高水平、更高层次上，促进大学生认识现代生命科学与技术的内涵、进展以及对经济和社会的作用，培养他们珍视生命、热爱自然、关爱社会的情操，激起他们对生命科学热点问题的兴趣，激发他们在学科渗透融合下的探索和创造激情，树立正确的科学观、认识观。

　　本书以生命科学知识为基础，生命与健康为主线，以人为中心，强化应用与实践，内容包括绪论、生命的化学组成与营养、细胞与克隆、遗传与遗传病、生物类群与人类以及生态与环境。每章内容分为三个层次，让读者由浅入深、循序渐进地掌握生命科学知识，建立生物结构、功能、制备与应用相联系的内容体系。知识内容融合学科前沿、产业及思政，润物细无声地对读者进行价值引领与思想教育。

　　编写人员在多年教学经验的基础上，根据生命科学研究的进展和人才培养的需求，对本书网络版的结构体系和教学内容做了认真的思考与探讨，并做了一些改革与尝试。"生命科学概论"课程在 2016 年获山东省教育厅在线课程建设立项，于 2019 年 8 月在智慧树网（https://www.zhihuishu.com/）全网上线，并获评为山东省一流线上课程。本书的特点主要体现在：（1）内容系统全面，编写形式删繁就简、突出重点、层次鲜明、图文并茂，以生命科学知识为基础，强化应用与实践；（2）为使读者更好地理解、学习，每章末设有本章小结及具有启发性的思考题；（3）将丰富的讲课视频、案例等拓展数字资料编排于本书中，通过扫描二维码供读者参考。与本书配套的多媒体课件可以通过化学工业出版社教学资源网下载，丰富的课程资源可以参考智慧树网"生命科学概论"课程链接。本书是一本纸质且具有丰富数字资源的立体化教材。

　　本书可供全国各类高校开设"生命科学概论"基础课或通识课以及社会学习者使用。

　　本书是全体编写人员集体劳动和智慧的结晶。虽然我们做了很大的努力，但编者深感知识与能力有限，尽管反复修改，仍难免存在纰漏或不妥之处，恳请专家和读者不吝指正。您所提的宝贵意见与建议可以通过化学工业出版社转达或者直接发 E-mail 给编者：chm_wangyx@ujn.edu.cn。

王元秀

2022 年 8 月 13 日

目　录

070 第三章
**遗传与
遗传病**

102 **第四章**
生物类群与
人类

190 第五章
生态与环境

214 参考文献

绪　论

一、生命科学

生物学（Biology）是研究生命的科学，是研究生命现象的本质并探讨生物发生和发展规律的一门科学，又称为生命科学。

地球大约是在 45 亿年前形成，最早的生命大约是在距今 38 亿年前出现。在生命出现之前，地球是寂静的，是"毫无生气"的，有的只是浅海、岩石和笼罩其上的薄层气体，或者说，地球只是由岩石圈、水圈和大气圈所构成。后来生物出现了，并且逐渐发展而占据了岩石圈、水圈和大气圈中的一定区域形成了生物圈。生物在生物圈中利用日光、水、空气和无机盐类生活繁衍，经历了亿万年漫长岁月的自然选择，终于形成了现在绚丽的生物界。地球上已有科学记载的生物约 200 万种，其中包括脊椎动物（vertebrate）约 50 万种，植物（plant）约 26 万种。据估计，地球上的生物共有 500 万～3000 万种，其中大部分还未被发现和命名。无论哪种生物-细菌、动物或植物，每一种都有无穷无尽的奥秘等待人们去揭示。这些生物在形态结构、生活习性、营养方式、生殖方式等方面都有很大不同，可以说是千差万别，但是它们都有一个共同之处，使它们截然有别于无机界，这就是，它们是"活"的，是有生命的，而无机界是"死的"，是没有生命的。

生命是生物与非生物之间的本质区别。

二、生命的基本特征

生物界是一个多层次、高度有序、可自身调节的复杂系统，具有明显的自身特征。

1. 化学成分的同一性

从元素成分来看，构成形形色色生物体的元素都是普遍存在于无机界的 C、H、O、N、P、S、Ca 等元素，并不存在特殊的生命所特有的元素。从分子成分来看，各种生物体除含有多种无机化合物之外，还含有蛋白质、核酸、脂、糖、维生素等多种有机分子。这些有机分子，在自然界都是生命过程的产物。其中，有些有机分子在各种生物中都是一样的或基本一样的，如葡萄糖、ATP（三磷酸腺苷）等；有些有机分子如蛋白质、核酸等大分子，虽然在不同的生物中有不同的组成，但构成这些大分子的单体却是一样的。例如，构成各种生物蛋白质的单体不外 20 种氨基酸，各种生物核酸的单体主要也不过是 8 种核苷酸。这些单体在不同生物中以相同的连接方式组成不同的蛋白质和核酸大分子。脱氧核糖核酸（有时是核糖核酸）是一切已知生物的遗传物质。由脱氧核糖核酸组成的遗传密码在生物界一般是通用的。

各种生物用这一统一的遗传密码编制自己的基因程序，并按照这一基因程序来实现生长、发育、生殖、遗传等生命活动。各种生物都有催化各种代谢过程的酶分子，而酶是有催化作用的蛋白质。各种生物都是以高能化合物三磷酸腺苷为储能分子。

这些说明了生物在化学成分上存在着高度的同一性。

2. 严整有序的结构

生物体的各种化学成分在体内不是随机堆砌在一起，而是严整有序的。生命的基本单位是细胞（cell），细胞内的各结构单元（细胞器）都有特定的结构和功能。线粒体有双层的外膜、有嵴，嵴上的大分子（酶）的排列是有序的。生物大分子，无论如何复杂，还不是生命，只有当大分子组成一定的结构，或形成细胞这样一个有序的系统，才能表现出生命。失去有序性，如将细胞打成匀浆，生命也即完结。

生物界是一个多层次的有序结构。在细胞这一层次之上还有组织、器官、系统、个体、种群、群落、生态系统等层次。每一个层次中的各个结构单元，如器官系统中的各器官、各器官中的各种组织，都有它们各自特定的功能和结构，它们的协调活动构成了复杂的生命系统，即：

生物分子→亚细胞结构→细胞→组织→器官→系统→生物个体→种群→群落→生态系统

3. 新陈代谢

生物与环境之间不断地进行物质的交换和能量的流动，这种现象叫新陈代谢（metabolism）。生物的新陈代谢包括物质代谢和能量代谢两个方面，由两个既矛盾又统一的作用组成：一个是生物体从外界摄入物质，经过一系列转化与合成过程，将其转变为自身的组成物质，并储存能量，叫做同化作用（assimilation）；另一个是生物体将其自身的组成物质加以分解，释放其中所储存的能量，把分解所产生的废物排出体外，此叫做异化作用（dissimilation）。异化作用所释放的能量，一部分用于合成新的物质，一部分变成热，维持一定的体温，还有一部分供其他生命活动之需。同化作用和异化作用是相互矛盾的，前者是从外界吸收物质和能量，合成有机物，建设自身；后者却是向外界排出物质和能量，分解有机物，破坏自身。但是，这两个作用又是同时进行，相互依存的。有机体正是在这种不断的建设与破坏中得到更新。

4. 应激性和运动

生物体能接受外界刺激而发生的兴奋性反应，反应的结果使生物"趋吉避凶"，这种现象叫应激性（irritability）。

在一滴草履虫液中滴一小滴醋酸，草履虫就纷纷走开；一块腐肉可招来苍蝇；植物茎尖向光生长（向光性）；这些都是应激性。

5. 稳态

生物对体内的各种生命过程有着良好的调节能力。生物所处的环境是多变的，但生物能够对环境的刺激作出反应，通过自我调节保持自身的稳定。例如，人的体温保持在 37℃ 上下，血液的 pH 保持在 7.4 左右等。

稳态这一概念先是由法国生物学家 C. 贝尔纳提出的。他指出身体内部环境的稳定是自由和独立生活的条件。后来，美国生理学家 W. B. 坎农揭示内环境稳定是通过一系列调节机制来保证的，并提出"稳态"（homeostasis）一词。稳态概念的应用现在已远远超出个体内环境的范围。生物体的生物化学成分、代谢速率等都趋向稳态水平，甚至一个生物群落、生态系统在没有激烈外界因素的影响下，也都处于相对稳定状态。

6. 生长发育

生物都能通过代谢而生长（growth）和发育（development）。任何生物体在其一生中都要经历从小到大的生长过程，这是由于同化作用大于异化作用的结果。单细胞生物的生长，主要依靠细胞体积与重量的增加。多细胞生物的生长，主要是依靠细胞的分裂来增加细胞数目。此外，在生物体的生活史中，其构造和机能要经过一系列的变化，才能由幼体形成一个与亲体相似的成熟个体，然后经过衰老而死亡。这个总的转变过程叫做发育。但在高等动植物中，发育一般是指达到性机能成熟时为止。

7. 繁殖、遗传和变异

当有机体生长发育到一定大小和一定程度的时候，就能产生后代，使个体数目增多、种族得以绵延，这种现象叫做繁殖（reproduction）。繁殖保证了生命的连续性并为生生不息的生物界提供了进一步发展的可能。生物能繁殖，就是说，能复制出新的一代，任何一个生物体都是不能长存的，它们通过繁殖后代而使生命得以延续下去。

生物在繁殖过程中，把它们的特性传给后代，"种瓜得瓜，种豆得豆"，这就是"遗传"（heredity）。遗传虽然是生物的共同特性，种瓜虽然得瓜，但同一个蔓上的瓜，彼此总有点不同；种豆虽然得豆，但所得的豆也不会完全一样。它们不但彼此不一样，它们和亲代也不会完全一样。这种不同就是"变异"（variation）。没有这种可遗传的变异，生物就不可能进化。

8. 适应

适应一般有两方面的涵义，一方面是生物的结构都适应于一定的功能，如鸟翅构造适应于飞翔、人眼的构造适应于感受物像等；另一方面是生物的结构和功能适应于该生物在一定环境条件下的生存和延续，如鱼的体形和用鳃呼吸适于在水中生活、被子植物的花及传粉过程适于在陆地环境中进行有性繁殖等。适应是生物界普遍存在的现象。

三、生物学的发展简史

同其他自然科学一样，生物科学也是在人类的生产实践活动中产生的，并且随着社会生产力和整个科学技术的发展而发展。

（视频1）

1. 描述生物学阶段（19世纪中叶以前）

原始社会是人类社会的"童年"。人们为了生存，不得不采集植物的果实、根、茎和进行狩猎等活动。实践中，他们接触到形形色色的动植物，也看到生物的生生死死，产生了"事物变动不居"的朴素的唯物主义思想。但因为当时的生产力极为低下，人们对于复杂的生命现象感到神秘莫测，因而又产生了"万物有灵"的迷信观念，认为事物变化的原因是不可知的。

从奴隶社会到封建社会，随着劳动工具不断改进，生产力逐步提高，人们对自然界的认识也不断加深。

我国战国末期的荀况认为，自然界的一切事物都各自按照一定的客观规律运动，而与"天意"无关。他说："天行有常，不为尧存，不为桀亡"，并强调了人在自然界中的重要位置。在《荀子·天论》一书中，他更提出了"制天命而用之"的光辉思想。东汉的王充在《订鬼篇》等著作中，明确指出"鬼"只是人精神上的幻觉。

远在四五千年前，我国就出现了农业，三千年前开始了室内养蚕，并且通过人工培育了许多动植物新品种。在长期的实践中，我国劳动人民积累了丰富的生物学知识。古代著作《诗经》

中记载了 200 多种动植物，汉朝出版的《神农本草经》记载药物 365 种。公元 6 世纪，在后魏学者贾思勰所著的《齐民要术》一书中，总结了我国古代劳动人民改造和控制生物的人工选择、人工杂交、嫁接和定向培育等科学原理与方法，是我国宝贵的农业科学和生物科学巨著。11 世纪，著名科学家沈括在《梦溪笔谈》一书中，对化石作了很多论述。他在古生物学和地质学方面的科学思想，比西方学者的同类观点早 400 年。16 世纪，明代杰出的学者李时珍，在其编著的《本草纲目》中，共载药 1892 种，附图 1126 幅，对动植物作了详尽的分类，并包含有进化的思想，比西方分类学的创始人林奈（Linnaeus）的《自然系统》一书约早 150 年。自 1656 年起，《本草纲目》曾先后被译为拉丁、英、法、日、德等多种文字在世界上广为流传，影响甚大。我国人民对于遗传、变异和自然选择的认识早于达尔文，并对达尔文的研究产生过一定的影响。事实证明，我国的科学水平特别是生物科学方面，曾经居于世界首位。

在西方，古希腊的唯物主义哲学家把自然界看作是一个整体，认为万物均在运动变化之中。德谟克利特（Demokritos）反对神创论，认为人的灵魂也是由原子聚合而成，当原子分散时，灵魂就消亡。

从 5 世纪开始，欧洲进入封建社会，长达近千年。这是个漫长的、黑暗的时代，曾经对自然科学进行了毁灭性的摧残，此时期科学发展非常缓慢。

15 世纪上半叶，欧洲资产阶级兴起，发动了文艺复兴运动，大力提倡发展自然科学。16 世纪欧洲资本主义形成以后，生产力得到提高，工商业日益发展，生物科学也有了新的发展。例如，维萨里（Vesalius）用科学方法解剖人体，奠定了解剖学的基础；哈维（Harvey）发现了血液循环，奠定了生理学的基础；显微镜的发明和应用，促进了生物学的发展，并使列文虎克（Leeuwenhoek）发现了微生物；俄国的乌尔夫（Wolff）应用比较方法研究鸡胚发育，提出有机体各器官在发育过程中逐渐形成的学说；瑞典学者林奈建立了科学的分类学，创立了双名命名制，从而把所有动植物纳入一个统一的分类系统，结束了生物分类的混乱状态，对生物学的发展作出了重大贡献。

19 世纪，资本主义处于上升阶段。这是生物学发展史上的重要转折点。19 世纪上半叶，比较解剖学、细胞学、胚胎学、古生物学和生物地理学等许多领域都取得了很大成就。施莱登（Schleiden）和施旺（Schwann）建立的细胞学说（Cell Theory），指出一切动植物体均由细胞构成，从细胞水平证明了生物界的统一性。19 世纪生物学上最伟大的成就之一乃是达尔文所创的、以自然选择学说为中心的进化理论。

2. 实验生物学阶段（19 世纪中到 20 世纪中）

19 世纪下半叶到 20 世纪初，由孟德尔（Mendel）、得弗里斯（de Vries）、萨顿（Sutton）和约翰逊（Johannsen）等人，根据杂交实验和细胞学的观察，逐渐建立了染色体遗传学说。1926 年美国学者摩尔根（Morgan）发表了"基因论"。他们的工作，阐明了遗传和变异的若干规律。1941 年，比德尔（Beadle）和塔特姆（Tatum）又提出"一个基因一个酶"的学说，把基因与蛋白质的功能结合起来。1944 年美国生物学家艾弗里（Avery）用细菌为实验材料，第一次证明 DNA 是遗传信息的载体，动摇了所谓蛋白质在遗传过程中起主导作用的旧观念，大大推动了对 DNA 分子结构的研究。在第二次世界大战中，美国科学家德尔布吕克（Delbrück）创建了"噬菌体研究组"，把噬菌体作为基因自我复制的最理想材料，对大肠杆菌和噬菌体的结构与增殖特性做了许多定量的研究，不但对 DNA 双螺旋结构的确立起了重大推动作用，而且加速了后来分子遗传学的发展，被誉为"分子生物学之父"。从 19 世纪后叶到 20 世纪 40 年代末，化学和物理学同生物学相结合的成就，为分子生物学的诞生作了最基本的和必要的准备。这时期，已经利用各种化学的和物理的方法，对生物大分子如蛋白质、核酸、脂类和糖类等的化学组成和立体结构的研究都达到了一定的深度，为 DNA 双螺旋结构的发现，包括其中重要的碱基配对原则的建立奠定了基础。威尔金斯（Wilkins）曾选取 DNA 纤维结晶作为研究材料，为 DNA 分子结构的研究发展了某些基本操作技术和概念。

3. 创造生物学阶段（20 世纪中叶以后）

1953 年，沃森（Watson）和克里克（Crick）共同完成了 DNA 双螺旋结构分子模型的建立，这是 20 世纪以来生物科学中最伟大的成就，由此开创了从分子水平阐明生命活动本质的新纪元。70 年代初期，在分子生物学迅速发展的基础上，又有人主张从更微观的结构——电子一级水平来解释生命现象和研究生命过程的本质，于是又兴起了一门量子生物学。

分子生物学的成就，使人们对生命的认识，进一步由宏观向微观深入，由现象向本质迈进。分子生物学的发展，深刻影响到生物科学的每一个分支领域，使遗传学、细胞学、胚胎学、微生物学，甚至分类学和进化论等都发生了深刻的变化，并在农业、医学和粮食工业等方面得到日益广泛的应用。在分子生物学迅速发展的同时，各门基础学科也取得了一系列成就，宏观研究与微观研究二者紧密结合，推动着生命科学朝气蓬勃地向前发展。

总之，现代生命科学正在向着从未有过的深度和广度发展，它已日益显示出成为一门领先科学的趋势，吸引着越来越多的研究者投入到揭开生命之谜、更好地改造和利用生物的行列中来。

四、生命科学的研究方法

生物学的一些基本研究方法，如观察描述的方法、比较的方法、实验的方法和系统的方法等是在生物学发展进程中逐步形成的。在生物学的发展史上，这些方法依次兴起，成为一定时期的主要研究手段。现在，这些方法综合而形成了现代生物学研究方法体系。

观察描述的方法是在 17 世纪，近代自然科学发展的早期形成的。生物学的研究方法同物理学研究方法大不相同。物理学研究的是物体可测量的性质，即时间、运动和质量。物理学把数学应用于研究物理现象，发现这些量之间存在着相互关系，并用演绎法推算出这些关系的后果。生物学的研究则是考察那些将不同生物区别开来的、往往是不可测量的性质。生物学用描述的方法来记录这些性质，再用归纳法，将这些不同性质的生物归并成不同的类群。18 世纪，由于新大陆的开拓和许多探险家的活动，生物学记录的物种几倍、几十倍地增长，于是生物分类学首先发展起来。生物分类学者搜集物种进行鉴别、整理，描述的方法获得巨大发展。

比较的方法是 18 世纪下半叶形成的，此时生物学不仅积累了大量分类学材料，而且积累了许多形态学、解剖学、生理学的材料。在这种情况下，仅仅做分类研究已经不够了，需要全面地考察物种的各种性状，分析不同物种之间的差异点和共同点，将它们归并成自然的类群。比较的方法便被应用于生物学。

实验的方法是人为地干预、控制所研究的对象，并通过这种干预和控制所造成的效应来研究对象的某种属性。实验的方法是自然科学研究中最重要的方法之一。17 世纪前后生物学中出现了最早的一批生物学实验，如英国生理学家哈维（Harvey）关于血液循环的实验、黑尔蒙特（J. B. van Helmont）关于柳树生长的实验等。然而在那时，生物学的实验并没有发展起来，这是因为物理学、化学还没有为生物学实验准备好条件。很多人甚至认为，用实验的方法研究生物学只能起很小的作用。到了 19 世纪，物理学、化学已比较成熟，生物学实验就有了坚实的基础，因而首先是生理学，然后是细菌学和生物化学相继成为明确的实验性的学科。19 世纪 80 年代，实验方法进一步被应用到了胚胎学、细胞学和遗传学等学科。到了 20 世纪 30 年代，除了古生物学等少数学科，大多数的生物学领域都因为应用了实验方法而取得新进展。

系统的方法，是从系统的观点出发，着重从整体与部分之间、整体与外界环境之间的相互作用和相互制约的关系中综合地、精确地考察对象，以达到最佳的处理效果。由于生命现象的高度复杂性，系统学说目前在生物学方面还处于萌芽阶段，理论的具体化和定量结果还很少。但在神经和激素的作用、酶形成及酶作用的调节控制机制以及生态系统的结构机制等问题上都已取得了一些成绩，对生物科学的进一步发展提供了重要的线索。基因组计划、生物信息学发展，高通量生物技术、生物计算软件设计的应用，带来系统生物学新的时期，促进"omics"系统生物学与计算系统生物学的发展，国际和国内系统生物学研究机构建立，生物学进入系统生物学时代。

五、生命科学与其他学科的关系

在科学发展的历史上，各门学科并非齐头并进，常常一门或一组学科走在其他学科前面。一般认为，近代科学的带头学科是力学，现代科学的带头学科是物理学，而 21 世纪的带头学科是生命科学。

自然界物质运动的形式，按照从简单到复杂的顺序排列，主要有机械运动、物理运动、化学运动、生命运动。机械运动最简单，从研究机械运动起始的力学最早得以成熟，成为近代科学的带头学科。原子结构理论、相对论和量子理论引发了现代科学革命，使得物理学成为现代科学的带头学科。在对非生命的研究已经取得成果的基础上，挑战最复杂的生命运动，已是科学发展之必然。20 世纪下半叶以来，生命科学文献在科学文献中所占比例、从事生命科学研究的科学家在自然科学家中所占比例都在迅速增长，正是这种趋势的反映。

生命系统是地球上最复杂的物质系统，是从非生命系统经过几十亿年进化才产生出的结果。现代科学技术的发展对生命科学发展起到了重要作用，生命科学的发展也将对整体科学技术的进一步发展产生重要影响。海洋科学、空间科学、能源科学、材料科学等当代新兴科学技术无一不与生命科学相关；随着计算机的进一步应用和发展，数学的许多传统功能仍会继续扩大和深化，人工智能、大数据以及生命系统在不同层次上有序、无序的转化机制等给数学、物理学等科学提出了挑战；随着人类对生命现象和本质的深入研究，生物组织内部定向化学反应、代谢途径的复杂化、酶的定向运转和定向设计等均为化学家所面临的广阔研究领域；生物功能的研究为信息科学、材料科学、计算机科学提供新的概念、原理和模型；同时，生命科学研究正在进入精神世界，在严格科学实验基础上研究人脑的活动，包括思维、情感等，神经科学、心理学、语言学、哲学和计算机科学交叉起来形成了一门新的认知科学。

生命科学的发展不但会促进自然科学的发展，而且会促进自然科学与人文社会科学的汇合。

小结

生物学（Biology）是研究生命的科学，是研究生命现象的本质，并探讨生物发生和发展规律的一门科学，又称为生命科学。生命是生物与非生物之间的本质区别。

生命的基本特征是化学成分的同一性、严整有序的结构、新陈代谢、应激性和运动、稳态、生长发育、繁殖、遗传和变异、适应。

同其他自然科学一样，生命科学也是在人类的生产实践活动中产生的，并且随着社会生产力和整个科学技术的发展而发展。

生命科学的一些基本研究方法，如观察描述的方法、比较的方法、实验的方法和系统的方法等是在生物学发展进程中逐步形成的。在生物学的发展史上，这些方法依次兴起，成为一定时期的主要研究手段。现在，这些方法综合而形成现代生物学研究方法体系。

生命科学是 21 世纪的带头学科，生命科学的发展不但会促进自然科学的发展，而且会促进自然科学与人文社会科学的汇合。

思考题

1. 什么是生命科学？
2. 生物与非生物的主要区别是什么？怎样认识生命的基本特征？
3. 生命科学的研究方法有哪些？各有何特点？
4. 从哪些方面说明生命科学是 21 世纪的带头学科？

第一章
生命的化学组成与营养

人类创造真核多细胞生命还有多远？

1953 年，S. L. 米勒在其导师 H. C. 尤里指导下，由无机物混合物（CH_4、H_2O、H_2 和少量 NH_3）得到了 20 种有机化合物，其中有四种氨基酸（甘氨酸、丙氨酸、天冬氨酸和谷氨酸）是生物的蛋白质所含有的。这个实验首次证明了由无机物合成小分子有机物是完全可能的。

从 1958 年开始，中国科学院上海生物化学研究所、中国科学院上海有机化学研究所和北京大学生物系三家联合，以王应睐、钮经义等科学家为首的协作组，开始探索用化学方法合成胰岛素。这是世界上第一个人工合成的蛋白质，为人类认识生命、揭开生命奥秘迈出了可喜的一大步。

2010 年，美国科学家 J. Craig Venter 团队在《科学》上报道了世界上首个"人造生命"——含有全人工化学合成的与天然染色体序列几乎相同的原核生物支原体，引起了轰动。

2018 年，以中国科学院覃重军研究组为主的研究团队完成了将单细胞真核生物酿酒酵母天然的 16 条染色体人工创建为具有完整功能的单条染色体。该项工作表明，天然复杂的生命体系可以通过人工干预变简约，自然生命的界限可以被人为打破，甚至可以人工创造全新的自然界不存在的生命。首次人工创建了单条染色体的真核细胞，是合成生物学领域具有里程碑意义的突破（见图 1.1）。科学家们对生命奥秘探索的历程上，下一座丰碑是什么？到人工合成真核多细胞生物还有多远？

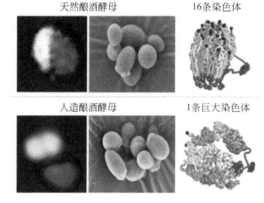

图 1.1　人造单染色体酵母与天然酵母细胞对比图
（引自中国科学院官网）

第一节
生命的元素

著名的诺贝尔奖获得者 Arthur Kornberg 在哈佛大学医学院建校 100 周年时说："所有的有机生命体都有一个共同的语言，这个语言就是化学。"在化学家看来，由多种元素按照严整有序的结构组成分子、亚细胞结构、细胞、组织、器官、系统，再组成活的生物体。

一、生命的元素组成

（视频 2）

目前已知的而且稳定存在的地球天然元素有 92 种，在植物体可以找到其中的 60 多种，在人体内可以找到其中的 80 多种。这 90 多种元素中，目前得到公认的生命元素只有 28 种。

生命元素是指维持生命所必需的元素，它们存在于正常机体组织中，有一定的浓度范围，缺少某种生命元素到一定的程度后，会导致生理功能损伤或结构改变，重新补充后发生的改变还可以消除。值得一提的是，全部生命元素并不是对每一种生物都是必不可少的，比如钠元素对动物来说不可或缺，但是对植物来说并非是必需的，同样，硼元素对植物是必需的，对动物来说则是可有可无的。

28 种生命元素又分为宏量元素和微量元素。宏量元素（又叫常量元素）是指含量占生物体总质量 0.01%以上的元素。碳（C）、氢（H）、氧（O）、氮（N）、磷（P）、硫（S）、氯（Cl）、钾（K）、钠（Na）、钙（Ca）和镁（Mg），这 11 种元素在人体中的含量均在 0.03%～62.5%之间，为宏量元素。其中 C、H、O、N 为基本元素，它们之间能形成共价键，它们也是维持分子结构和功能的关键元素。C、H、O、N、P、S 这六种元素的含量占到了原生质总量的 97%，称为主要元素（见图 1.2）。

微量元素是指占生物体总质量 0.01%以下的元素，如铁（Fe）、碘（I）、锌（Zn）、铜（Cu）、钼（Mo）、铬（Cr）、钴（Co）、硒（Se）、镍（Ni）、硅（Si）、锰（Mn）、硼（B）、钒（V）、氟（F）等。这些微量元素共占人体总质量的 0.05%左右。它们在体内的含量虽小，但在生命活动过程中的作用却是十分重要的。

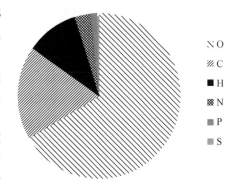

图 1.2　生命元素占体重比例

二、生命元素的营养功能

公认的 28 种生命元素中，C、H、O、N 之间能形成共价键，是生物有机分子结构和功能中的关键元素。除此之外，各元素均为无机矿物质。对于动物而言，要确定这些元素的营养必要性，至少需要做以下三方面的实验：

① 让实验动物摄入缺少某一种元素的膳食，观察是否出现特有的病症。

② 向膳食中添加该元素后，实验动物的上述特有病症是否消失。

③ 进一步阐明该种元素在身体中起作用的代谢机理。

（一）钙的营养功能与吸收

1808 年，英国化学家 Davy 通过电解反应，得到了一种能在空气中剧烈燃烧，发出黄红色火焰的金属，他把它命名为钙（calcium）。钙是常见的元素，在地壳中的含量为 1.5%。它在人体中的含量仅次于氧、碳、氢、氮，居第五位，约占人体体重的 2%。正常人出生时体内总钙量为 20～30g，成年人（20～25 岁）体内总钙量大约为 1200g。从出生到成长为成年人，一个人平均每天需要增加 140mg 钙。

钙主要构成机体的骨骼和牙齿。人体中 99.3%的钙以矿物质形式集中在骨骼和牙齿。钙对保证骨骼的正常生长发育和维持骨骼健康起着至关重要的作用。骨是有生命的组织，骨通过成骨作用（osteogenesis）即新骨不断生成和溶骨作用（osteolysis）即旧骨不断吸收，使其各种组分与血液间保持动态平衡。人在 20 岁以前，主要为骨的生长阶段，成骨作用占优势，其后的十余年骨质继续增长；一般 40 岁以后，溶骨作用占优势，骨质丢失速度加快，容易造成骨质疏松，增加发生骨折的危险。

机体中游离状态的钙离子虽然含量很少，却涉及多种生理功能。钙离子参与神经、肌肉的兴奋性调节；影响毛细血管通透性；作为第二信使介导激素的调节作用；作为凝血因子参与血液凝固的过程。

甲状旁腺素（PTH）和降血钙素是体内维持血钙稳态的主要激素。甲状旁腺素调节机体血钙浓度的途径为：促进骨组织溶解释放磷酸钙入血；促进肾小管对钙的重吸收；促进肠对钙的吸收。甲状旁腺素使血钙升高，以此维持神经肌肉的兴奋性、凝血和体内酶的正常功能。甲状腺分泌的降血钙素与甲状旁腺素功能恰恰相反。降血钙素能减少破骨促进成骨，使骨组织释放的钙盐减少；降血钙素还抑制肾细胞回收钙。正常情况下，甲状旁腺素与降血钙素既互相拮抗又相辅相成，各尽其责，维持着人体钙的平衡。

钙缺乏是较常见的营养性疾病，主要表现为骨骼的病变，儿童时期表现为佝偻病，成年人表现为骨质疏松症。预防钙缺乏，首先是在膳食中摄入足够的钙，中国居民膳食钙物质推荐摄入量（RNI）成年人（18～50 岁）为 800mg/d。其次是膳食中维生素 D 的多少对钙的吸收有明显影响。有实验表明，维生素 D 可以通过促进小肠吸收钙、促进骨骼释放钙、促进肾细胞回收钙而升高血清中的钙含量。另外，乳糖、适量的蛋白质和一些氨基酸都有利于钙的吸收，而高脂膳食和过量的膳食纤维干扰钙的吸收。

（二）硒的营养功能与吸收

（视频3）

Schwarz 证实硒（Se）是人体必需的微量元素，这一认识是 20 世纪后半叶营养学上最重要的发现之一。20 世纪 70 年代，硒就被发现是谷胱甘肽过氧化物酶的必需组分，揭示了硒的第一个生物活性形式。认识硒是人体必需微量元素的另一个主要依据是 1979 年我国发表的克山病防治研究成果。

人体中的硒绝大多数与蛋白质结合，称之为含硒蛋白。目前认为只有硒蛋白具有生物学功能。根据基因频度分析，体内可能有 50～100 种硒蛋白存在，主要的含硒蛋白和含硒酶有谷胱甘肽过氧化物酶、硫氧还蛋白还原酶和碘化甲腺原氨酸脱碘酶。由于硒是若干抗氧化酶的必需组分，它通过消除脂质过氧化物，阻断活性氧和自由基的致病作用，起到延缓衰老乃至预防某些慢性病发生的功能。

硒在体内的吸收、转运、排出、储存和分布受到许多外界因素的影响，主要是膳食中硒的化学形式和量，另外性别、年龄、健康状况，以及食物中是否存在如硫、重金属、维生素等化合物也有影响。人体摄入的硒有各种形式，动物性食物以硒半胱氨酸（Sec）和硒蛋氨酸（SeMet）形式为主；植物性食物以 SeMet 为主；硒酸盐（selenate，SeO_4^{2-}）和亚硒酸盐（selenite，SeO_3^{2-}）是常用的补硒形式。

动物实验表明，硒主要在十二指肠被吸收，空肠和回肠也稍有吸收，胃不吸收。可溶性硒化合物极易被吸收，如 SeO_3^{2-} 吸收率大于 80%、SeMet 和 SeO_4^{2-} 吸收率大于 90%。一般来说，其他形式硒吸收也很好，大致在 50%～100% 范围。值得注意的是，硒的吸收似乎不受机体硒营养状态影响，过量摄入硒也会导致硒中毒。

（三）锌的营养功能与吸收

我国是世界上最早发现并使用锌的国家，用锌是从炼制黄铜开始的，黄铜即铜锌合金。据考证，我国在 16～17 世纪就能制造纯度高达 98% 的金属锌。

锌作为人体必需的微量元素，广泛分布在人体所有组织和器官中，成年人体内锌含量大约为 2～2.5g，以肝脏、肾脏、肌肉、视网膜、前列腺中分布较高。一个成年人每天需要锌 10～15mg，孕妇和哺乳期需要增加锌供应。锌对生长发育、免疫功能、物质代谢和生殖功能均有重要作用。

锌的生理功能分为结构功能、催化功能和调节功能三个方面。1938 年发现的碳酸酐酶是人类认识的第一个含锌金属酶，1954 年发现另一个锌金属酶——牛胰羧肽酶 A，现已鉴定出的含锌酶或其他蛋白质已经超过 200 种。锌结合在酶蛋白的催化部位发挥催化功能，缺乏锌酶的活性也随之降低。锌作为锌指蛋白的组成成分，参与细胞分化和增殖以及信号转导等过程；锌除对蛋白质的合成和代谢具有一定的调节作用外，还是细胞复制和分化的主要影响因素，可影响正常染色质的重组。同时，锌还能对激素的产生、储存、分泌及激素受体的效能和靶器官的反应产生影响。

锌的吸收主要在十二指肠和近侧小肠处，Cousins 提出，肠道锌吸收分为四个阶段：肠细胞摄取锌、黏膜细胞转运锌、转运至门静脉循环和内源性锌分泌返回肠细胞。

一般来说，贝壳类海产品、红色肉类、动物内脏类都是极好的锌食物来源。干果、谷物胚芽和麦麸也富含锌。植物性食物含锌较低，精细加工的谷物锌含量更低。

（四）钾的生理功能

钾是人体中的宏量元素，约占体重的 0.2%～0.25%。一个 70kg 重的男性体内含有钾量 140～175g，其中 98% 在细胞内液。中国营养学会建议一个成年人每天应摄入 1.9～5.6g 钾。一般膳食中的钾足以满足机体的需要。钾的生理功能有：

① 参与碳水化合物、蛋白质的代谢。

② 维持细胞内正常渗透压。

③ 维持神经肌肉的应激性和正常功能。

④ 维持心肌的正常功能。

⑤ 维持细胞内外正常的酸碱平衡。

一些重要生命元素的营养功能见表 1.1。

表 1.1　生命元素的营养功能

元素名称	日需要量	主要功能
钠	1100～3300mg	维持血压稳定、酸碱平衡；协调神经肌肉的感应性；防止因过热而中暑
镁	300～400mg	维持心脏、肌肉、神经正常功能；防止钙质沉淀于组织及血管壁；有助于钙的代谢；维持血压平衡；有助于抗抑郁
铁	1.1～2.0mg	制造血红细胞的原料，预防治疗因缺铁引起的贫血，强化肌肉，增强小肠有益菌的生存能力，预防疲劳
铜	1.5～3.0mg	有助于形成血红素，促进铁质和维生素 C 的吸收，预防心血管疾病，是多种酶的活性组成部分
锌	10～15mg	有助于维持前列腺的正常功能和生殖器官的发育，强化免疫功能，去除指甲上白色斑点
钴	300μg	促进红细胞形成，防止贫血，有助于强化免疫功能，促进人体对维生素 B_{12} 的吸收
锰	2～5mg	有助于蛋白质、脂肪代谢，调节神经反应能力，缓解神经过敏和烦躁不安
铬	50～200μg	控制体内脂肪，防止肝脏发生脂肪积累，促进细胞脂肪运动，调节肾脏、肝脏及胆囊功能，有助于神经传递，提高记忆力
硒	50～70μg	抗氧化，抗衰老，抗癌，治疗女性更年期潮红，预防心肌衰竭，治疗和预防头皮屑

注：引自吕选忠等，元素生物学，2011。

第二节
生物分子的结构与功能

生物体由无机物和有机物组成。无机物包括无机矿物质和水，有机物根据分子量大小可以分为生物小分子和生物大分子，生物大分子指的是作为生物体内主要活性成分的各种分子量达到 10^4 以上的分子，主要指构成生物体的多糖、蛋白质、核酸以及脂类。把构成生物大分子的结构单元单糖、寡糖、脂肪酸、氨基酸、小分子肽、核苷酸以及维生素等称为生物小分子。

一、糖类

糖类是自然界中广泛分布的一类重要的有机化合物。日常食用的蔗糖、粮食中的淀粉、植物体中的纤维素、人体血液中的葡萄糖等均属糖类。糖类在生命活动过程中起着重要的作用，是一切生命体维持生命活动所需能量的主要来源。糖类物质按干重计占植物的 85%～90%，占细菌的 10%～30%，在动物中小于 2%。植物中最重要的糖是淀粉和纤维素，动物细胞中最重要的糖是糖原。

小分子糖类物质根据它们的聚合度可分为单糖（monosaccharide）和寡糖（oligosaccharide）。单糖是不能被水解成更小分子的糖类，如葡萄糖、果糖和核糖等。寡糖是由2~10个单糖缩合而成的聚合物。激素、抗体、生长素和其他多种重要分子中普遍都含有寡糖。整个细胞表面都为寡糖覆盖，它是细胞间识别的物质基础。多糖是由超过10个单糖组成的聚合糖，如淀粉、纤维素、糖原和阿拉伯胶等。

（一）单糖

单糖是带有两个或更多羟基的醛或酮类。葡萄糖和果糖含六个碳原子，带有五个羟基。单糖根据含醛基或酮基的特点分为醛糖（aldose）与酮糖（ketose），根据碳原子数目可分为丙糖、丁糖、戊糖和己糖。最简单的单糖是甘油醛（glyceraldehyde）和二羟丙酮（dihydroxyacetone）。单糖的构型是以D-甘油醛、L-甘油醛为参照物，以距醛基最远的不对称碳原子为准，羟基在左面的为L构型，羟基在右面的为D构型（图1.3）。

1. 单糖的结构

生物体中最常见的单糖有戊糖和己糖。戊糖和己糖都有两种不同的结构，一种是多羟基醛的开链式，另一种是环化半缩醛（hemiacetal）。如果是C1与C5上的羟基形成六元环，为吡喃糖（pyranose），而C1与C4上羟基形成五元环，则

图 1.3　单糖的构型

称为呋喃糖（furanose）。环化后C1半缩醛羟基在Haworth投影式环状结构的下方，则该糖的构型为α，若C1半缩醛羟基在Haworth投影式环状结构的上方，则该糖的构型为β（见图1.4）。

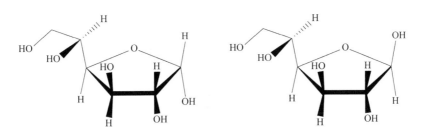

图 1.4　α-D-呋喃糖（左侧）和β-D-呋喃糖（右侧）

2. 重要的单糖及其衍生物

自然界重要的单糖除了葡萄糖、果糖、核糖，还有半乳糖、阿拉伯糖、鼠李糖、木糖等。常见的单糖衍生物有糖醇（sugar alcohol）、糖醛酸（alduronic acid）、氨基糖（amino sugar）等。糖醇是单糖分子的醛基或酮基被还原成醇基，使糖转变为多元醇。广泛分布于自然界的糖醇有甘露醇、木糖醇、山梨醇、肌醇和核糖醇等。最常见的糖醛酸有葡糖醛酸（glucuronic acid）、半乳糖醛酸（galacturonic acid）等。葡萄糖醛酸是人体内一种重要的解毒剂。糖中的羟基被氨基所取代称为氨基糖，常见的有D-氨基葡糖和半乳糖胺。表1.2列举了一些比较重要的单糖及其衍生物。

表 1.2　重要的单糖及其衍生物

糖名	英文缩写	比旋光度	存在
L-阿拉伯糖	Ara	105°	也称果胶糖，存在于半纤维素、树胶、果胶、细菌多糖中
D-核糖	Rib	−29.7°	为 RNA 的成分，也是一些维生素、辅酶的组成成分
D-木糖	Xyl	19°	存在于半纤维素、树胶中
D-半乳糖	Gal	80°	是乳糖、蜜二糖、棉子糖、脑苷脂和神经节苷脂的组成成分
D-葡萄糖	Glc	52.7°	广泛分布于生物界，游离存在于植物汁液、蜂蜜、血液、淋巴液、尿等中，是许多糖苷、寡糖、多糖的组成成分
D-甘露糖	Man	146°	存在于多糖或蛋白质中
D-果糖	Fru	−92.4°	为吡喃型，是最甜的单糖，是蔗糖、果聚糖的组成成分
D-山梨糖		−43°	是维生素 C 合成的中间产物，在槐树浆果中存在
L-岩藻糖	Fuc	−76°	为海藻细胞壁和一些树胶的组成成分，也是动物多糖的普遍成分
L-鼠李糖	Rha	8.9°	常为糖苷的组分，也为多种多糖的组成成分，在常春藤花及叶中游离存在
葡糖醛酸	GlcA		动物体内葡萄糖经特殊氧化途径后的产物，是人体内的重要解毒剂
N-乙酰神经氨酸	NeuNAc		也称唾液酸，是动物细胞膜上糖蛋白和糖脂的重要成分

（二）寡糖

自然界中最常见的寡糖是二糖，麦芽糖、蔗糖、乳糖都是二糖。麦芽糖（maltose）是由两分子 D-葡萄糖缩合而成，可看作淀粉的重复结构单位。蔗糖（sucrose）是由一分子葡萄糖和一分子果糖缩合而成，在甘蔗和甜菜中含量最丰富，是植物体中糖的运输形式。乳糖（lactose）是由一分子半乳糖和一分子葡萄糖缩合而得，存在于乳汁中，人乳中含量为 6%～7%。自然界中常见的三糖有棉子糖、龙胆糖和松三糖等（见表 1.3）。

表 1.3　寡糖的结构和来源

名称	结构	来源
麦芽糖（maltose）	α-葡糖（1,4）葡糖	淀粉水解（麦芽糖酶）产物
纤维二糖（cellobiose）	β-葡糖（1,4）葡糖	纤维素、地衣的酶解产物
胆二糖（gentiobiose）	β-葡糖（1,6）葡糖	龙胆根
海藻二糖（trehalose）	α-葡糖（1,1）α-葡糖	海藻及真菌
蔗糖（sucrose）	α-葡糖（1,1）β-果糖	植物
乳糖（lactose）	β-半乳糖（1,4）葡糖	哺乳动物的乳汁
龙胆糖（gentianose）	β-葡糖（1,6）α-葡糖（1,2）β-果糖	龙胆根
松三糖（melezitose）	α-葡糖（1,2）β-果糖（3,1）α-葡糖	松科植物
棉子糖（raffinose）	α-半乳糖（1,6）α-葡糖（1,2）β-果糖	甜菜，糖蜜

（视频 4）

（三）多糖

自然界中的糖类主要以多糖形式存在。根据是由一种还是多种单糖单位组成，分为均一多糖和不均一多糖。水解时只产生一种单糖或单糖衍生物的称均一多糖，如糖原、淀粉、壳多糖、纤维素等；水解时产生一种以上的单糖或/和单糖衍生物的称不均一多糖，如透明质酸、硫酸软骨素、肝素、硫酸乙酰肝素等。

1. 淀粉与血糖生成指数

淀粉是植物生长期间以淀粉粒形式贮存于细胞中的贮存多糖，它在种子、块茎和块根等器官中含量特别丰富。天然淀粉一般含有两种组分：直链淀粉和支链淀粉。某些谷物如蜡质玉米和糯米等几乎只含支链淀粉，而皱缩豌豆中直链淀粉的含量高达 98%。

食物中血糖生成指数（glycemic index，GI），是指人体食用一定量食物后会引起多大的血糖反应，表达了不同种类碳水化合物对血糖的不同影响。以葡萄糖浆 GI 值为 100，根据 GI 值大小可将富含碳水化合物的食品分为不同等级，GI<55 的食物被认为是低 GI 食物，在 55～70 之间的为中 GI 食物，70 以上的为高 GI 食物。研究表明，低 GI 食物可缓慢吸收，持续释放能量，有助于维持血糖稳态、预防糖尿病。表 1.4 中列举了部分食物的血糖生成指数。

表 1.4　部分食物的血糖生成指数（GI）（引自张英锋等，2003）

食物	GI	食物	GI
大麦粉	66±5	脱脂牛奶	32±5
荞麦	54±4	香蕉	53±6
小米	71±10	干杏	31±1
全麦粉面包	69±2	梨	36±3
白面包	70±0	苹果	36±2
黑麦粉面包	65±2	柑	43±4
红小扁豆	26±4	葡萄干	64±11
绿小扁豆	30±4	猕猴桃	52±6
四季豆	27±5	芒果	55±5
甜菜	64±16	菠萝	66±7
胡萝卜	71±22	西瓜	72±13
南瓜	75±9	果糖	23±1
全脂牛奶	27±7	乳糖	46±3
樱桃	22	蔗糖	65±4
李子	24	蜂蜜	73±15
柚子	25	葡萄糖	97±3
桃	28	麦芽糖	105±12

2. 纤维素与膳食纤维

纤维素是生物圈里最丰富的有机物质之一，占植物界碳素的 50% 以上。纤维素是植物以及某些真菌、细菌的结构多糖，是细胞壁的主要成分。纤维素约占叶干重的 10%，木材的 50%，麻纤维的 70%～80%，棉纤维的 90%～98%。海洋无脊椎动物被囊类在其外套膜中含有相当多的纤维素。

纤维素是线性葡聚糖，残基间通过 β-1,4-糖苷键连接的纤维二糖可看成是它的二糖单位。纤维素链中每个残基相对于前一个残基翻转 180°，使链采取完全伸展的构象。相邻、平行的（极性一致的）伸展链在残基环面的水平方向通过链内和链间的氢键网形成片层结构（图 1.5）。

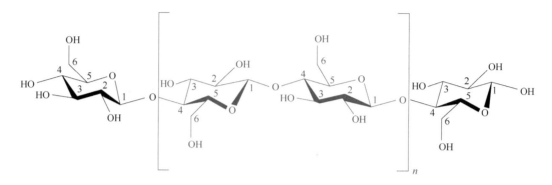

图 1.5　纤维素的二糖单位

膳食纤维是指不能被人体消化吸收的碳水化合物，它包括非水溶性的纤维素、半纤维素和木质素；也包含水溶性的果胶、树胶等。可溶性膳食纤维能溶于水，并在水中形成凝胶体，主要存在于燕麦、豆类、水果、海藻类和某些蔬菜中；不溶性膳食纤维主要存在于全谷物制品如麦糠、蔬菜和坚果中。

膳食纤维具有如下功能：

① 膳食纤维增加食团的含水量，稀释了可能存在的一些对人体有害的物质，它又能吸附一些有害的重金属使之一起排出体外。这些都减弱了有害物质的致病力，减少它们与肠壁的作用，有利于减少肠癌和其他肠道疾病的发生机会。世界卫生组织和联合国粮农组织对 23 个国家的调查指出，膳食纤维摄入量和肠癌发病率呈负相关。

② 膳食纤维能阻碍人体对胆固醇的吸收，同时又能和胆固醇的代谢物胆汁酸结合而排出体外，这样就降低了胆汁酸的浓度，有利于防治血管硬化和高血压。

③ 膳食纤维会延缓糖分的吸收，还能调节体内胰岛素的分泌，使血糖处于较为理想的水平。摄入高膳食纤维的人群，糖尿病发病率很低。

④ 高膳食纤维饮食增加了食团的体积，容易产生饱腹感，而不会提供额外的热能，有利于控制体重和减肥。

3. 透明质酸

透明质酸又名玻尿酸，是由重复的聚合二糖 D-葡糖醛酸和 *N*-乙酰基-D-葡萄糖胺通过 β-1,4-糖苷键和 β-1,3-糖苷键连接而成的黏性多糖物质。

透明质酸溶于水、不溶于有机溶剂，具有许多天然黏多糖共有的性质。从生物体提取的透明质酸呈白色，无异味，具有很强的吸湿性和持水性，是目前自然界中发现的保水性最好的天然物质。人体内透明质酸与蛋白质结合成分子量更大的蛋白多糖分子，是保持疏松结缔组织中水分的重要成分。这种透明质酸-蛋白质-水的凝胶状结构将细胞黏合在一起，使细胞发挥正常的代谢作用，同时保持组织的水分，保护细胞不受病毒、细菌的侵害，防止感染，使皮肤具有一定的韧性和弹性。

4. 硫酸软骨素

硫酸软骨素（chondroitin sulfate，CS）是广泛存在于人和动物软骨组织中的一类黏多糖，主要是由动物喉骨、鼻中隔、气管等软骨组织经分离纯化而得到的一类酸性黏多糖，硫酸软骨素的结构是由 D-葡糖醛酸、*N*-乙酰-D-半乳糖胺及硫酸基组成。

硫酸软骨素作为结缔组织的重要组成部分，具有多种药理作用与生理功能。动物试验结果发现，硫酸软骨素可以清除体内血液中的脂质和脂蛋白，清除心脏周围血管的胆固醇，防治动脉粥样硬化，并增加脂质和脂肪酸在细胞内的转换率，增加冠状动脉分支或侧分支循环。硫酸软骨素还能加速试验性冠状动脉硬化或栓塞所引起的心脉坏死或变性的愈合、再生和修复，增加细胞的 mRNA 和 DNA 的生物合成以及促进细胞代谢的作用。硫酸软骨素具有抗凝血作用，每毫克硫酸软骨素 A 相当于 0.45U 肝素的抗凝活性。这种抗凝活性并不依赖于抗凝血酶Ⅱ而发挥作用，它可以通过纤维蛋白原系统而发挥抗凝血活性，它还具有润滑和支撑的功能。

在我国硫酸软骨素用于治疗神经痛、神经性偏头痛、关节炎、肩关节痛和腹腔手术后的疼痛等，预防和治疗链霉素引起的听觉障碍及各种噪声引起的听觉困难、耳鸣症等，效果显著。

在欧、美、日等发达国家和地区，硫酸软骨素作为保健品长期应用于预防冠心病、心绞痛、心肌梗死、冠状动脉机能不全、心肌缺血等疾病，能显著降低冠心病患者的发病率和死亡率。长期的临床应用发现，在动脉和静脉壁上沉积的脂肪等脂质可以被硫酸软骨素有效去除或减少，能显著降低血浆胆固醇，从而防止动脉粥样硬化的形成。

二、脂质

脂类物质种类繁多，化学结构和化学组成千差万别，但是它们都有一个共同的特征，都是以非极性基团为主要成分。这种非极性结构的特性，导致脂类更容易溶于非极性溶剂，如丙酮、乙醚、氯仿和苯，而不易溶于水。脂类这种能溶于有机溶剂，而不溶于水的特性称为脂溶性。脂溶性使脂类在细胞中占据很重要的作用地位，因为它们的非极性基团倾向于相互聚集在一起构成一个屏障即细胞膜，将细胞内物质与细胞外物质隔离。除此之外，脂类也是细胞内能量的储存和使用形式。

脂质的化学本质是脂肪酸（多是四碳以上的长链一元酸）和醇（包括甘露醇、鞘氨醇、高级一元醇和固醇）所形成的酯类及其衍生物。酯类的元素组成主要是碳、氢、氧，有些酯类含有氮、磷及硫。

（一）脂质的分类

脂质按化学组成大体分为以下三大类。

1. 单纯脂质

单纯脂质是由脂肪酸和各种醇形成的酯的总称，又可分为：

① 脂肪酸和甘油组成的酯称为甘油酯，例如三酰甘油或称甘油三酯，由三分子脂肪酸和一分子甘油组成。

② 脂肪酸与甘油以外的醇组成的酯称为蜡。蜡主要是由长链脂肪酸和长链醇或固醇组成。

2. 复合脂质

除含脂肪酸和醇外，还有其他非脂分子的成分。复合脂质按非脂成分的不同可分为：

① 磷脂 磷脂的非脂成分是磷酸和含氮碱（如胆碱、乙醇胺）。根据醇成分不同，又可分为甘油磷脂（如磷脂酸、磷脂酰胆碱、磷脂酰乙醇胺等）和鞘氨醇磷脂。

② 糖脂 糖脂的非脂成分是糖（单己糖、二己糖等）。根据醇成分不同，又可分为鞘糖

脂（如脑苷脂、神经节苷脂等）和甘油糖脂。

3. 衍生脂质和其他脂质

由单纯脂质和复合脂质衍生而来或与之关系密切。

① 取代烃，主要是脂肪酸及其碱性盐（皂）和高级醇，少量脂肪醛、脂肪胺和烃。

② 固醇类（甾类），包括固醇（甾醇）、胆酸、强心苷、性激素、肾上腺皮质激素。

③ 萜，包括许多天然色素（如类胡萝卜素）、香精油、天然橡胶等。

④ 其他脂类，如维生素 A、维生素 D、维生素 E、维生素 K，脂酰辅酶 A，类十二烷（前列腺素、白三烯），脂多糖，脂蛋白等。

（二）脂质的生理功能

1. 储存脂质为机体供能

脂类物质具有重要的生物学功能，脂肪（包括油）是机体能量最有效的储存形式，它在体内氧化可释放大量能量，以供机体利用。1g 油脂在体内完全氧化将产生 38kJ（9kcal）能量，而 1g 糖或蛋白质只产生 17kJ 能量。人体活动所需要的能量 20%～30%由脂肪提供。

2. 结构脂质参与构成生物膜与某些大分子

类脂是构成生物膜的重要物质。大多数类脂，特别是磷脂和糖脂是细胞膜的重要组成成分，这些膜脂在分子结构上有共同的特点，即都具有亲水部分（或称极性头）和疏水部分（或称非极性尾），在水介质中形成脂双分子层。脂双层有屏障作用，使膜两侧的亲水物质不能自由通过，这对维持细胞正常的结构和功能是很重要的。糖脂可能在细胞膜传递信息的活动中起着载体和受体的作用。此外类脂中的各种磷脂、糖脂和胆固醇也是各种脂蛋白的主要成分。

3. 活性脂质具有特定的生物活性

活性脂质虽然在细胞成分中只占少量，但具有专一的重要生物活性，包括数百种类固醇和萜（类异戊二烯）。类固醇中很重要的一类是类固醇激素，包括雄性激素、雌性激素和肾上腺皮质激素。萜类化合物包括人体和动物正常生长所必需的脂溶性色素和多种光合色素。其他活性脂质，有的作为辅助因子和激活剂，如磷脂酰丝氨酸为凝血因子的激活剂；有的作为电子载体，如线粒体中的泛醌和叶绿素中的质体醌。

4. 参与代谢的调节

脂类还参与代谢的调节，例如二十碳多不饱和脂肪酸衍变生成的前列腺素、血栓素及白三烯几乎参与所有细胞的代谢活动，在调节细胞代谢上具有重要作用。

此外，脂肪还可以提供必需脂肪酸，亦可协助脂溶性维生素 A、维生素 D、维生素 E、维生素 K 和胡萝卜素等的吸收；分布于皮下的脂肪可防止过多热量的丧失而保持体温；脂类是代谢水的重要来源，在骆驼的驼峰里并不储存水，而是储存大量的脂肪物质，每克脂肪氧化比碳水化合物多产生 67%～83%的水，比蛋白质产生的水多 1.5 倍；脂类物质也可作为药物，如卵磷脂、脑磷脂用于肝病、神经衰弱及动脉粥样硬化的治疗，多不饱和脂肪酸如二十碳五烯酸和二十二碳六烯酸均为利胆药，可治疗胆结石和胆囊炎等。

（三）常见脂质

1. 脂肪酸

脂肪酸是许多脂质的组成成分。从动物、植物、微生物中分离的脂肪酸有上百种，绝大部分脂肪酸以结合形式存在，但也有少量以游离状态存在。脂肪酸分子为一条长的烃链（尾）和一个末端羧基（头）组成的羧酸。根据烃链是否饱和，可将脂肪酸分为饱和脂肪酸和不饱和脂肪酸。不同脂肪酸之间的主要区别在于烃链的长度（碳原子数目）、双键数目和位置。每个脂肪酸可以有通俗名、系统名和简写符号（见表 1.5）。简写的一种方法是，先写出脂肪酸的碳原子数目，再写双键数目，两者之间用（:）隔开，如[正]十八[烷]酸（硬脂酸）的简写符号为 18:0，十八[碳]二烯酸（亚油酸）的符号为 18:2。双键位置用 Δ 右上方的数字表示，数字是双键的两个碳原子编号（从羧基端开始计数）中较低的数字，并在编号后用 c（顺式）和 t（反式）标明双键构型。如顺,顺-9,12-十八烯酸（亚油酸）的简写为 $18:2\Delta^{9c,12c}$。

表 1.5　天然脂肪酸的结构特点

天然脂肪酸	碳原子数目	通俗命名	分子结构式	简写
饱和脂肪酸	12	月桂酸	$CH_3(CH_2)_{10}COOH$	12:0
	14	豆蔻酸	$CH_3(CH_2)_{12}COOH$	14:0
	16	软脂酸	$CH_3(CH_2)_{14}COOH$	16:0
	18	硬脂酸	$CH_3(CH_2)_{16}COOH$	18:0
	20	花生酸	$CH_3(CH_2)_{18}COOH$	20:0
不饱和脂肪酸	16	棕榈油酸	$CH_3(CH_2)_5CH{=}CH(CH_2)_7COOH$	$16:1\Delta^9$
	18	油酸	$CH_3(CH_2)_7CH{=}CH(CH_2)_7COOH$	$18:1\Delta^9$
	18	亚油酸	$CH_3(CH_2)_4CH{=}CHCH_2CH{=}CH(CH_2)_7COOH$	$18:2\Delta^{9,12}$
	18	亚麻酸	$CH_3CH_2CH{=}CHCH_2CH{=}CHCH_2CH{=}CH(CH_2)_7COOH$	$18:3\Delta^{9,12,15}$
	20	花生四烯酸	$CH_3(CH_2)_4CH{=}CHCH_2CH{=}CHCH_2CH{=}CHCH_2CH{=}CH(CH_2)_3COOH$	$20:4\Delta^{5,8,11,14}$

（视频 5）

2. 三脂酰甘油

脂酰甘油，又称脂酰甘油酯，即脂肪酸和甘油所形成的酯。根据参与产生甘油酯的脂肪酸分子数，脂酰甘油分为单脂酰甘油、二脂酰甘油和三脂酰甘油三类。

三脂酰甘油又称甘油三酯，是脂类中含量最丰富的一大类。它是甘油的三个羟基和三个脂肪酸分子脱水形成的酯。

三脂酰甘油是动植物储脂的主要成分。

中性的脂酰甘油是由一分子甘油和三分子脂肪酸酯化而成，反应式见图 1.6。

图 1.6　三脂酰甘油酯化反应式

若 R^1、R^2、R^3 是相同的脂肪酸，则为简单的甘油三酯（油酸甘油三酯、硬脂酸甘油三酯）；若部分不同或完全不同，则为混合甘油三酯（如 1-棕榈油酰-2-硬脂酰-3-豆蔻酰-sn-甘油）。

天然三酰甘油一般是无色、无臭、无味的稠性液体或蜡状固体。天然的油脂常是多种三酰甘油的混合物，因此没有明确的熔点。动物中三酰甘油饱和脂肪酸含量高，熔点高，常温下呈固态，俗称脂肪、荤油；植物中三酰甘油不饱和脂肪酸含量高，熔点低，常温下呈液态，俗称油。

（视频6）

3. 磷脂

磷脂包括甘油磷脂和鞘磷脂两类，它们主要参与细胞膜系统的组成，少量存在于细胞的其他部位。甘油磷脂也称磷酸甘油酯，它是生物膜的主要组分，结构式见图1.7。

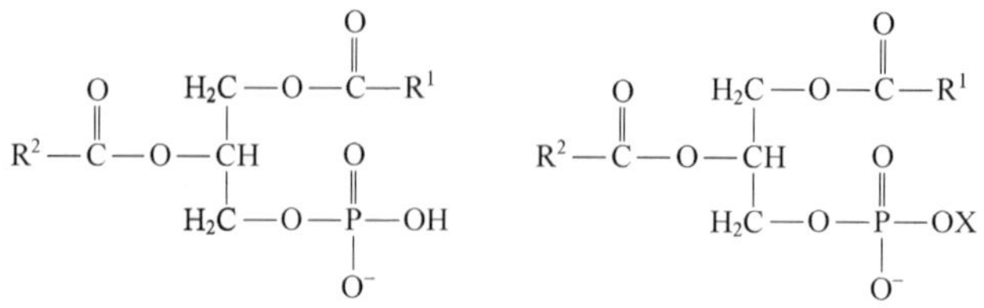

图 1.7　甘油磷脂及其母体化合物磷脂酸

磷脂酸是甘油磷脂的母体化合物，也是甘油磷脂生物合成的重要中间物。甘油磷脂是以甘油为骨架，甘油中第一、二位碳原子分别与脂肪酸酯基（主要是含16碳和18碳的油酸）相连，第三位碳原子的烃基则与磷酸酯基相连。

磷脂酸的磷酸基进一步被一个高极性或带电荷的醇（XOH）酯化，形成甘油磷脂。甘油磷脂是磷脂酸（phosphatidic acid, PA）的衍生物，常见的甘油磷脂有磷脂酰胆碱（phosphatidyl choline, PC）、磷脂酰乙醇胺（phosphatidyl ethanolamine, PE）、磷脂酰丝氨酸（phosphatidyl serine, PS）和磷脂酰肌醇（phosphatidyl inositol, PI）等。神经氨基醇磷脂的种类没有甘油醇磷脂多，其典型代表是分布于细胞膜的神经鞘磷脂（sphingomyelin）。

4. 萜和固醇类

（1）萜

萜类化合物不含脂肪酸，是异戊二烯的衍生物，它的碳链骨架可用异戊二烯来划分，异戊二烯的结构式如图1.8所示。

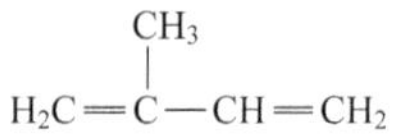

图 1.8　异戊二烯的结构式

根据所含异戊二烯的数目可将其分为单萜、倍单萜、双萜、三萜、四萜和多萜等数种。植物中的萜类多数有特殊臭味，而且是各类植物特有油类的主要成分，例如柠檬油含有的柠檬苦素、薄荷油含有的薄荷醇、樟脑油含有的樟脑。

（2）类固醇类

类固醇也称甾类或固醇类化合物，其基本骨架结构是环戊烷多氢菲，在C10和C13位置上通常是甲基，称角甲基。带有角甲基的环戊烷多氢菲称甾核，是类固醇的母体。因此，固醇也称为甾醇。根据甾核上烃基的变化，它又可以分为固醇和固醇衍生物。最常见的固醇是胆固醇。胆固醇在脑、肝、肾和蛋黄中的含量很高，它是动物固醇的重要代表。胆固醇是生物膜的成分，也是类固醇激素和胆汁酸的前体。

胆固醇（又称为胆甾醇）是脊椎动物细胞的重要组成成分，在神经系统和肾上腺中含量特别丰富，约占固体物质的17%，其结构如图1.9所示。胆固醇易溶于乙醚、氯仿、苯和热乙醇中，不能皂化。胆固醇主要分布于脑及神经组织中，以及肝、肾、肾上腺、卵巢等合成固醇激素的腺体中。胆固醇是生物膜的重要成分，烃基极性端分布于膜的亲水界面，母核及侧链深入膜双层，控制膜的流动性，阻止磷脂在相变温度以下时转变成结晶状态，保证膜在低温时的流动性及正常功能。胆固醇是合成胆汁酸、类固醇激素、维生素 D 等生理活性物质的前体。动物能吸收利用食物胆固醇，也能自行合成，其生理功能与膜的透性、神经髓鞘的绝缘物质以及动物细胞某毒素的保护作用有一定关系。

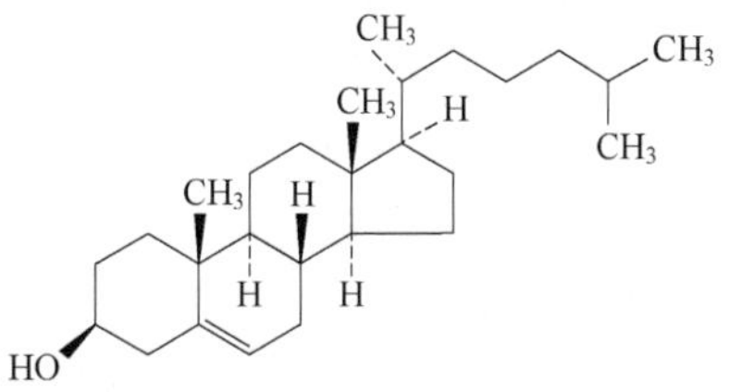

图 1.9　胆固醇的结构式

5. 脂蛋白

脂蛋白是由脂质和蛋白质以非共价键（疏水相互作用、范德华力和静电引力）结合而成的复合物。脂蛋白广泛存在于血浆中，因此也称血浆脂蛋白。此外，细胞的膜系统中与脂质融合的蛋白质也可看成是脂蛋白，并称为细胞脂蛋白。临床研究证明，脂蛋白代谢不正常是造成动脉粥样硬化的主要原因。

血浆脂蛋白都是球状颗粒，由一个疏水脂（三酰甘油和胆固醇酯）组成的核心和一个极性脂（磷脂和游离胆固醇）与载脂蛋白参与的外壳层（单分子层）构成，如图 1.10 所示。极性脂的定向是以其极性头部面向外部的水相，外壳层将内部的疏水脂与外部的溶剂水隔离。载脂蛋白常富含疏水氨基酸残基，构成两亲的 α-螺旋区，一方面（疏水区）可以与脂质很好结合，另一方面（亲水区）可以与溶剂水相互作用。载脂蛋白的主要作用是：①作为疏水脂质的增溶剂；②作为脂蛋白受体的识别部位（细胞导向信号）。至今已有十多种载脂蛋白被分离和鉴定，它们主要是在肝和肠中合成并分泌的。

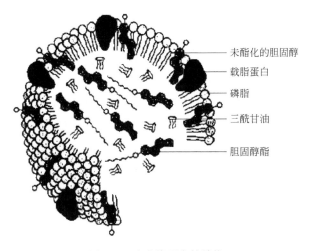

未酯化的胆固醇
载脂蛋白
磷脂
三酰甘油
胆固醇酯

图 1.10　血浆脂蛋白的结构

乳糜微粒是由小肠上皮细胞合成的。其核心是三酰甘油，它占乳糜微粒重量的 85%～95%。乳糜微粒是密度最小的脂蛋白，它的主要功能是从小肠转运三酰甘油、胆固醇及其他脂质到血浆和其他组织。乳糜微粒的三酰甘油被位于肌肉和脂肪组织中的毛细血管内壁上的脂蛋白脂酶所水解，水解产物脂肪酸被这些组织用作燃料和合成脂肪的前体。富含胆固醇的残留物称残留乳糜微粒，它可被肝所吸收。

VLDL（极低密度脂蛋白）在肝细胞的内质网中合成，是已知的最大蛋白质之一。VLDL 的功能是从肝脏运载内源性（肝所需之外的多余部分）三酰甘油和胆固醇至各靶组织。VLDL

的三酰甘油也和乳糜微粒一样被那里的毛细血管内壁上的脂酶所水解。

LDL（低密度脂蛋白）是血液中胆固醇的主要载体。其核心约由 1500 个胆固醇分子组成。胆固醇中最常见的脂酰基是亚油酸。疏水核心外面包围着磷脂和未酯化的胆固醇壳层，它被靶细胞所识别。LDL 的功能是转运胆固醇到外围组织，并调节这些部位的胆固醇的合成。

HDL（高密度脂蛋白）是以称为新生 HDL 的前体形式在肝和小肠中合成的。肝分泌的新生 HDL 是扁圆形的，含磷脂和胆固醇。分泌后，此扁圆形颗粒改型为球状 HDL，在改型过程中收集从死细胞、进行更新的膜、降解的乳糜微粒和 VLDL 释放到血浆中的胆固醇、磷脂、三酰甘油以及载脂蛋白。在 HDL 中酰基转移酶使胆固醇酯化，酯化的胆固醇由血浆脂质转移蛋白快速往复地送到 VLDL 或 LDL。

三、氨基酸、肽和蛋白质

（视频 7）

（一）氨基酸

氨基酸（amino acid）广义上是指分子中既有氨基又有羧基的化合物。氨基酸在结构上的共同点是 α-碳原子上都有一个氨基和一个羧基，故都称作 α-氨基酸（脯氨酸除外），如图 1.11 所示。氨基酸之间以肽键形式联结在一起形成肽和蛋白质，可被酸、碱或蛋白酶水解断裂为单个氨基酸。自然界中的氨基酸有 300 多种，但用来合成蛋白质的氨基酸只有 20 种。

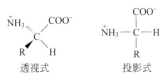

图 1.11 α-氨基酸的结构通式

除了甘氨酸以外，其余氨基酸的 α-碳原子均不对称，故都有旋光异构现象，都会有 D 或 L 系两种可能，但组成天然蛋白质的都属于 L 系氨基酸。D 系氨基酸在自然界中并不多见，仅存在于缬氨霉素、短杆菌肽等极少数寡肽之中，没有在蛋白质中发现。

1. 氨基酸的分类

根据是否用来合成蛋白质，氨基酸可以分为蛋白质氨基酸和非蛋白质氨基酸。

（1）构成蛋白质的 20 种基本氨基酸侧链性质相似，根据侧链基团的化学结构分类

芳香族氨基酸：指 R 基团含有芳香环，有苯丙氨酸、酪氨酸和色氨酸三种。

杂环氨基酸：指 R 基团含有咪唑基，只有一种，即组氨酸。

杂环亚氨基酸：指 R 基团取代了 α-氨基的一个氢而形成一个杂环，只有一种，即脯氨酸，脯氨酸中没有自由氨基，而只有一个亚氨基。

脂肪族氨基酸：除上述氨基酸外，其余 15 种均为脂肪族氨基酸。

（2）根据氨基酸分子中含有氨基和羧基的数目分类

碱性氨基酸：指氨基酸分子中含两个及两个以上氨基和一个羧基，有精氨酸、赖氨酸和组氨酸三种。

酸性氨基酸：指氨基酸分子中含有一个氨基和两个羧基，有谷氨酸和天冬氨酸两种。

中性氨基酸：指氨基酸分子中含有一个氨基和一个羧基。有 15 种，其中包括天冬酰胺和谷氨酰胺。

2. 氨基酸的结构

氨基酸结构式见表1.6。

表 1.6　氨基酸的化学结构式、名称（引自王冬梅等，2010）

氨基酸名称	化学结构式	氨基酸名称	化学结构式
甘氨酸（Glycine）		苏氨酸（Threonine）	
丙氨酸（Alanine）		半胱氨酸（Cysteine）	
缬氨酸（Valine）		甲硫氨酸（Methionine）	
亮氨酸（Leucine）		天冬氨酸（Aspartic acid）	
异亮氨酸（Isoleucine）		谷氨酸（Glutamic acid）	
丝氨酸（Serine）		天冬酰胺（Asparagine）	

氨基酸名称	化学结构式	氨基酸名称	化学结构式
谷氨酰胺（Glutamine）		脯氨酸（Proline）	
赖氨酸（Lysine）		苯丙氨酸（Phenylalanine）	
精氨酸（Arginine）		酪氨酸（Tyrosine）	
组氨酸（Histidine）		色氨酸（Tryptophan）	

某些蛋白质水解后，水解液中除了有多种基本氨基酸外，还有少数其他种类的氨基酸，如羟脯氨酸、羟赖氨酸、二碘酪氨酸等。它们都是由相应的基本氨基酸修饰生成的，而且某种氨基酸只存在于一种或一类蛋白质中。如存在于胶原蛋白中的 5-羟赖氨酸和 4-羟脯氨酸，分别由赖氨酸和脯氨酸经羟基化而生成。存在于甲状腺球蛋白中的甲状腺素和 3,3',5-三碘甲腺原氨酸，都是酪氨酸的碘化衍生物。肌肉蛋白含有甲基化的氨基酸，包括甲基组氨酸、ε-N,N,N-三甲基赖氨酸。γ-羧基谷氨酸存在于许多和凝血有关的蛋白质中。焦谷氨酸存在于原核细胞质膜中，是一种光驱动的质子泵蛋白质。从谷物中分离的蛋白质存在氨基己二酸。此外，在与染色体缔合的组蛋白中发现了 N-甲基精氨酸和 N-乙酰赖氨酸。

3. 非蛋白质氨基酸

自然界中含有许多种以游离或以小分子肽形式存在的氨基酸。它们并不存在于天然蛋白质中，所以称之为"非蛋白质氨基酸"。这些氨基酸大多是 α-氨基酸的衍生物，但是也有 β-、γ-或 δ-等其他类型的氨基酸。不仅有 L 型，而且有 D 型。这些非蛋白质氨基酸中有一部分是重要的代谢物前体或代谢的中间物，在新陈代谢过程中起着重要作用。如瓜氨酸和鸟氨酸是尿素循环的重要中间产物，是合成精氨酸的前体，β-丙氨酸是维生素泛酸的前体，肾上腺素是酪氨酸衍生物。此外，某些抗生素也含有氨基酸的衍生物，如青霉素含有青霉胺、氯霉素本身可看作是氨基酸的衍生物。

4. 几种重要的氨基酸

（1）缬氨酸

缬氨酸是中性必需氨基酸。它能促进身体正常生长、修复组织、调节血糖，并提供需要的能量。在参加激烈体力活动时，缬氨酸可以给肌肉提供额外的能量产生葡萄糖，以防止肌肉衰弱。它还帮助从肝脏清除多余的氮，并将身体需要的氮运输到各个部位。

缬氨酸的天然食物来源包括谷物、奶制品、香菇、蘑菇、花生、大豆蛋白和肉类。尽管大多数人都可以从饮食中获得足够的缬氨酸，但是缬氨酸缺乏症的案例也屡见不鲜。当缬氨酸不足时，中枢神经系统功能会发生紊乱，共济失调而出现四肢震颤，解剖切片脑组织，发现有红核细胞变性现象。另外，缬氨酸、亮氨酸和异亮氨酸等支链氨基酸注射液常用来治疗肝功能衰竭以及因酗酒和吸毒对肝脏造成的损害。缬氨酸也可作为加快创伤愈合的治疗剂。

（2）谷氨酸

谷氨酸是一种酸性氨基酸。谷氨酸大量存在于谷类蛋白质中，动物脑中含量也较多。谷氨酸在生物体内的蛋白质代谢过程中占有重要地位，参与动物、植物和微生物中的许多重要化学反应。谷氨酸钠盐是增鲜调味品味精的主要成分。

谷氨酸脱羧可转化生成人体大脑中的一种重要的神经传递物质 γ-氨基丁酸，它是中枢神经系统的抑制性传递物质，具有镇静神经、抗焦虑的作用，并可促进乙醇代谢（醒酒）。

谷氨酸的酰胺衍生物——谷氨酰胺，对治疗胃溃疡有明显的效果，原因是谷氨酰胺的氨基转移到葡萄糖上，生成消化器官黏膜上皮组织黏蛋白的组成成分葡萄糖胺。

（3）赖氨酸

赖氨酸为碱性必需氨基酸。由于赖氨酸在谷物食品精加工过程中易被破坏而缺乏，故称为第一限制性氨基酸。

赖氨酸在体内发挥着重要的生理功能，其缺乏将直接或间接影响动物的生长、繁殖和发育。赖氨酸是合成体蛋白不可缺少的成分，在酶蛋白、生殖细胞、骨骼肌及血红蛋白等的形成中具有非常重要的作用，同时也是某些多肽激素的组分之一；赖氨酸参与体内能量代谢过程，是生酮氨基酸之一，当体内缺乏碳水化合物时，可被分解为葡萄糖或酮体来提供能量；赖氨酸也是酯代谢中肉毒碱的前体物质，在脂肪代谢中发挥着重要的生理作用。

在食物中添加少量的赖氨酸，可以刺激胃蛋白酶与胃酸的分泌，提高胃液分泌功效，起到增进食欲、促进幼儿生长与发育的作用。赖氨酸还能提高钙的吸收及其在体内的积累，加速骨骼生长。如缺乏赖氨酸，会造成胃液分泌不足而出现厌食、营养性贫血，致使中枢神经受阻、发育不良。强化赖氨酸面粉可以改善儿童的营养状况和农村贫困人群的免疫机能。强化赖氨酸可能是改善我国贫困地区人群健康的措施之一。

（4）色氨酸

色氨酸属于芳香族氨基酸。色氨酸是植物体内生长素生物合成重要的前体物质，其结构与吲哚乙酸（IAA）相似，在高等植物中普遍存在。

色氨酸是 5-羟色胺的前体物质，而 5-羟色胺有中和肾上腺素与去甲肾上腺素的作用，并可改善睡眠的持续时间。当动物大脑中的 5-羟色胺含量降低时，表现出异常的行为，出现神经错乱的幻觉以及失眠等。此外，5-羟色胺有很强的血管收缩作用，可存在于许多组织，包括血小板和肠黏膜细胞中，受伤后的机体会通过释放 5-羟色胺来止血。医药上常将色氨酸用作抗闷剂、抗痉挛剂、胃分泌调节剂、胃黏膜保护剂和强抗昏迷剂等。

色氨酸可参与动物体内血浆蛋白质的更新，并可促使核黄素发挥作用，还有助于烟酸及血红素的合成，可显著增加怀孕动物胎仔体内抗体，对泌乳期的乳牛和母猪有促进泌乳作用。当畜禽缺乏色氨酸时，生长停滞，体重下降，脂肪积累降低，种公畜睾丸萎缩。在医药上和烟酸一起用作癞皮病的防治剂。

（5）精氨酸

精氨酸是一种碱性氨基酸，是新生儿的必需氨基酸，也是成年人的条件性必需氨基酸。精氨酸是目前发现的人体中功能最多的氨基酸之一，缺乏精氨酸会导致血氨过高，甚至昏迷。缺乏精氨酸，机体不能维持正氮平衡与正常的生理功能。

精氨酸是鸟氨酸循环中的一个组成成分，具有极其重要的生理功能。充足的精氨酸可以增加肝脏中精氨酸酶的活性，有助于将血液中的氨转变为尿素而排泄出去，精氨酸对治疗高氨血症、肝脏机能障碍等疾病颇有效果。

精氨酸具有促进伤口愈合的作用。在伤口分泌液中可观察到精氨酸酶活性的升高，这也表明伤口附近的精氨酸需要量大增。精氨酸能促进伤口周围的微循环从而促使伤口早日痊愈。

精氨酸可防止胸腺的退化，补充精氨酸能增加胸腺的重量，促进胸腺中淋巴细胞的生长。除淋巴细胞外，吞噬细胞的活力也与精氨酸有关。加入精氨酸后，可活化吞噬细胞增强杀死肿瘤细胞或细菌等靶细胞的能力。

有实验表明，补充精氨酸还能减少患肿瘤动物的肿瘤体积，降低肿瘤的转移率，提高动物的存活时间与存活率。

（6）牛磺酸

牛磺酸是一种含硫非蛋白氨基酸，是调节机体正常生理功能的重要物质。它以游离氨基酸的形式普遍存在于动物体内各种组织。

牛磺酸的生物学功能有：①促进脑组织 DNA、RNA 的合成，增加神经细胞膜的磷脂酰乙醇胺含量和脑细胞对蛋白质的利用率，从而促进脑细胞尤其是海马细胞结构和功能发育，增强学习记忆能力；②改善视神经功能，是光感受器发育的重要营养因子；③增强机体对自由基的清除能力，保护细胞免受过氧化作用的损伤；④促进脂类物质消化吸收；⑤免疫调节作用。

5. 氨基酸在新陈代谢中的主要作用和意义

（1）组成蛋白质

基本氨基酸主要作为蛋白质的基本组成单位而存在于蛋白质分子中。氨基酸主要通过肽键相连而形成线状、环状或分枝状的蛋白质多肽链。蛋白质是构成生命的重要物质基础之一，它不仅是生物体的重要组成部分，而且更重要的是它以酶或激素等形式调节新陈代谢的过程。细胞的生长和繁殖、代谢物的合成和分解、能量的产生和利用、发生的生物化学反应都是在酶蛋白的催化下完成的。在酶的作用下，生物细胞才得以合成各种复杂的化合物，也才能使各种大分子物质被分解、吸收和利用。而绝大部分酶的化学本质都是蛋白质。激素蛋白在生物合成上具有重要的功能。

（2）生糖和生酮作用

根据氨基酸与糖和脂肪的关系可将氨基酸分为生糖氨基酸和生糖兼生酮氨基酸。生糖氨基酸经脱氨后生成 α-酮酸，后者经一系列反应转变成糖。生酮氨基酸在分解代谢过程中可分解成许多乙酰辅酶 A。乙酰辅酶 A 可用于合成脂肪酸，成为合成脂肪的原料。生糖兼生酮氨基酸分子中的一部分碳原子转变成糖，另一部分转变成脂肪。

（3）合成蛋白质之外的含氮化合物

生物体内的含氮物质除了蛋白质和氨基酸外，还有嘌呤、嘧啶、胆碱、肌酸以及其他一些维生素和激素等。这些物质的合成大多是直接或间接以氨基酸为原料的。

（4）作为能量物质为机体供能

氨基酸脱氨后生成的 α-酮酸除了可以转变成糖外，还可以进入分解代谢途径彻底氧化分解成 CO_2 和 H_2O，并释放出可供机体利用的能量。正常情况下，人体一天所需能量的 15% 是由蛋白质氨基酸提供的，糖和脂肪供应不足时，用于氧化供能的氨基酸则更多。谷氨酰胺是动物和人体内氮储存运输和解氨毒的重要形式。氨基酸在体液的组成、物质的储存、转运及解毒等方面起着十分重要的作用。

6. 氨基酸在人类生产活动中的作用

（1）人类重要的营养物质

人体与植物和大多数微生物不同，不能合成所有生成蛋白质所需要的基本氨基酸。从营养学角度分，可将基本氨基酸分为"必需氨基酸"和"非必需氨基酸"两大类。必需氨基酸指机体的生命活动所必需但体内又不能合成，必须从食物中摄取的氨基酸；非必需氨基酸指机体的生命活动所必需，但体内能自己合成的氨基酸。赖氨酸、甲硫氨酸、色氨酸、苏氨酸、异亮氨酸、亮氨酸、缬氨酸和苯丙氨酸是人体必需氨基酸。人体内的蛋白质处于不断的更新之中，所以必须源源不断地从食物中摄取氨基酸，尤其是必需氨基酸。各种食物的蛋白质因其所含的必需氨基酸的种类和数量不同，在营养价值上也各不相同。当某种食物的蛋白质所含的必需氨基酸的种类和数量与体内的需要相符时最易被机体利用。实际上，不同的食物蛋白质含有的必需氨基酸会有所不同，所以将不同的食物混合食用可以提高其蛋白质的营养价值。

（2）甜味剂、增鲜剂等调味剂

氨基酸的呈味与它侧链 R 基团的疏水性有密切关系，有的味甜、有的味苦、有的味鲜，也有的无味。当氨基酸的疏水性较小时，主要呈甜味，如甘氨酸、脯氨酸、羟脯氨酸等，甘氨酸就是因其味甜而得名的。当氨基酸的疏水性较大时，主要呈苦味，如亮氨酸、异亮氨酸、缬氨酸等。谷氨酸的单钠盐具有鲜味，是味精的主要成分。

（3）药物原料

许多氨基酸可直接用于防治疾病或作为合成药物的原料。甲硫氨酸可治疗肝硬变、脂肪肝以及某些营养不良症，半胱氨酸可用于肝炎或放射性药物中毒的治疗。此外，许多新型农药实质上是氨基酸的衍生物。

（二）肽

1. 肽的结构

一个氨基酸分子的 α-羧基与另一个氨基酸分子的 α-氨基发生酰化反应，脱去一分子水形

（视频 8）

成的酰胺键称为肽键（peptide bond，图 1.12）。肽（peptide）就是氨基酸通过肽键连接起来的线性聚合物，因此也常称为肽链（peptide chain）。氨基酸是构成肽的基本基团，含氨基酸残基 50 个以上的通常称为蛋白质；低于 50 个氨基酸残基的称为肽。由 2～10 个氨基酸通过肽键形成的肽称为小分子肽（寡肽）。

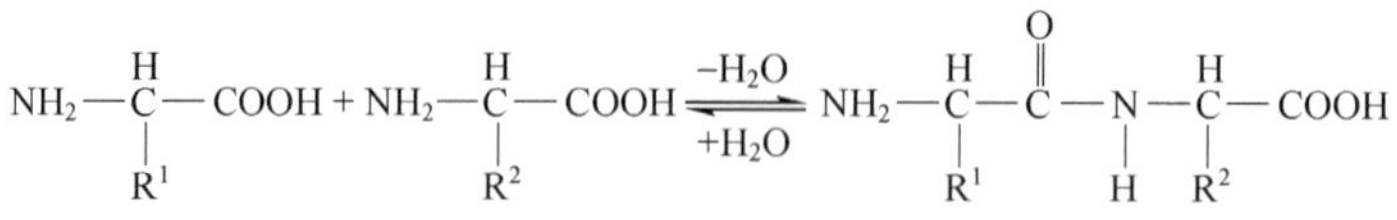

$$NH_2—\overset{\overset{H}{|}}{\underset{\underset{R^1}{|}}{C}}—COOH + NH_2—\overset{\overset{H}{|}}{\underset{\underset{R^2}{|}}{C}}—COOH \underset{+H_2O}{\overset{-H_2O}{\rightleftharpoons}} NH_2—\overset{\overset{H}{|}}{\underset{\underset{R^1}{|}}{C}}—\overset{\overset{O}{\|}}{C}—\overset{\overset{H}{|}}{\underset{\underset{H}{|}}{N}}—\overset{\overset{H}{|}}{\underset{\underset{R^2}{|}}{C}}—COOH$$

图 1.12　肽键的形成

肽键的主要特征：

（1）肽键中的 C—N 具有部分双键性质，不能自由旋转。C—N 单键的键长是 0.149nm，C═N 双键的键长是 0.127nm，X 射线衍射分析证实，肽键中 C—N 的键长是 0.132nm。

（2）肽键的四个原子和与之相连的两个 α-碳原子（习惯上称为 C_α）都处于一个平面内。

（3）肽键中的 $\overset{}{C}$═O 和 N—H 呈反式排列。

任何一条肽链都有两个末端，一端为游离的 $\alpha\text{-}NH_3^+$，称为氨基端或 N-端（amino-terminus 或 N-terminus）；另一端为游离的 $\alpha\text{-}COO^-$，称为羧基端或 C-端（carboxyl-terminus 或 C-terminus）。因此，多肽链的结构具有方向性，是从 N-端到 C-端。

2. 肽的命名

肽的命名按照由 N-端至 C-端方向的氨基酸残基排列顺序进行。C-末端的氨基酸残基仍称氨基酸，其余氨基酸残基命名为酰胺。在书写时，习惯上按从左至右的方向表示多肽链中的氨基酸残基的排列顺序，从 N-端写至 C-端，氨基酸残基以三字母缩写或单字母符号表示。例如对甲硫脑啡肽（图 1.13）的命名如下所述。

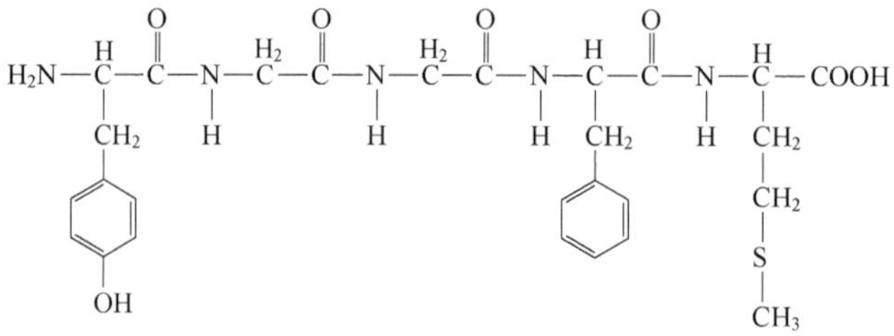

图 1.13　甲硫脑啡肽的结构式

中文氨基酸残基命名法：酪氨酰甘氨酰甘氨酰苯丙氨酰甲硫氨酸。

中文单字表示法：酪-甘-甘-苯丙-甲硫。

三字母表示法：Tyr·Gly·Gly·Phe·Met。

单字母表示法：Y·G·G·F·M。

3. 生物活性肽

生物活性肽（biological active peptide，BAP）是能够调节生命活动或具有某些生理活动的寡肽和多肽的总称。生物活性肽大多以非活性肽状态存在于蛋白质长链中，被酶解成适当的长度时，其生理活性才会表现出来。自然界中所有细胞都能合成多肽物质，其器官及细胞功能活动也受多肽的调节控制。活性肽的主要作用机制是调节体内的有关酶类，保障代谢途径的畅通，或通过控制转录和翻译而影响蛋白质的合成，最终产生特定的生理效应或发挥其药理作用。目前已经在生物体内发现了几百种活性肽，参与调节物质代谢、激素分泌、神经活动、细胞生长及繁殖等几乎所有的生命活动。据近年来对活性肽的研究发现，生物的生长发育、细胞分化、大脑活动、肿瘤病变、免疫防御、生殖控制、抗衰老、生物钟规律及分子进化等均涉及到活性肽。随着肽类药物的发展，许多化学合成或以重组 DNA 技术制备的肽类药物和疫苗已在疾病预防和治疗方面取得疗效。

（1）谷胱甘肽

谷胱甘肽（glutathione）是动植物细胞中含有的一种重要的三肽，它是由谷氨酸、半胱氨酸和甘氨酸组成的（图 1.14），其名称为 γ-谷氨酰半胱氨酰甘氨酸。它的分子中有一特殊的 γ-肽键，是谷氨酸的 γ-羧基与半胱氨酸的 γ-氨基缩合而成，这与蛋白质分子中的肽键不同。谷胱甘肽分子中半胱氨酸的巯基是该化合物的主要官能团，所以常用 GSH 表示。

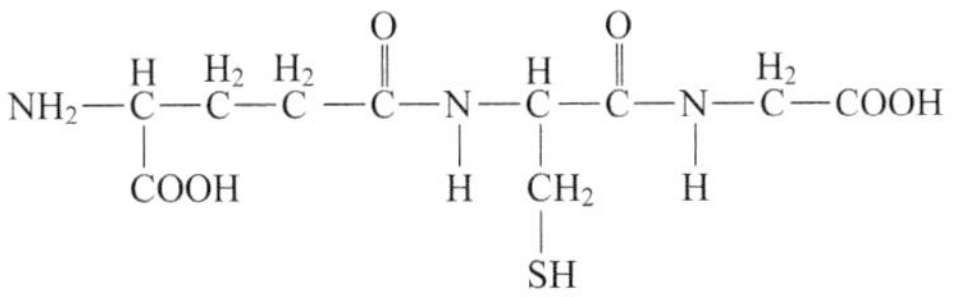

谷胱甘肽是体内一种具有重要生理功能的小分子肽，大量存在于植物、动物及某些微生物中，在体内起着氧化还原缓冲剂的作用。谷胱甘

图 1.14 谷胱甘肽结构

肽可作为还原剂起到抗氧化、抗自由基的作用，它能够清除正常有氧代谢和生长中产生的对机体有毒性的氧化物质等，如过氧化氢 H_2O_2、羟基自由基 $OH\cdot$ 及超氧阴离子自由基 $\cdot O_2^-$ 等。这些氧化物质会严重地干扰体内蛋白质、核酸和脂类的功能。谷胱甘肽还可能维持了蛋白质中巯基的还原态，以及维持了血红素中铁的亚铁状态。此外，谷胱甘肽的巯基还具有嗜核特性，能与外源的嗜电子物质如致癌剂或药物等结合，从而阻断这些化合物与 DNA、RNA 或蛋白质结合，保护机体免遭损害。

（2）神经激素

神经激素为分泌神经细胞所分泌激素的总称。分泌神经细胞主要位于下丘脑的促垂体区和视上核、室旁核中，分泌物多为寡肽，如促甲状腺激素释放激素、促性腺激素释放激素、生长激素释放抑制激素、生长激素释放因子、催乳素释放抑制因子、催乳素释放因子、促肾上腺皮质激素释放因子，以及垂体释放的抗利尿激素和加压素等。

加压素是脑下垂体后叶所分泌的多肽激素，由 9 个氨基酸组成，呈环状结构。合成后与神经垂体运载蛋白结合，经轴突运输到垂体，再释放到血液。其功能是促进血管平滑肌收缩和抗利尿作用，因此临床上常用于治疗尿崩症和肺咯血。

催产素是由下丘脑视上核及室旁核的神经元合成的一种九肽，经垂体后叶分泌，具有使子宫和乳腺平滑肌收缩的功能。

（3）促肾上腺皮质激素

促肾上腺皮质激素（ACTH）是腺垂体分泌的由 39 个氨基酸组成的激素，它能刺激肾上腺皮质的生长和肾上腺皮质激素的合成和分泌。除垂体分泌 ACTH 外，尚有大脑、下丘脑等各自分泌的 ACTH 执行不同的功能。例如，大脑分泌的 ACTH 参与意识行为的调控，腺垂体分泌的 ACTH 主要作用于肾上腺皮质。通过化学方法合成的 ACTH，临床上用于柯兴综合征的诊断以及风湿性关节炎、皮炎和眼睛炎症的治疗。

（4）脑啡肽

脑啡肽（enkephalin）是在高等动物脑中发现的镇痛作用强于吗啡的活性肽。科学家于1975年测定其结构，并从猪脑中分离出两种类型的脑啡肽。由于脑啡肽类物质是高等动物脑组织中原来就有的，因此对它们深入研究有可能人工合成出一类既有镇痛作用而又不会像吗啡那样使病人上瘾的药物来。

（5）胰高血糖素

胰岛 α 细胞可分泌胰高血糖素，它是由 29 个氨基酸构成的多肽。胰高血糖素亦称胰增血糖素或抗胰岛素，可促进肝糖原降解产生葡萄糖，以维持血糖水平，还能引起血管舒张、抑制肠的蠕动及分泌。胰岛素是胰岛 β 细胞分泌的肽类激素，是唯一的降血糖激素，同时促进糖原、脂肪和蛋白质合成。

4. 小分子肽的营养与生理功能

按照小分子肽所发挥的功能，分为两大类：功能性小分子肽和营养性小分子肽。功能性小分子肽是指能参与调节动物的某些生理活动或具有某些特殊作用的小分子肽，如抗菌肽、免疫肽、抗氧化肽、激素肽、表皮生长因子等。营养性小分子肽是指不具有特殊生理调节功能，只为蛋白质合成提供氮架的小分子肽。

（1）促进氨基酸吸收，促进蛋白质的合成与沉积

相对于氨基酸吸收，小分子肽吸收速度快、吸收峰高，能快速提高动脉和静脉的氨基酸差值，从而提高整体蛋白质的合成。另外，小分子肽与游离氨基酸具有相互独立的吸收机制，二者互不干扰。这有助于减轻由于游离氨基酸相互竞争吸收位点而产生的拮抗作用，从而促进氨基酸的吸收，加快蛋白质的合成与沉积。除了小分子肽的吸收机制能促进氨基酸吸收外，小分子肽本身也对氨基酸及其残基的吸收有促进作用。作为肠腔的吸收底物，小分子肽不仅能增加刷状缘膜的氨基肽酶和二肽酶的活性，而且能提高小分子肽载体的数量。

（2）促进矿物质元素的吸收和利用

小分子肽的氨基酸残基可与金属离子螯合，可以避免肠腔中拮抗因子及其他影响因子对矿物质元素的沉淀或吸附作用，直接到达小肠刷状缘，并在吸收位点处发生水解，从而增加矿物质元素的吸收。有研究报道，位于五元环或六元环络合物中心的金属离子可通过小肠绒毛刷状缘，以小分子肽的形式被吸收。小分子肽和矿物质络合物利用肽的吸收通道，而不是矿物质元素的离子吸收通道，从而避免了与利用同一通道吸收的矿物质元素之间的竞争。

（3）小分子肽的生物活性作用

小分子肽具有免疫活性、神经活性、抗氧化活性等作用。小分子肽能够加强有益菌群的繁殖，提高菌体蛋白的合成，增强抗病力。另外，小分子肽能有效刺激和诱导小肠绒毛膜刷状缘酶的活性上升，并促进动物的营养性康复。

一些生理活性小分子肽可直接作为神经递质间接刺激肠道激素受体或促进酶的分泌而发挥生理调节作用，从而促进小肠发育。王恬等（2003）报道，于断奶仔猪日粮中添加小分子肽营养素，其十二指肠、空肠、回肠的绒毛长度增加，隐窝深度减少，并且这种影响随着小分子肽营养素添加量的增加而提高。除酪蛋白外，小麦谷蛋白的胃蛋白酶水解产物中存在着具有阿片肽作用的肽，这种生物活性肽在肠道可完整地被吸收入血液，作为神经递质发挥其生理活性作用。

小分子肽还具有抗氧化作用。例如肌肽是大量存在于动物肌肉中的一种天然二肽，具有抗氧化活性。有试验报道，在香菇、马铃薯、蜂蜜等食物中有若干可抑制多酚氧化酶的小分子肽，除了抑制多酚氧化酶，这些小分子肽尚可以通过与多酚氧化酶催化的醌式产物反应而减少食物褐变（焦化反应），从而防止聚合氧化产物的产生。

（三）蛋白质

蛋白质又称肮，是由多种氨基酸组成的有机大分子化合物。蛋白质是生命的物质基础，地球上因为有了蛋白质才有了生命，生命是蛋白质存在的一种形式。在人体内，蛋白质的含量仅次于水分，约占人体总量的45%。人的大脑、神经、血液、内脏、肌肉、筋骨、皮肤及头发、指甲等都是由蛋白质组成的，使其各部分坚韧而富有弹性。

（视频10）

1. 蛋白质的一级结构

蛋白质的一级结构（primary structure）又称为蛋白质的化学结构或初级结构，是指构成蛋白质的氨基酸序列。维持一级结构的主要化学键是肽键，此外还包括二硫键。

蛋白质种类繁多，其一级结构各不相同。一级结构是蛋白质空间构象和特异生物学功能的基础。每一种蛋白质都具有特定的氨基酸序列，蛋白质的氨基酸序列是阐明蛋白质生物活性的分子基础。胰岛素的一级结构（图1.15）由英国化学家 Frederick Sanger 于1953年测定，是第一个被测定的一级结构的蛋白质分子。胰岛素有 A 和 B 两条多肽链，A 链有 21 个氨基酸残基，B 链有 30 个氨基酸残基。如果把氨基酸序列（amino acid sequence）标上数码，以氨基末端为 1 号，依次向

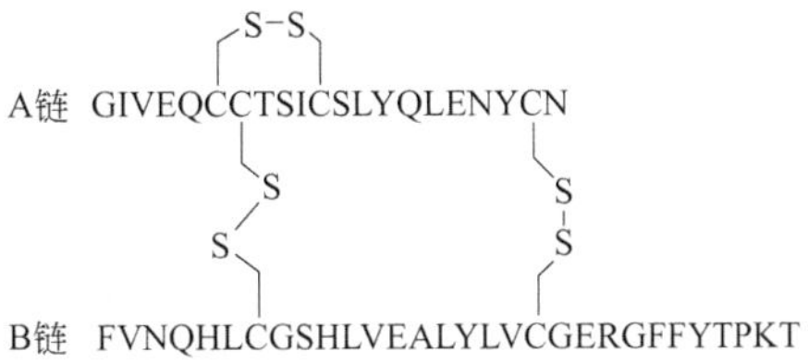

图 1.15　胰岛素的一级结构(引自李修政,2017)

羧基末端排列。胰岛素分子中有三个二硫键，一个位于 A 链内，由 A 链的第 6 位半胱氨酸巯基和第 11 位半胱氨酸巯基脱氢形成，另两个二硫键位于 A、B 两链间。

2. 蛋白质的分类

根据含有必需氨基酸的种类和数量，蛋白质分成三类。

（1）完全蛋白质

完全蛋白质含有所有必需氨基酸，而且含量充足，比例恰当，接近人体蛋白质的组成，因此具有维持生存和促进机体生长发育的作用。如奶类中的酪蛋白、乳白蛋白，蛋类中的卵白蛋白、卵黄磷蛋白，肉类中的白蛋白、肌蛋白，大豆中的大豆蛋白，都是完全蛋白质，能被机体较好地消化利用。

（2）半完全蛋白质

含有的必需氨基酸种类尚全，但含量不均，相互比例不合适，利用率低，仅能维持生命的一类蛋白质。一般植物性食物中的蛋白质为半完全蛋白质，如小麦和大麦中的麦胶蛋白。

（3）不完全蛋白质

含有的必需氨基酸种类不全，主要包含在肉皮、筋、蹄、豌豆等食品中。两种及两种以上非完全蛋白质一同进食，可能会得到所有的必需氨基酸，形成完全蛋白质，这叫作蛋白质互补。由于完全蛋白质大多是动物性蛋白质，动物性食物一般脂肪及胆固醇的含量比非完全

蛋白质食物的含量高，摄取过多有碍身体健康。因此，摄取多种植物性蛋白质食物通过蛋白质互补以获得均衡、适量的氨基酸可能更健康。

在自然界，没有任何一种动物或植物的蛋白质完全符合人体的需要，只有将多种食物蛋白质混合食用，才能互相取长补短，提高蛋白质的生理价值。

3. 蛋白质的二级结构

蛋白质分子的多肽链并不是线形伸展的，而是按照一定方式盘绕折叠成特有的空间结构，并在此基础上产生特异的性质和功能。蛋白质的空间结构通常称作蛋白质的构象（conformation）或高级结构，是指蛋白质分子中所有原子在三维空间的分布和肽链走向。维持蛋白质空间构象的作用力主要是次级键，即氢键和盐键等非共价键，以及疏水作用（疏水键）和范德华力等。

蛋白质的二级结构（secondary structure）是指多肽主链有一定周期性的由氢键维持的局部空间结构。因为蛋白质主链上的 C＝O 和 N—H 是有规则排列的，所以 C＝O 和 N—H 之间形成的氢键通常有周期性，使肽链形成 α-螺旋、β-折叠、β-转角等有一定规则的结构。

（1）α-螺旋

1951 年 Pauling 等通过分析 X 射线数据发现毛发中存在 α-螺旋，随后证实，α-螺旋（α-helix）广泛存在于纤维状蛋白和球蛋白中。

在 α-螺旋中，多肽链中的各个肽平面围绕同一轴旋转，形成螺旋结构，每一周螺旋含 3.6 个氨基酸残基。沿螺旋轴上升的距离即螺距为 0.54nm，两个氨基酸残基之间的距离为 0.15nm。

天然蛋白质的 α-螺旋大多数为右手螺旋，即用右手的拇指指示螺旋轴延伸的方向，另四个手指指示肽链缠绕的方向。一般来说，由 L-型氨基酸组成的 α-螺旋多为右手螺旋、D-型氨基酸组成的 α-螺旋多为左手螺旋，右手螺旋比左手螺旋稳定。同一个螺旋中的氨基酸必须是同一种构型，D-型和 L-型氨基酸的共聚物不能形成 α-螺旋。在少数蛋白质中，偶尔可以发现左手螺旋。

（2）β-折叠

β-折叠（β-结构或 β-构象）也是由 Pauling 和 Corey 于 1951 年首先提出来的，存在于许多蛋白质中。β-折叠（β-pleated sheet）也是一种重复性的结构，可以把它想象为由折叠的条状纸片侧向并排而成，每条纸片可看成是一肽链，在这里主链沿纸条形成锯齿状，R 基垂直于折叠平面，交替分布于平面的上下（图 1.16）。

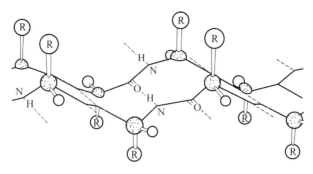

图 1.16　β-折叠结构模式（引自沈同等，1990）

β-折叠可以由多条肽链构成，也可由同一条肽链通过回折构成。β-折叠中氢键主要是在股间而不是股内形成。在 β-折叠中主链处于最伸展的构象（有时称 ε-构象）。折叠可以有两种形式，一种是平行式，另一种是反平行式。在平行 β-折叠中，相邻肽链是同向的，在反平行 β-折叠片中，相邻肽链是反向的。在平行折叠中的氢键有明显的弯折，其伸展构象略小于反平行折叠中的构象。反平行折叠中每个残基的长度是 0.347nm，而平行折叠中的长度是 0.325nm。

（3）β-转角

自然界的球状蛋白质种类最多，多肽链必须经过弯曲和回折才能形成稳定的球状结构。在很多蛋白质中观察到一种简单的二级结构，称 β-转角（β-turn），又称为 β-弯曲（β-bend）或发夹结构。在 β-转角中第一个氨基酸残基的 $C=O$ 与第四个氨基酸残基的 $N-H$ 形成氢键，构成一个紧密的环，使 β-转角成为比较稳定的结构。由于构成 β-转角的氨基酸残基种类不同，β-转角可形成两种类型，二者的区别是中间的肽基旋转了 180°。甘氨酸缺少侧链，在 β-转角中能很好地调整其他残基的空间阻碍，因此容易出现在 β-转角。肽链中的脯氨酸不能形成氢键，也容易出现在 β-转角的中间部位。

（4）无规则卷曲

指没有一定规律的松散肽链结构，但对一定的球蛋白而言，特定的区域有特定的卷曲方式，因此将其归入二级结构。酶的功能部位常常处于这种构象区域里，所以受到人们的重视。

4. 蛋白质的三级结构

蛋白质的三级结构（tertiary structure）是指多肽链在二级结构的基础上进一步卷曲折叠所形成的具有一定构象的分子结构。三级结构涉及整条肽链所有原子在三维空间上的排布，比如肌红蛋白（图 1.17）。

蛋白质三级结构的主要特征有：

① 具有三级结构的蛋白质分子含有多种二级结构（α-螺旋、β-折叠、β-转角等）单元。

② 蛋白质的三级结构具有明显的折叠层次。

③ 三级结构的蛋白质分子是紧密的球状实体，分子表面是亲水性氨基酸，分子内部是疏水性氨基酸。

④ 许多具有特定生物学活性的球状蛋白质分子的表面是亲水性氨基酸，分子内以特定方式排布的某些极性氨基酸残基参与和决定该蛋白质的生理活性。

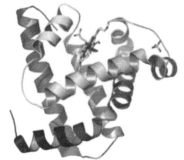

图 1.17　具有三级结构的肌红蛋白
（引自金国琴等，2017）

维持蛋白质三级结构的作用力主要是一些非共价键，包括氢键、范德华力、疏水相互作用，此外二硫键在维持某些蛋白质构象方面也起着重要的作用。

5. 蛋白质的四级结构

蛋白质的四级结构（quaternary structure）是指蛋白质分子是由两条或更多条具有三级结构的多肽链以次级键相互连接而成的聚合体。其中的每一条多肽链称为亚基（subunit）。

四级结构的主要特征有：

① 具有四级结构的蛋白质是由多条亚基组成的。这些亚基可以相同，也可以不同。

② 具有四级结构的蛋白质，其亚基与亚基之间以非共价键相连接。游离的亚基一般无活性，只有完整的四级结构才具有生物学功能。

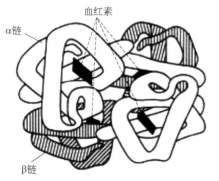

图 1.18 具有四级结构的血红蛋白
（引自王晓凌等，2017）

维持四级结构的作用力主要是疏水相互作用，氢键和离子键也参与维持四级结构。若蛋白质含有两条多肽链，且多肽链间通过二硫键而不是共价键相连，此类蛋白质仍被认为是只具有三级结构的蛋白质。例如胰岛素含有 A 与 B 两条链，A、B 之间通过两个二硫键相连，整个胰岛素分子的空间结构为三级结构，而不具有四级结构。

血红蛋白是最早被阐明具有四级结构的蛋白质（图 1.18），它是由两条 α 链和两条 β 链组成的含有两种不同亚基的四聚体。每一个亚基含有一个血红素辅基，使血红蛋白很好地执行着氧分子载体的功能。

四、核苷酸和核酸

（视频 11）

（一）核苷酸

核苷酸是核酸的基本结构单位，由核苷和磷酸缩合而成。核苷进一步分解生成戊糖和碱基（图 1.19）。

核酸中的戊糖有两类：D-核糖和 D-2-脱氧核糖。核酸的分类就是根据所含戊糖种类不同而分为核糖核酸（构成 RNA）和脱氧核糖核酸（构成 DNA）。核糖和脱氧核糖均为 β-D-型呋喃糖，通常糖环的四个碳原子处于同一平面，另一个原子偏离平面（图 1.20）。

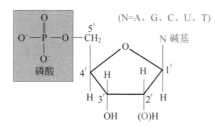

图 1.19 核苷酸分子模式图

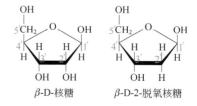

图 1.20 核糖核酸和脱氧核糖核酸

1. 碱基

核酸中的碱基分为两大类：嘌呤碱和嘧啶碱。RNA 中的碱基有四种：胞嘧啶（C）、鸟嘌呤（G）、腺嘌呤（A）和尿嘧啶（U）；DNA 中的碱基主要也是四种，即胞嘧啶（C）、鸟嘌呤（G）、腺嘌呤（A）和胸腺嘧啶（T），见图 1.21。某些类型的 DNA 含有比较少见的特殊碱基，植物 DNA 中含有相当量的 5-甲基胞嘧啶，在某些噬菌体（细菌病毒）中含有 5-羟甲基胞嘧啶代替了胞嘧啶。5-甲基胞嘧啶和 5-羟甲基胞嘧啶可看作是胞嘧啶经过化学修饰的产物，属于修饰胞嘧啶。

1 Cytosine (2-oxy-4-amino pyrimidine)　2 Uracil (2-oxy-4-oxy pyrimidine)　3 Thymine (2-oxy-4-oxy 5-methyl pyrimidine)　4 Adenine (6-amino purine)　5 Guanine (2-amino-6-oxy purine)

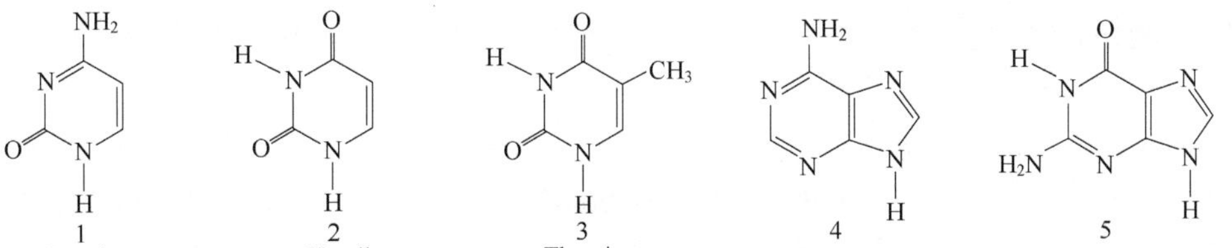

图 1.21　核酸中的碱基

（1—胞嘧啶；2—尿嘧啶；3—胸腺嘧啶；4—腺嘌呤；5—鸟嘌呤）

自然界存在许多重要的嘌呤衍生物，如茶碱（1,3-二甲基黄嘌呤）、可可碱（3,7-二甲基黄嘌呤）、玉米素（N^6-异戊烯腺嘌呤）和某些抗生素。这些嘌呤衍生物往往具有独特的生物学活性。

玉米素（zeatin）是存在于高等植物的一种天然植物细胞分裂素（图 1.22），最初是从幼嫩的玉米芯中发现分离出来的，后来椰汁中也发现该物质及其衍生物。作为细胞生长调节剂，功能上不仅促进侧芽生长、刺激细胞分化（侧端优势）、促进愈伤组织和种子发芽，还能防止叶片衰老、逆转芽部受到的毒素伤害和抑制过多根部形成。高浓度的玉米素还能产生不定芽分化。

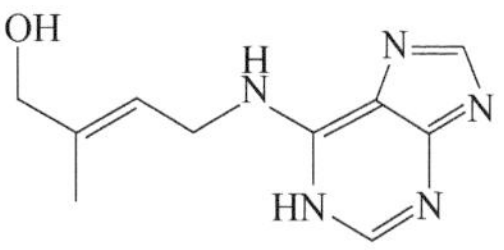

图 1.22　玉米素的结构式

2. 核苷酸

碱基与戊糖 1′-碳形成核苷，核苷中的戊糖羟基被磷酸酯化形成核苷酸。核苷酸中的核糖有三个自由的羟基，可以分别被磷酸酯化生成 2′-核苷酸、3′-核苷酸和 5′-核苷酸。脱氧核糖上有两个自由羟基，只能生成 3′-脱氧核苷酸和 5′-脱氧核苷酸。各种核苷酸通常用英文缩写表示，如腺苷酸为 AMP、尿苷酸为 UMP。生物体内的 AMP 可与一分子磷酸结合，生成腺苷二磷酸（ADP），ADP 再与一分子磷酸结合，生成腺苷三磷酸。其他单核苷酸可以和腺苷酸一样磷酸化，产生相应的二磷酸或三磷酸化合物。

各种核苷三磷酸（ATP、CTP 和 UTP）是体内 RNA 合成的直接原料，各种脱氧核苷三磷酸（dATP、dGTP、dCTP 和 dTTP）是 DNA 合成的直接原料。核苷三磷酸在生物体的能量代谢中起着重要的作用，其中 ATP 在所有生物系统化学能的转化和利用中起着关键的作用。有些核苷三磷酸还参与特定的代谢过程，为其反应提供能量，如 UTP 参与糖的互相转化与合成、CTP 参与磷脂的合成、GTP 参与蛋白质的合成。各种核苷酸还可参与代谢调控，如鸟苷四磷酸等可抑制核糖体 RNA 的合成。cAMP、cGMP 是第二信使，用于信号传递。NAD、FAD、辅酶 A 等都含有 AMP 成分，可参与构成辅酶。

（二）核酸的结构

核酸的一级结构是指核酸分子中核苷酸的线性排列顺序，也称为核苷酸序列。由于核苷酸间的差异主要是碱基不同，因此也叫碱基序列。

1. DNA 的一级结构

DNA 的一级结构是由 4 种脱氧核糖核苷酸，即腺嘌呤脱氧核苷酸、鸟嘌呤脱氧核苷酸、胞嘧啶脱氧核苷酸和胸腺嘧啶脱氧核苷酸形成的长链。RNA 也是主要由四种核糖核苷酸，即

（视频 12）

腺嘌呤核糖核苷酸、鸟嘌呤核糖核苷酸、胞嘧啶核糖核苷酸和尿嘧啶核糖核苷酸组成的长链。链中每个核苷酸的 3′-羟基和相邻核苷酸的戊糖上的 5′-磷酸相连，其连接键是 3′,5′-磷酸二酯键。相间排列的戊糖和磷酸构成核酸大分子的主链，碱基规律地排列在每个核苷酸的 C1′ 上，可以看成主链上的侧链基团。每条链中所有磷酸二酯键有相同的方向，所以 RNA 和 DNA 链都有特殊的方向性，每条核酸链都有一个 5′端和一个 3′端。

2. DNA 的二级结构

（1）双螺旋结构的建立与 Chargaff 规则

1953 年，Watson 与 Crick（图 1.23）提出 DNA 双螺旋结构模型，主要有三方面的依据：

① 已知核酸化学结构和核苷酸键长与键角的数据。

② Chargaff 利用纸色谱及紫外分光光度技术测定各种生物 DNA 的碱基组成，发现了 DNA 碱基组成规律，显示碱基间的配对关系。

③ Franklin 分辨出了 DNA 的两种构型，并成功地拍摄了它的 X 射线衍射照片。Watson 与 Crick 对 DNA 纤维进行 X 射线衍射分析获得了精确结果。DNA 双螺旋模型的建立开启了分子生物学时代，使遗传的研究深入到分子层次。

图 1.23　Watson 与 Crick

（2）DNA 双螺旋结构的要点

① DNA 分子由两条反向平行的多核苷酸链围绕同一中心轴相互缠绕，一条链的 5′端与另一条链的 3′端相对，两条链均为右手螺旋。

② 嘧啶与嘌呤碱均在主链内侧，磷酸与核糖按照核苷酸连接规律在外侧通过 3′,5′-磷酸二酯键相连接，构成 DNA 分子的骨架。碱基平面与纵轴垂直，糖环的平面与纵轴平行。习惯上以 C3′ 到 C5′ 为核苷酸链的方向。

③ 一条链上的 A（或 C）一定与另一条链上的 T（或 G）配对。A 与 T 配对形成两个氢键，C 与 G 配对形成三个氢键。所以 C 与 G 连接较为稳定。根据分子模型的计算，一条链上的嘌呤碱必须与另一条链上的嘧啶碱相匹配，其距离才正好与双螺旋的直径相吻合。

④ 碱基之间的互补关系称碱基配对。根据 Chargaff 规则，一条链的碱基序列确定后，另一条链必然有与之相对应的碱基序列。DNA 分子两条链中的任何一条链都能够按碱基配对规律合成与之互补的另一条链。事实上，Watson 和 Crick 在提出双螺旋结构模型时，已经考虑到 DNA 复制问题，并很快提出了半保留复制假说。

⑤ 双螺旋 DNA 分子平均直径为 2nm，相邻碱基对平面间的距离为 0.34nm。双螺旋每转一周有 10 个碱基对，每转的高度（螺距）为 3.4nm（图 1.24）。DNA 分子的大小常用碱基对数表示，而单链分子的大小则常用核苷酸数来表示。

⑥ 由于碱基向一侧突出，碱基对糖苷键的键角使两个戊糖之间的窄角为 120°、广角为 240°。碱基对上下堆积起来，窄角的一侧形成小沟，其宽度为 1.2nm；广角的一侧形成大沟，其宽度为 2.2nm。因此，DNA 双螺旋的表面可看到一条连续的大沟和一条连续的小沟。

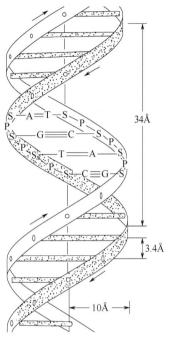

图 1.24 DNA 双螺旋结构
1Å=0.1nm

3. DNA 是主要的遗传物质

最早证明 DNA 是遗传物质的实验是英国的细菌学家格里菲斯（F. Griffith）于 1928 年进行的肺炎双球菌转化实验。肺炎双球菌有多种株系，但只有光滑型菌株可致病，因为在这些菌株的细胞外有多糖荚膜起保护作用，不致被宿主破坏。格里菲斯以 R 型和 S 型菌株作为实验材料进行遗传物质的实验，他将活的、无毒的 RⅡ 型（无荚膜，菌落粗糙型）肺炎双球菌或加热杀死的有毒的 SⅢ 型肺炎双球菌注入小白鼠体内，结果小白鼠安然无恙；将活的、有毒的 SⅢ 型（有荚膜，菌落光滑型）肺炎双球菌或将大量经加热杀死的有毒的 SⅢ型肺炎双球菌和少量无毒、活的 RⅡ 型肺炎双球菌混合后分别注射到小白鼠体内，结果小白鼠患病死亡，并从小白鼠体内分离出活的 SⅢ 型菌。实验表明，SⅢ 型死菌体内有一种物质能引起 RⅡ 型活菌转化产生 SⅢ 型菌，这种转化的物质（转化因子）在当时并不清楚。

1944 年，美国的埃弗雷（O. Avery）、麦克利奥特（C. MacLeod）及麦克卡蒂（M. McCarty）等从 SⅢ 型活菌体内提取 DNA、RNA、蛋白质和荚膜多糖，将它们分别和 RⅡ 型活菌混合均匀后注射在小白鼠体内，结果只有注射 SⅢ 型菌 DNA 和 RⅡ 型活菌的混合液的小白鼠死亡。这是一部分 RⅡ 型菌转化产生有毒的、有荚膜的 SⅢ 型菌所致，并且它们的后代都是有毒、有荚膜的。肺炎双球菌转化实验的结论为加热杀死的 S 菌中有一种"转化因子"，能使 R 菌转化为 S 菌，使小白鼠死亡。

1952 年，A. D. Hershey 和 M. Chase 用 ^{35}S 和 ^{32}P 标记的噬菌体 T_2 感染大肠杆菌，结果只有 ^{32}P 标记的 DNA 进入大肠杆菌细胞内，而用 ^{35}S 标记的蛋白质仍留在细胞外。这个实验证明，噬菌体 DNA 携带了噬菌体的全部遗传信息。

4. RNA 参与蛋白质的合成

实验表明，rRNA、mRNA、tRNA 共同控制着蛋白质的生物合成。rRNA 具有核酶活性，能够催化肽键形成，是装配者。mRNA 是信使，携带 DNA 遗传信息并起到蛋白质合成的模板作用。tRNA 是转换器，携带氨基酸并起解译作用。

除了上述所说的核心功能，RNA 还具有五类功能：

① 控制蛋白质合成。

② 作用于 RNA 转录后加工与修饰。

③ 基因表达与细胞功能的调节。

④ 生物催化与其他细胞持家功能。

⑤ 遗传信息的加工与进化。

病毒 RNA 是上述功能 RNA 的游离成分。

生物机体通过 DNA 复制使遗传信息由亲代传给子代，通过 RNA 转录和翻译而使遗传信息在子代得到表达。RNA 具有诸多功能，无不关系着生物机体的生长和发育，其核心作用是基因表达的信息加工和调节。

五、维生素

维生素是维持人体正常生命活动所必需的小分子有机化合物，在体内含量甚微，但是在机体的代谢、生长发育等过程中起重要的作用。

1. 维生素 A

维生素 A 是第一个被发现的维生素，包括维生素 A_1 和维生素 A_2 两种。维生素 A_1 是含有 β-白芷酮环的不饱和一元醇；而维生素 A_2 则是 3-脱氢视黄醇，其活性约为维生素 A_1 的 40%，二者功能相同。

维生素 A 又名视黄醇，体内的视黄醇从动物饮食中吸收或由植物来源的 β-胡萝卜素合成。维生素 A 主要存在于哺乳动物及鱼的肝脏中。植物体内存在的黄、红色素中很多是类胡萝卜素，其中最重要的是 β-胡萝卜素，它常与叶绿素并存，也能分解成为维生素 A。凡能分解形成维生素 A 的类胡萝卜素称为维生素 A 原。

维生素 A 的生理功能有：

① 维持正常视觉功能。

② 维持皮肤黏膜层的完整性。

③ 维生素 A 参与细胞的 RNA、DNA 合成，对细胞的分化、组织更新有一定影响。参与软骨内成骨，维持骨骼正常发育，促进细胞增殖与生长。维生素 A 具有维持和促进免疫的功能。近年发现维生素 A 酸（视黄酸）类物质有延缓或阻止癌前病变、防止化学致癌的作用，临床上作辅助治疗剂已取得较好的效果。

2. 维生素 D

维生素 D 为类甾醇衍生物，具有抗佝偻病的作用，故称为抗佝偻病维生素。人体内维生素 D_3 的来源是皮肤表皮和真皮内的 7-脱氢胆固醇经紫外线照射转变而来，吸收光能经过激发单线态引起光异构作用，使 9,10 碳键破坏而形成前维生素 D_3，紧接着自发异构作用产生维生素 D_3。一般成人只要经常接触阳光，在一般膳食条件下是不会引起维生素 D_3 缺乏的。维生素 D_2 是植物体内的麦角固醇经紫外线照射而来，其活性只有维生素 D_3 的 1/3。

维生素 D 的生理功能有：

① 促进小肠黏膜对钙的吸收。进入小肠黏膜细胞的 1,2-二羟基维生素 D_3 能诱发钙结合蛋白的合成，钙结合蛋白能把钙主动转运进入血液循环。

② 促进骨组织的钙化。促进肾小管对钙、磷的重吸收，并维持血浆中适宜的钙、磷浓度，满足骨钙化过程的需要。

3. 维生素 E

维生素 E 又名生育酚。自然界中的维生素 E 共有 8 种化合物，根据化学结构可分为生育酚和三烯生育酚，每类根据甲基位置和数目不同又分为 α、β、γ 和 δ 四种。维生素 E 中 α-生育酚的生物活性最高，β-生育酚、γ-生育酚和 δ-生育酚活性分别为 α-生育酚的 50%、10% 和 2%。α-三烯生育酚的活性大约为 α-生育酚的 30%。

维生素 E 最大的储存场所是脂肪组织、肝及肌肉。当膳食中维生素 E 缺乏时，机体首先从血浆及肝脏获取，其次为心肌与肌肉，最后为体脂。

维生素 E 的基本功能是保护细胞和细胞内部结构完整，防止某些酶和细胞内部成分遭到破坏；具有抗氧化作用，保持红细胞的完整性。

4. 维生素 B_1

维生素 B_1 又称硫胺素、抗脚气病因子、抗神经炎因子等，是由含氨基的嘧啶环和含硫的噻唑环组成的化合物，故称硫胺素。在生物体内常以硫胺素焦磷酸的辅酶形式存在。

食物中的维生素 B_1 有三种形式，即游离形式、硫胺素焦磷酸酯和蛋白磷酸复合物。结合形式的维生素 B_1 在消化道裂解后被吸收。

维生素 B_1 的生理功能有：

① 构成 α-酮酸脱羧酶的辅酶。

② 促进胃肠蠕动。

5. 维生素 B_2

维生素 B_2 又名核黄素，是核醇与 7,8-二甲基异咯嗪的缩合物，有氧化型和还原型两种存在形式，在生物体内的氧化还原过程中起传递氢的作用。人体内的核黄素是以黄素单核苷酸和黄素腺嘌呤二核苷酸形式存在，是一些氧化还原酶的辅基，与蛋白质部分结合很牢。

膳食中的大部分维生素 B_2 是以黄素单核苷酸和黄素腺嘌呤二核苷酸辅因子形式和蛋白质结合存在，在胃酸的作用下，它们与蛋白质分离，在上消化道转变为游离型维生素 B_2 后，在小肠上部被吸收。

维生素 B_2 的生理功能有：

① 构成黄素酶因子参加物质代谢。

② 参与细胞的正常生长。

③ 维生素 B_2 与肾上腺皮质激素的产生、骨髓中红细胞生成以及铁的吸收、储存和动员有关。维生素 B_2 还可激活维生素 B_6，参与色氨酸形成烟酸的过程。

6. 维生素 C

维生素 C 是含有六个碳原子的酸性多羟基化合物，具有防治坏血病的功能，故又称为抗坏血酸。维生素 C 分子中 C2 及 C3 位上两个相邻的烯醇式羟基易解离而释放 H^+，所以维生素 C 虽无自由羧基，但仍具有有机酸的性质。

维生素 C 的生理功能有：

（1）维生素 C 参与体内的氧化还原反应

由于维生素 C 在体内既能以氧化型存在，又能以还原型存在，所以它既可以作为氢供体又可作为氢受体，在体内极其重要的氧化还原反应中发挥作用。

（2）保持巯基酶的活性和谷胱甘肽的还原状态，起解毒作用

许多含巯基的酶只有含自由巯基（—SH）时才发挥催化作用，而维生素 C 能使酶分子中的—SH 维持在还原状态，从而使酶保持活性。维生素 C 还与谷胱甘肽的氧化还原有密切联系，可促使氧化型谷胱甘肽（GSSG）还原为还原型谷胱甘肽（GSH）。膜脂的不饱和脂肪酸

易被氧化成脂质过氧化物从而使细胞膜受损。还原型谷胱甘肽可使脂质过氧化物还原，保护细胞膜不被自由基破坏。而维生素C在谷胱甘肽还原酶的催化下可使氧化型谷胱甘肽还原为还原型谷胱甘肽，使其不断得到补充。

（3）维生素C参与体内多种羟化反应

促进胶原蛋白的合成。当胶原蛋白合成时，多肽链中的脯氨酸及赖氨酸等残基分别在脯氨酸羟化酶及赖氨酸羟化酶催化下羟化成为羟脯氨酸及羟赖氨酸残基，维生素C是羟化酶维持活性所必需的辅因子之一。由于维生素C与胶原合成中的羟化步骤有关，故在缺乏时对胶原合成有一定的影响。若胶原合成障碍，会导致坏血病。

（4）维生素C的其他作用

维生素C有防止贫血的作用，还可改善变态反应，刺激免疫系统。例如，维生素C抑制白细胞的氧化破坏，增加流动性。

表1.7总结了各种维生素的生理功能。

表 1.7　各种维生素简述表

名称	主要生理功能	来源	缺乏症
维生素 A（抗干眼病维生素，视黄醇）	构成视紫红质；维持上皮组织结构健全与完整；参与糖蛋白合成；促进生长发育，增强机体免疫力	肝、蛋黄、鱼肝油、奶汁、绿叶蔬菜、胡萝卜、玉米等	夜盲症、干眼病、皮肤干燥
维生素 D（抗佝偻病维生素，钙化醇）	调节钙磷代谢，促进钙磷吸收；促进成骨作用	鱼肝油、肝、蛋黄、日光照射皮肤可制造维生素 D_3	儿童：佝偻病 成人：软骨病
维生素 E（抗不育维生素，生育酚）	抗氧化作用，保护生物膜；与动物生殖功能有关；促进血红素合成	植物油、莴苣、豆类及蔬菜	人类未发现缺乏症，临床用于习惯性流产
维生素 K（凝血维生素）	与肝脏合成凝血因子 Ⅱ、Ⅶ、Ⅳ 和 Ⅹ 有关	肝、鱼、肉、苜蓿、菠菜等，肠道细菌可以合成	偶见于新生儿及胆管阻塞患者，表现为凝血时间延长或血块回缩不良
维生素 B_1（硫胺素，抗脚气病维生素）	α-酮酸氧化脱羧酶的辅酶；抑制胆碱酯酶活性	酵母、豆、瘦肉、谷类外皮及胚芽	脚气病、多发性神经炎
维生素 PP（烟酸，烟酰胺，抗癞皮病维生素）	构成脱氢酶辅酶成分；参与生物氧化体系	肉、酵母、谷类及花生等，人体可自色氨酸合成一部分	癞皮病
维生素 B_2（核黄素）	构成黄素酶的辅基成分，参与生物氧化体系	酵母、蛋黄、绿叶蔬菜等	口角炎、舌炎、唇炎、阴囊皮炎等
泛酸（遍多酸）	构成辅酶 A 的成分；参与体内酰基转移作用	动植物细胞中均含有	人类未发现缺乏症
维生素 B_6（吡哆醇、吡哆醛、吡哆胺）	参与氨基酸的转氨作用、脱羧作用；氨基酸消旋作用；β-和 γ-消除作用	米糠、大豆、蛋黄、肉、鱼、酵母，肠道菌可合成	人类未发现典型缺乏症
维生素 B_{12}（钴胺素）	参与分子内重排；甲基转移；促进 DNA 合成；促进血细胞成熟	肝、肉、鱼，肠道菌可合成	巨红细胞性贫血
生物素（维生素 H）	构成羧化酶的辅酶，参与 CO_2 的固定	肝、肾、酵母、蔬菜、谷类等，肠道菌可合成	人类未发现缺乏症
叶酸	以 FH_4 辅酶的形式参与一碳基团的转移与蛋白质、核酸合成，与红细胞、白细胞成熟有关	肝、酵母、绿叶蔬菜等，肠道菌可合成	巨红细胞性贫血
硫辛酸	转酰基作用	肝、酵母等	人类未发现缺乏症
维生素C（抗坏血酸）	参与体内羟化反应；参与氧化还原反应；促进铁吸收；解毒作用；改善变态反应，提高免疫力	新鲜水果、蔬菜，特别是柑橘、番茄、鲜枣含量较高	坏血病

小结

生命元素是指维持生命所必需的元素，目前明确的有 28 种，机体缺少某种生命元素到一定的程度后，会导致生理功能的损伤或结构的改变。生命元素又分为宏量元素和微量元素。宏量元素指含量占生物体总质量 0.01% 以上的元素。微量元素指占生物体总质量 0.01% 以下的元素，如铁、碘、锌、铜、钼、铬、钴、硒、镍、硅、锰、硼、钒、氟等。微量元素在体内的含量虽小，但在生命活动过程中的作用却是十分重要的。

组成生物体的有机物可以分为生物小分子和生物大分子，生物大分子主要指构成生物体的多糖、蛋白质、核酸以及脂类。把构成生物大分子的结构单元氨基酸、小分子肽、单糖、寡糖、核苷酸、脂肪酸以及维生素等称为生物小分子。

糖类在生命活动过程中起着重要的作用，是一切生命体维持生命活动所需能量的主要来源。小分子糖类有单糖和寡糖。重要的单糖有葡萄糖、果糖、核糖，还有半乳糖、阿拉伯糖、鼠李糖、木糖等。重要的寡糖有麦芽糖、蔗糖、乳糖等。大分子糖类有淀粉、纤维素、糖原和阿拉伯胶等。

脂质的化学本质是脂肪酸和醇所形成的酯类及其衍生物。脂类物质具有重要的生物学功能：贮存脂质为机体供能；结构脂质参与构成生物膜与某些大分子；活性脂质具有特定的生物活性；参与代谢的调节。

氨基酸在结构上的共同点是 α 碳原子上都有一个氨基和一个羧基。氨基酸之间以肽键形式联结在一起形成肽和蛋白质。自然界中的氨基酸有 300 多种，但用来合成蛋白质的氨基酸只有 20 种。氨基酸在新陈代谢中的主要作用：组成蛋白质；生糖和生酮作用；合成蛋白质之外的含氮化合物；作为能量物质为机体供能。

肽是由少于 50 个的氨基酸通过肽键连接起来的线性聚合物。由 2～10 个氨基酸形成的肽称为小分子肽（寡肽）。目前已经在生物体内发现了几百种活性肽，参与调节物质代谢、激素分泌、神经活动、细胞生长及繁殖等几乎所有的生命活动。

蛋白质是由 50 个以上的氨基酸组成的有机大分子化合物，是生命的物质基础。构成蛋白质的氨基酸序列称为蛋白质的一级结构。维持一级结构的主要化学键是肽键，此外还包括二硫键。蛋白质的二级结构是指多肽主链有一定周期性的，由氢键维持的局部空间结构。二级结构包括 α-螺旋、β-折叠、β-转角和无规则卷曲。多肽链在二级结构的基础上进一步卷曲折叠所形成的具有一定构象的分子结构称三级结构。维持蛋白质三级结构的作用力主要是一些非共价键，包括氢键、范德华力、疏水相互作用等。两条或更多条具有三级结构的多肽链构成蛋白质的四级结构。

核苷酸是核酸的基本结构单位，由磷酸、戊糖和碱基组成。根据所含戊糖种类不同而分为核糖核酸和脱氧核糖核酸。格里菲斯的肺炎双球菌转化实验证明 DNA 是遗传物质。机体通过 DNA 复制，而使遗传信息由亲代传给子代；通过 RNA 转录和翻译而使遗传信息在子代得到表达。

维生素是维持人体正常生命活动所必需的小分子有机化合物。维生素 A 的生理功能有：维持正常视觉功能；维持皮肤黏膜层的完整性等。维生素 D 的生理功能有：促进小肠黏膜对钙的吸收，促进骨组织的钙化。

思考题

1. 如何确定微量元素的营养必要性?
2. 说说我国在确定硒是人体必需微量元素中的贡献。
3. 氨基酸的营养作用有哪些?
4. 解释什么是完全蛋白质、半完全蛋白质和不完全蛋白质。
5. 举例说明如何区分单糖、寡糖和多糖。
6. 食物中的膳食纤维具有哪些功能?
7. 简述 DNA 双螺旋结构的要点。
8. 简述脂质的分类。
9. 分析维生素 C 的生理功能。

知识拓展

关于宏量元素钾

钾是人体中的宏量元素。中国营养学会建议一个成年人每天应摄入 1.9～5.6g 钾。一般膳食中的钾足以满足机体的需要，但是缺钾或者钾中毒并不是离我们很远。

1. 急诊室里的低钾血症

某女生为了减肥，在健身房跑步机上挥汗如雨，突然觉得胸闷心悸，心跳无法控制，手脚麻木不听使唤，很快昏迷了过去。被周围的人送到医院急诊室后，被诊断为低钾血症。

正常成人体内钾总量约为 50mmol/kg。钾维持细胞内正常渗透压；维持神经肌肉的应激性和正常功能；维持心肌的正常功能；维持细胞内外的酸碱平衡。人体内钾总量减少可引起钾缺乏症，主要表现为肌肉无力或瘫痪、心律失常，也可引起横纹肌肉裂解症及肾功能障碍。人体缺钾的常见原因是摄入不足和损失过多。摄入不足常发生在长期禁食或少食的人，损失过多的原因有频繁的呕吐、腹泻、肾功能障碍导致的高钾尿丢失和大量出汗等。

这名女生为了减肥，近期吃得很少，故从食物中摄入的钾有所减少。再加上跑步时长时间大量出汗，又增加了钾元素的进一步丢失，摄入不足和损失过多导致了低钾血症。

2. 香蕉会引发高钾血症吗?

香蕉是补充钾的极佳来源。一位叫做里奇·热尔维（Ricky Gervais）的喜剧演员说："如果你吃的香蕉超过六个，它就会杀了你"。后来他的这句话被英国旅游节目主持人卡尔·皮尔金顿（Karl Pilkington）重复提到，所以最终传播开来。

从数学方面分析，其实我们并不需要担心香蕉会引发高钾血症。因为一根香蕉的钾含量约为422mg，而成年人钾的建议每日摄取量约 1.9～5.6g。所以根据这个标准来看，一般的成年人每天可以安全食用 12 根香蕉。

但是如果一个人是一次吃掉 42 根香蕉，而不是一天之内分开吃完呢？根据莱纳斯·鲍林研究所（Linus Pauling Institute）的研究表明，"如果一个人突然一次摄取高于 18g 的口服钾（相当于一次性吃了大约 42 根香蕉），这可能导致严重的高钾血症，即使肾功能正常的人也会如此。"

事实上，仅从食物中过量摄取钾的不利影响还未曾有过记录。不过，从膳食保健品或盐替代品中补充过的钾可能会导致高钾血症，如果是慢性肾功能不全患者摄入过量的钾，则可能会导致猝死，但这并不是因为补钾的产品本身就是危险的。相反，约 90% 的钾是由肾脏排出，因此患有肾脏疾病（或其他肾脏并发症）的人无法从钾补充物中排出过量的钾，以至于如果过量摄取，就可能达到危险的水平。

第二章

细胞与克隆

→ 本章导言

　　1665 年，英国学者胡克（R. Hooke）用自制的显微镜观察了软木（栎树皮）的木栓组织，发现软木是由许多规则的小室组成，他把观察到的图像画了下来，并把"小室"称为细胞（cell）。此后不久，荷兰学者列文虎克（Anthony van Leeuwenhoek）用设计更好的显微镜，观察了许多动植物的活细胞，并于 1674 年在观察鱼的红细胞时描述了细胞核的结构。德国植物学家施莱登（M. J. Schleiden）和动物学家施旺（T. Schwann）分别于 1838 年和 1839 年提出：一切植物、动物都是由细胞构成的，细胞是一切动植物体的基本单位，这就是著名的细胞学说。1858 年，德国病理学家魏尔肖（Virchow）使细胞学说得到了进一步的发展，他提出细胞只能由业已存在的细胞经分裂而产生。

　　自然界中既有单细胞生物，也有多细胞生物。细胞是生物体结构和功能的基本单位，有了细胞才有了完整的生命活动。美国细胞生物学家威尔逊（E. B. Wilson）曾经提出："每个生物学问题的答案最终都要到细胞中去寻找，因为所有生物体都是或曾经是一个细胞。"

第一节
细胞的结构与功能

　　细胞有原核细胞和真核细胞之分，真细菌和古核生物的细胞为原核细胞，原生生物、真菌、植物和动物是由真核细胞构成的。原核细胞的染色体是一个环形的裸露的 DNA 分子，没有核膜，也没有其他具膜的细胞器。本章重点讨论的是真核细胞。图 2.1 为动物细胞和植物细胞的模式图。

一、细胞质膜

　　细胞质膜（plasma membrane）曾称细胞膜（cell membrane），是指围绕在细胞最外层，由脂质和蛋白质组成的生物膜。细胞质膜使细胞具有一个相对稳定的内环境，而且参与细胞与环境之间的物质运输、能量转换及信息传递。

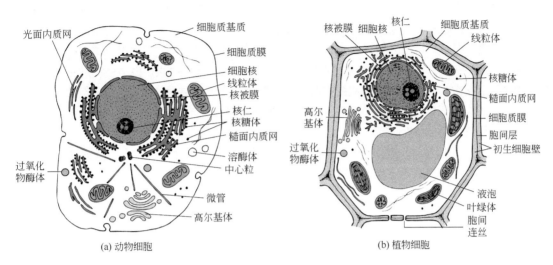

图 2.1　动物细胞和植物细胞模式图（引自 Kinnear et al，2016）

真核细胞内部存在由膜围绕构建的各种细胞器。细胞内的膜系统与细胞质膜统称为生物膜（biomembrane），它们具有共同的结构特征。

（一）细胞质膜的构型及成分

20 世纪 50 年代末期，伦敦大学的 J. D. Robertson 利用电子显微镜对动物、植物和微生物的各种细胞的细胞质膜和细胞内各种膜进行了广泛观察。他观察到这些膜都呈三层式结构，表现为两侧为暗线、中间夹着一条明线，膜的总厚度约为 7.5nm，于是他提出了单位膜模型（unit membrane model）。20 世纪 60 年代，利用冰冻蚀刻法显示出膜上有球形颗粒，另外用示踪法表明膜的结构形态在不断地发生变动。S. J. Singer 和 G. L. Nicolson 在 1972 年提出了生物膜的流动镶嵌模型（fluid mosaic model），他们认为膜是一个具有流动性的磷脂双分子层，蛋白质以不同的方式嵌入其中。脂双层是膜的结构基础，而质膜的功能主要是由膜蛋白来实现的。

细胞质膜主要由脂质和蛋白质组成，此外还有少量的糖类。其中脂质约占细胞质膜总量的 50%，蛋白质约占 40%，糖类占 2%～10%。

脂类为质膜的重要组成成分，由脂类物质构成膜的主要支架。膜脂主要包括磷脂、胆固醇、糖脂等，其中磷脂最丰富。磷脂是两亲性分子，既有亲脂的部分，也有亲水的部分。质膜中的其他脂质也有两亲性。这种两亲性分子在水溶液中极易形成脂双分子层，亲水的极性头部朝向外表面，疏水的脂肪酸链尾部被包含在内，形成具有保障作用的结构，使得水溶性物质不能自由进出细胞，这对于物质运输具有重要意义。

膜的流动性是生物膜的基本特征之一，也是细胞进行生命活动的必要条件。一般来说，脂肪酸链越短，不饱和程度越高，膜的流动性越大。温度对膜的流动性有明显的影响，温度降低则膜的流动性减小。

蛋白质是构成生物膜的另一重要成分。根据蛋白质在膜中的位置及蛋白质与膜脂间相互作用的特点，膜蛋白可以分为两大类：膜内在蛋白（integral protein）和膜周边蛋白（peripheral protein）。内在蛋白（或整合蛋白）分布于膜脂双分子层中，有的甚至横跨整个膜。内在膜蛋白占整个膜蛋白的 70%～80%。内在蛋白由亲水氨基酸构成的亲水性区域暴露于脂双层外的水相中，而疏水性氨基酸构成的疏水区域则与膜脂分子非极性尾部相互作用。内在蛋白与膜脂结合比较紧密，只有采用较为剧烈的方式，如用去垢剂处理使膜崩解后，才能分离内在蛋白。周边蛋白（或外在蛋白）分布于细胞质膜的内外表面，为水溶性蛋白质。由于外在蛋白与膜脂或膜蛋白结合松散，因而用比较温和的方法（如改变离子强度或温度）即可从膜上分离出来。

　　蛋白质以不同的方式镶嵌在脂双层中，很多膜蛋白在脂双层中能自由移动，这一点可以由人和小鼠细胞融合实验来证实（图 2.2）。以荧光染料标记小鼠细胞的表面抗原，然后诱导人细胞和小鼠细胞融合，在荧光显微镜下可观察到，细胞开始融合时，人、鼠细胞的表面抗原泾渭分明，各自只分布于各自细胞的表面，但在细胞融合后，不到 1h，两种抗原就逐步均匀分布在融合细胞表面。这一实验证明了膜蛋白具有流动性。但不是所有的膜蛋白都能在膜中移动，有些膜蛋白是不能移动或不能自由移动的。

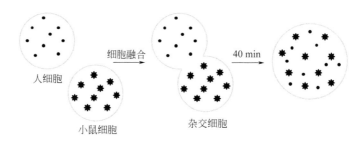

图 2.2　人细胞和小鼠细胞融合实验

　　在质膜中含有少量糖类。膜糖只分布于质膜的外表面，它们大部分以共价键与膜蛋白相结合形成糖蛋白，少部分与膜脂相结合形成糖脂。膜糖的成分主要有半乳糖、甘露糖以及唾液酸等。糖链一般都是短而且有分支的寡糖链，它们在细胞识别中有重要作用。寡糖链和蛋白质共同构成细胞表面的一层糖萼（glycocalyx）。由于糖萼中含有带负电荷的唾液酸，所以真核细胞表面的净电荷是负值。

（二）细胞质膜的功能

作为细胞的内外边界，质膜的主要功能有：
① 为细胞的生命活动提供相对稳定的内部环境；
② 选择性物质运输，伴随着能量传递；
③ 提供细胞识别位点，完成细胞内外信息跨膜传递；
④ 为多种酶提供结合位点，使酶促反应高效而有序地进行；
⑤ 介导细胞与细胞、细胞与基质之间的连接；
⑥ 参与形成具有不同功能的细胞表面特化结构。

（三）物质的跨膜运输

　　由于构成质膜的脂双层所具有的疏水性特征，除了脂溶性分子和小的不带电荷的分子能以简单扩散的方式直接通过脂双层外，脂双层对绝大多数极性分子、离子以及细胞代谢产物的通透性都极低，这些物质的跨膜转运需要质膜上的膜转运蛋白参与。在质膜结合蛋白中，有 15%～30%是膜转运蛋白。存在着两类主要的转运蛋白：载体蛋白（carrier protein）和通道蛋白（channel protein）。载体蛋白（又称载体、通透酶）能够与特定溶质结合，通过自身构象的变化，将与之结合的溶质转移到膜的另一侧。有的载体蛋白不需要能量，以协助扩散的方式运输物质，有的则需要能量驱动。通道蛋白能在膜上形成亲水性通道，当通道打开时能允许特定溶质通过。所有通道蛋白均以协助扩散的方式运输溶质。

根据跨膜转运是否需要膜转运蛋白参与以及是否需要能量提供，离子或小分子物质的跨膜运输分为三种类型：简单扩散、协助扩散和主动运输。

（1）简单扩散

脂溶性物质或小分子物质由膜的高浓度侧向低浓度侧的扩散过程，称为简单扩散（simple diffusion）。简单扩散不耗能，不需要转运蛋白。如：水（H_2O）、O_2、CO_2 等的跨膜转运。

（2）协助扩散

亲水性物质在膜转运蛋白的帮助下，顺浓度梯度或电位差跨膜扩散的过程，称为协助扩散（facilitated diffusion）。协助扩散不耗能，但需要转运蛋白。

水分子不带电荷但具有极性，尽管水可以通过简单扩散的方式缓慢穿过脂双层，但对于某些组织来说，如肾小管的近曲小管对水的重吸收、唾液和眼泪的形成等，水分子就必须借助质膜上的大量水通道蛋白（aquaporin）以实现快速跨膜转运。水通道蛋白对于细胞渗透压以及生理与病理的调节具有十分重要的作用。

（3）主动运输

由载体蛋白所介导的物质逆着电化学梯度或浓度梯度进行跨膜转运的方式，称为主动运输（active transport）。主动运输需要消耗能量。

水和小分子溶质或通过简单扩散直接通过质膜的脂双层，或靠转运蛋白或通道蛋白进出细胞。大分子，如蛋白质、多糖甚至更大的颗粒则通过胞吞作用（endocytosis）和胞吐作用（exocytosis）进出细胞。胞吞作用是细胞通过质膜内陷形成囊泡，将胞外的大分子、颗粒等摄入到细胞内。胞吐作用是细胞内合成的大分子和代谢物等以分泌泡的形式与质膜融合，从而将内含物排到细胞外的过程。胞吞和胞吐均涉及膜的断裂与融合，是耗能的过程。

胞吞有三种类型：吞噬（phagocytosis）、胞饮（pinocytosis）和受体介导的胞吞（receptor mediated endocytosis）。

吞噬是细胞用伪足将颗粒包裹起来，形成吞噬泡进入细胞内，吞噬泡与溶酶体融合，进行细胞内消化，不能消化的物质则通过胞吐排出。单细胞生物如变形虫、草履虫等都能吞噬细菌或其他食物颗粒，人体的巨噬细胞能吞噬入侵的细菌、细胞碎片以及衰老的红细胞。

胞饮是细胞将胞外的液体小滴包在小泡中的胞吞作用。多种细胞，如肠壁细胞以及一些原生生物，能通过胞饮吞入液体和直径小于 0.2μm 的生物大分子。由于胞饮将液体中的任何物质都吞入，所以胞饮没有专一性。

与胞饮不同，受体介导的胞吞是非常专一的。受体包埋在膜中，被转运的大分子物质（配体）首先与细胞表面互补性的受体结合，形成受体-大分子复合物并启动内吞作用。受体介导的胞吞作用是一种选择浓缩机制，既保证细胞大量地摄入特定的大分子，又避免了吸入细胞外大量的液体。例如人细胞就是利用受体介导的胞吞作用吸收胆固醇。胆固醇在血液中的低密度脂蛋白（LDL）颗粒中被运输。这些颗粒与细胞表面 LDL 受体结合，从而进入细胞。高胆固醇血症是一种遗传疾病，原因就是 LDL 受体有缺陷，不能引发受体介导的胞吞作用使 LDL 进入细胞，导致胆固醇在血液中积累，引起早期的动脉粥样硬化。

二、细胞核

细胞核是真核细胞内最大、最为重要的细胞器，是真核细胞区别于原核细胞最显著的标志之一（原核细胞中没有真正的细胞核，称为拟核）。除了哺乳动物的成熟红细胞及植物韧皮部筛管细胞等少数几种细胞在无核状态下仍可进行生命活动外，多数真核细胞都具细胞核。细胞核是细胞遗传与代谢的调控中心，对于细胞结构及生命活动具有重要的调控作用。细胞核包括核被膜、染色质、核仁和核基质等部分。

（一）核被膜

核被膜（nuclear envelope）包裹在核表面，由内、外两层膜组成。两层膜的间隙宽 10～15nm，称为核周隙，也称核周腔。核外膜是面向细胞质的一层单位膜，膜的表面上附有一些核糖体。在多种细胞中，还可见核外膜延伸而与糙面内质网相连，核周隙亦与内质网腔相通。核内膜是面向核内的一层单位膜，膜表面光滑。核内膜的内面有厚 20～80nm 的核纤层（nuclear lamina）。核纤层是一层由成分为中间纤维蛋白的细丝交织形成的致密网状结构，核纤层与细胞质骨架、核骨架连成一个整体。核纤层不仅对核膜有支持、稳定作用，也是染色质纤维的附着部位。

核被膜是真核细胞特有的结构。核被膜的出现使遗传信息与遗传装置分隔开来，使真核细胞基因表达程序具有严格的阶段性和区域性：遗传物质的复制与转录均在核中进行，而蛋白质的合成必须在细胞质中完成。核被膜作为细胞核的界膜，将核与细胞质分隔开。在细胞生命活动过程中，细胞核与细胞质需要不断地进行物质交换和信息交流，核孔为细胞核与细胞质间的交流提供了通道。

（二）核孔

核被膜并不是完全连续的。在一些部位，内外两层核膜相互连接，形成了穿过核被膜的小孔，称为核孔（nuclear pore）。核被膜上核孔的密度和数目与细胞类型及其生理活动状况有关。

核孔是位于核被膜上直径为 80～120nm 的圆形孔。核孔构造复杂，由 30～50 种蛋白质组成，并与核纤层紧密结合，形成核孔复合体（nuclear pore complex）。组成核孔复合体的蛋白质通称为核孔蛋白。大分子都是通过核孔复合体进出细胞核的。有研究表明，大分子进出细胞核不是简单的扩散，而是具有专一性，这有赖于大分子自身的核定位信号和核孔复合体中专一受体结合所构成的转运机制。

（三）染色质

1879 年，W. Flemming 提出了染色质（chromatin）的名称，用以描述细胞核中能被碱性染料强烈染色的物质。1888 年，Waldeyer 提出了染色体（chromosome）的命名。染色质和染色体是处于细胞周期不同阶段可以互相转变的不同构型。染色质是间期细胞核内由 DNA、组蛋白、非组蛋白和少量 RNA 组成的线形复合结构，是遗传物质在细胞间期的存在形式。染色体是细胞在有丝分裂或减数分裂的特定阶段，由染色质聚缩而成的棒状结构。二者的区别在于包装程度的不同。在真核细胞的细胞周期中，大部分时间是以染色质的形态而存在的。

染色质的主要成分是 DNA 和组蛋白（histone），还有非组蛋白和少量 RNA。组蛋白富含赖氨酸和精氨酸等碱性氨基酸，属碱性蛋白质，可以和酸性的 DNA 紧密结合。组蛋白分为 H1、H2A、H2B、H3 和 H4 共五种。非组蛋白种类很多，一些与 DNA 复制和转录相关的蛋白质都属于非组蛋白。

1974 年，Kornberg 等根据染色质的酶切和电镜观察，发现核小体（nucleosome）是染色质组装的基本结构单位，提出染色质结构的串珠模型。将细胞核胀破，使染色质流出并铺开，在电子显微镜下可以看到染色质是串珠状的细丝样。小珠称为核小体，直径约 10nm。核小体之间以直径为 1.5～2.5nm 的细丝相连。核小体的核心由一个组蛋白八聚体（H2A、H2B、H3、H4 各 2 个分子）构成，147 bp 的 DNA 缠绕核心 1.75 周，组蛋白 H1 在核心颗粒外结合 20 bp DNA，锁住核小体 DNA 的进出端，起稳定核小体的作用。核小体之间为连接 DNA（linker DNA），典型长度为 60 bp，不同物种变化值为 0～80 bp 不等。如图 2.3 所示为核小体结构示意。

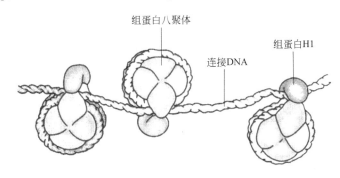

图 2.3　核小体结构示意图（引自丁明孝等，2020）

一些组蛋白的修饰直接影响染色质的活性，这些修饰包括甲基化、乙酰化和磷酸化。乙酰化一般是活性染色质的标志，而甲基化和磷酸化则在活性染色质与非活性染色质中都存在。如，活性染色质的标志是：H3 N 端的第 4 个赖氨酸的甲基化，第 9 和 14 个赖氨酸的乙酰化以及第 10 个丝氨酸的磷酸化；非活性染色质的标志是：H3 N 端的第 9 个赖氨酸甲基化而不是乙酰化。

在间期核中，染色质的形态是不均匀的。根据其形态及染色特征可分为常染色质和异染色质两种类型。常染色质（euchromatin）：折叠疏松、凝缩程度低，处于伸展状态，碱性染料染色时着色浅。具有转录活性的染色质一般为常染色质，其 DNA 多为单一序列。异染色质（heterochromatin）：折叠压缩程度高，处于凝集状态，经碱性染料染色着色深。其 DNA 中重复序列多，复制较常染色质晚。其中部分异染色质是由原来的常染色质凝集而来，称为兼性异染色质；而另一些异染色质除复制期外，在整个细胞周期中均处于集缩状态，称为结构异染色质。

（四）核仁

核仁（nucleolus）是间期细胞核中球形或椭球形、没有膜包裹的结构。核仁的形状、大小、数目依生物种类、细胞类型和细胞代谢状态而异。细胞分裂时，核仁消失，分裂完成后，

2 个子细胞中分别产生新的核仁。

核仁是 rRNA 合成、加工和核糖体亚基组装的部位，分为三种基本结构组分：①纤维中心。核仁中部的低电子密度区，其中包含染色体核仁组织区的 DNA，这些 DNA 负责编码 rRNA，称作 rDNA。②致密纤维组分。致密纤维组分是围绕于纤维中心周围电子密度较高的部分，是由密集的纤维构成。③颗粒组分。为核仁的主要结构成分，由直径为 10～20nm 的颗粒构成。这些颗粒是正在加工的核糖体亚单位前体颗粒。

（五）核基质

细胞核中除染色质、核被膜与核仁以外，还有一个以蛋白质成分为主的网架结构体系，即核基质（nuclear matrix）。因为核基质的基本形态与胞质骨架很相似，且与胞质骨架有一定的联系，因此也称为核骨架（nuclear skeleton）。核基质与 DNA 复制、基因表达、染色体的组装与构建有密切的关系。

三、细胞质基质与内膜系统

真核细胞内具有发达的膜相结构，将细胞质区分成不同的隔室。细胞内区室化（compartmentalization）是真核细胞结构和功能的基本特征之一。细胞内被膜区分为三类结构：细胞质基质（cytoplasmic matrix）、内膜系统（endomembrane system）和其他由膜所包被的细胞器（如线粒体、叶绿体、过氧化物酶体和细胞核）。细胞内膜系统指在结构、功能乃至发生上相互关联的，由单层膜包被的细胞器和细胞结构，主要包括内质网、高尔基体、溶酶体等。

在真核细胞的细胞质中，除去可分辨的细胞器以外的胶状物质占据着细胞膜内、细胞核外的细胞内空间，称细胞质基质，又称细胞液、胞质溶胶等。细胞质基质的主要成分包括约占总体积 70% 的水和溶于其中的离子以及以可溶性蛋白质为主的大分子。细胞质基质的体积占细胞总体积的 50% 以上。细胞质基质中含有大量的酶，细胞代谢的很多过程是在细胞质基质中完成的，如糖酵解途径、磷酸戊糖途径、脂肪酸合成、某些蛋白质合成等。同时细胞质基质作为细胞器的微环境，为维护各种细胞器的正常结构和生理活动提供了所需要的生理环境，为细胞器的功能活动提供了底物。

四、内质网与核糖体

内质网（endoplasmic reticulum，ER）是由封闭的管状或扁平囊状膜系统及其包被的腔形成的互相连通的三维网格结构。内质网通常占细胞膜系统的一半左右。在不同类型的细胞中，内质网的数量、类型与形态差异很大，同一细胞在不同发育阶段和不同的生理状态下，内质网的结构与功能也随之显著变化。内质网使细胞内膜的表面积大为增加，为多种酶特别是多酶体系提供了大面积的结合位点。同时内质网作为完整封闭体系，将内质网合成的物质与细胞质基质中合成的物质分隔开来，这有利于它们的加工和运输。根据有无核糖体的附着，内质网分为糙面内质网（rough ER，rER）和光面内质网（smooth ER，sER）。它们互相连通，但结构和功能却不同。

核糖体（ribosome）是细胞内合成蛋白质的细胞器，几乎存在于一切细胞内。不论是原核细胞还是真核细胞，均含有大量的核糖体。目前仅发现在哺乳动物成熟的红细胞等极个别高度分化的细胞内没有核糖体。核糖体是一种不规则的颗粒状结构，没有生物膜包围，直径25～30nm，主要成分是 rRNA 和蛋白质。每个核糖体均由大、小两个亚基组成。蛋白质合成速率高的细胞中，核糖体特别多。如人的胰腺细胞中就有几百万个核糖体。核糖体是在核仁合成的，所以蛋白质合成活跃的细胞中核仁也特别大。

在真核细胞中很多核糖体附着在内质网的膜表面，称为附着核糖体。还有一些核糖体不附着在膜上，呈游离状态分布在细胞质基质中，称游离核糖体。附着核糖体与游离核糖体的结构与化学组成完全相同，只是所合成的蛋白质种类不同。游离核糖体合成的蛋白质就在细胞质基质中或通过核孔进入细胞核内起作用。而如分泌蛋白、膜蛋白及溶酶体酶等是在附着核糖体所合成的。

1975 年 Blobel 等提出信号假说（signal hypothesis），认为所有蛋白质的合成都是在游离核糖体上开始的，只有在起始合成的肽链中包含有一段特殊的氨基酸序列的核糖体，才能附着到内质网膜上，并在糙面内质网上完成该蛋白质的合成。新生肽链中这一段作为信号指导核糖体附着到内质网膜上的特殊氨基酸序列称为信号肽（signal peptide）。当游离核糖体合成的肽链中带有信号肽时，细胞质基质中有一类称为信号识别颗粒（signal recognition particle, SRP）的物质能专一性地识别信号肽，同时糙面内质网膜上有 SRP 受体。因此在 SRP 的参与和作用下，带信号肽的核糖体结合到糙面内质网膜上。从 SRP 识别信号肽，到核糖体结合于糙面内质网膜上的这一过程中，蛋白质合成暂时停止。核糖体与内质网膜结合后，翻译重新开始，延伸的肽链在信号肽的引导下穿过内质网膜进入内质网腔中。信号肽被结合于内质网膜内侧的信号肽酶水解，新合成的多肽链继续伸入糙面内质网腔中，直至合成结束。

光面内质网在各种不同的细胞中起着各种各样的作用，例如合成脂质、糖类的代谢、毒物的解毒等。一般情况下，光面内质网占比例很小，但在某些细胞中非常发达。肝细胞中的光面内质网很丰富，是合成外输性脂蛋白颗粒的基地。肝细胞中的光面内质网中还有一些酶介导氧化、还原和水解反应，使有毒物质由脂溶性转变成水溶性而被排出体外，此过程称为肝细胞的解毒作用。研究较为深入的是细胞色素 P450 家族酶系的解毒反应，水不溶性毒物在酶作用下羟基化，从而完全溶于水进入尿液排出体外。心肌细胞和骨骼肌细胞中含有发达的特化的光面内质网，特称为肌质网，是储存钙离子的细胞器。当神经冲动刺激肌肉细胞时，钙离子就从肌质网释放到细胞质基质中，引发肌肉细胞的收缩。在某些合成固醇类激素的细胞如睾丸间质细胞中，光面内质网也非常丰富，其中含有制造胆固醇并进一步产生固醇类激素的一系列的酶。

糙面内质网的主要功能是合成并转运分泌蛋白，同时还是制造膜的工厂。糙面内质网合成的多肽链必须经过进一步的化学修饰和加工，才能成为有生物学功能的成熟蛋白质。新生成多肽链的正确折叠、多亚基寡聚体的组装都在内质网腔中进行。糖基化是蛋白质加工的重要方式，是指在蛋白质合成和转运过程中，在糖基转移酶的作用下，有顺序地将寡糖转移到蛋白质上形成糖蛋白的过程。在糙面内质网中，在糖基转移酶的作用下，寡糖链连接于靶蛋白天冬酰胺残基的 β-酰氨基上，这种糖基化作用称为 N-连接糖基化。分泌蛋白一旦形成，就被包裹在小泡中以出芽的方式离开内质网，到达高尔基体。N-连接糖基化起始于内质网，完成于高尔基体。

人们曾从细胞质中分离出大量称为微粒体（microsome）的结构。实际上这是在细胞匀浆和超速离心过程中，由破碎的内质网形成的近似球形的囊泡结构，它包含内质网膜与核糖体两种基本组分。虽然这是形态上的人工产物，但在体外实验中，微粒体具有蛋白质合成、蛋白质的糖基化和脂质合成等内质网的基本功能。因此，在生化与功能研究中，常常把微粒体和内质网等同看待。

五、高尔基体

高尔基体（Golgi body）是由意大利生物学家 C. Golgi 于 1898 年首先发现的广泛存在于真核细胞内的一种细胞器。电子显微镜所观察到的高尔基体是由排列整齐的扁平膜囊堆叠而成，扁平膜囊多呈弓形或半球形，膜囊周围又有很多大小不等的囊泡。高尔基体是有极性的细胞器，通常靠近细胞核一侧的扁囊弯曲成凸面，称为形成面或顺面；面向质膜的一侧常呈凹面，称成熟面或反面。

高尔基体是细胞内蛋白质加工、贮存、分拣和转运的中心。来自内质网的转运小泡移到高尔基体顺面与其融合，小泡中的物质在这里被精加工，然后被送往反面并暂时贮存在那里。最终由反面出芽形成分泌小泡，形成溶酶体或与细胞质膜融合，将物质释放到细胞外。

溶酶体酶类、质膜上大多数膜蛋白和可溶性分泌蛋白都是糖蛋白，大多数寡糖链连接到靶蛋白三氨基酸残基（Asn-X-Ser/Thr，X 为除 Pro 以外的任何氨基酸）的天冬酰胺残基上，称为 N-连接的糖基化。N-连接的糖基化起始于内质网，完成于高尔基体。也有少数糖基化是发生在靶蛋白丝氨酸或苏氨酸残基上，或发生在靶蛋白羟赖氨酸或羟脯氨酸残基上，称为 O-连接的糖基化。O-连接的糖基化在高尔基体中进行。

高尔基体还具有合成多糖的功能。细胞分泌的多糖，许多都是高尔基体的产物，包括植物的果胶物质和其他非纤维素的多糖。

六、溶酶体

溶酶体（lysosome）是由单层膜包被、内含多种酸性水解酶类的细胞器，一般由高尔基体出芽断裂形成。其主要功能是行使细胞内的消化作用。溶酶体几乎存在于所有的动物细胞中，植物细胞内也有与溶酶体功能类似的细胞器，如圆球体、糊粉粒及植物细胞的中央液泡。典型的动物细胞约含数百个溶酶体。

溶酶体的功能是消化细胞从外界吞入的颗粒以及细胞中失去功能的细胞结构碎片或衰老死亡的细胞器。溶酶体中含 60 种以上的酸性水解酶，其最适 pH 为 5 左右，可催化蛋白质、多糖、脂质，以及进行 DNA 和 RNA 等大分子的降解。降解产生的小分子物质通过膜上的载体蛋白转运到细胞质基质中，供细胞代谢利用。完成消化作用的溶酶体移向细胞质膜，与质膜融合而将不能利用的物质排出细胞。

七、过氧化物酶体

过氧化物酶体（peroxisome）又称微体（microbody）。1958 年，Rhodin 在电镜下观察小

鼠肾小管上皮细胞时首先发现了过氧化物酶体。过氧化物酶体和溶酶体都是单层膜包被的细胞器，形态和大小类似，但二者在成分、功能以及发生方式等方面都有很大不同。

过氧化物酶体普遍存在于动植物细胞中，其中常含有两种酶：一是氧化酶，将底物氧化形成 H_2O_2；二是过氧化氢酶，将 H_2O_2 分解为 H_2O 和 O_2，使细胞免受氧化酶产生的 H_2O_2 的毒害。有些植物细胞的过氧化物酶体除含有上述两种酶外，还含有参与乙醛酸循环的酶类，特称为乙醛酸循环体。动物细胞中没有乙醛酸循环反应，因此动物细胞不能将脂肪酸转化成糖。

与溶酶体不同，组成过氧化物酶体的膜蛋白和可溶性的基质蛋白均主要在细胞质基质中合成，然后分选转运到过氧化物酶体中。过氧化物酶体不属于内膜系统。

八、线粒体

线粒体（mitochondrion）普遍存在于真核细胞中，光学显微镜下，线粒体呈短线状或颗粒状。其直径约 0.1～0.5μm，长约 1～2μm，相当于一个细菌的大小。细胞内线粒体的数目因细胞种类而不同。如衣藻和红藻等低等的真核细胞每个细胞只含有一个线粒体，而高等动物细胞内含有数百到数千个线粒体。

线粒体是由内外两层膜包被的囊状细胞器（图2.4）。内膜之内充满液态的基质（matrix），内外膜之间的间隙称为膜间隙（intermembrane space），外膜平整无折叠。内膜向内折叠形成嵴（crista），嵴使内膜的表面积大为增加。电镜下可以看到内膜上面有许多带柄的直径约为 10nm 的小颗粒，称为线粒体基粒，即ATP合酶。

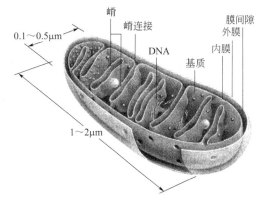

图2.4　线粒体结构（引自韩贻仁，2012）

线粒体的主要功能是将储存在有机物中的能量转换为细胞生命活动的直接能源ATP。人体细胞大约95%的ATP由线粒体产生。因此，线粒体被称作细胞的"动力工厂"。

线粒体基质中还含有 DNA 分子和核糖体，也就是有一套自己的遗传系统。据推测，线粒体的生命活动需要1000～2000种蛋白质，人类线粒体基因组只编码13种蛋白质，约相当于线粒体生命活动所需蛋白质总数的 1%。可见线粒体蛋白大部分是由核控制，在细胞质中合成的，所以线粒体是一种半自主细胞器。线粒体和叶绿体都是由膜包被的细胞器，但它们不是内质网膜系统的一部分。它们的膜蛋白不是由内质网上的核糖体制造，而是由游离的核糖体制造的。

在动植物细胞中，线粒体是一种高度动态的细胞器，包括由于运动导致位置和分布的变化、形态变化以及融合和分裂介导的体积与数目的变化等。动植物细胞中均可观察到频繁的线粒体融合与分裂现象。多个颗粒状的线粒体融合可形成较大体积的线条状或片层状线粒体，同时后者也可通过分裂形成较小体积的颗粒状线粒体。频繁的线粒体融合与分裂实际上把细胞中所有的线粒体联系成一个不连续的动态整体。

线粒体和细菌大小相似，其 DNA 分子都是环状的，二者的核糖体也相似。细菌没有线粒体，其呼吸酶位于细胞膜上。这些事实都使人们猜想真核细胞中的线粒体是由侵入细胞或被细胞吞入的某种细菌经过漫长岁月演变而来的。

九、质体

质体（plastid）是植物细胞特有的细胞器，分为叶绿体、有色体与白色体三种。原质体是三种质体的前体，一般无色，存在于茎顶端分生组织的细胞中，具双层膜。

白色体（leucoplast）普遍存在于植物贮藏细胞中，不含色素，因在光学显微镜下呈白色而得名。主要功能是积累淀粉、蛋白质及脂肪。

有色体（chromoplast）含有类胡萝卜素与叶黄素等色素，依色素种类的差异可呈黄色、橙色或红色等不同颜色。成熟的红黄色水果如番茄、辣椒，某些植物的花，秋天变黄的叶子等细胞含有这种质体。叶绿体可以发展成为有色体，果实由绿变红或黄时，叶绿体就向有色体转变。

叶绿体（chloroplast）是植物细胞中最容易观察到的细胞器，如图 2.5 所示。因为叶绿体中含有叶绿素，与透明的细胞质之间呈现较大的反差，且叶绿体体积较大，借助光学显微镜的中低倍物镜即可分辨清晰。在高等植物的叶肉细胞中，叶绿体呈凸透镜和铁饼状。通常情况下，高等植物的叶肉细胞含 20～200 个叶绿体。叶绿体在细胞中的分布与光照有关。光照下，叶绿体常分布在细胞的照光一侧，黑暗时叶绿体则移向内部。

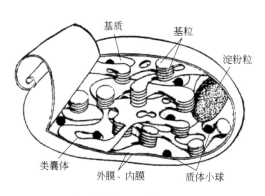

图 2.5　叶绿体结构（引自汪堃仁，1991）

叶绿体的外被是双层膜，内外膜之间有膜间隙。叶绿体内部由内膜衍生而来的封闭的扁平膜称为类囊体（thylakoid），类囊体囊内的空间称为类囊体腔。在叶绿体中很多圆饼状的类囊体有序叠置成垛，好像一摞硬币一样，称为基粒（granum）。组成基粒的类囊体称为基粒类囊体，而贯穿于两个或两个以上基粒之间的片层结构称为基质类囊体。一个叶绿体通常含有 40～60 个甚至更多的基粒，每个基粒由 5～30 个基粒类囊体组成。叶绿体内膜与类囊体之间的液态胶体物质，称为叶绿体基质（stroma）。基质的主要成分是可溶性蛋白质和其他代谢活跃物质。叶绿体的主要功能是进行光合作用。光合作用过程包括光反应和固碳反应，其中光反应阶段是在类囊体上进行，而固碳反应是在基质中完成。

和线粒体一样，叶绿体也是半自主性细胞器。叶绿体也有环状 DNA 和核糖体，叶绿体中的一部分蛋白质也是自身合成的。

十、液泡

液泡（vacuole）是由单层膜包被的充满稀溶液的囊泡，普遍存在于植物细胞中。成熟的植物细胞中，液泡占据了细胞中央很大空间，将细胞质和细胞核挤到细胞的周边。

植物液泡中的液体称为细胞液，其中溶有无机盐、氨基酸、糖类、生物碱以及各种色素等。细胞液的高浓度使得植物细胞经常处于充分膨胀的状态。液泡含有的多种色素，特别是花青素等，使花、叶、果实等具有红或蓝紫等色。液泡还是植物储存代谢废物的场所，有些次生代谢物质能防止动物对植物的伤害。

不仅是植物细胞，动物和某些原生生物的细胞也有液泡。如某些原生生物细胞中的食物泡、收缩泡等均属于液泡。

十一、细胞骨架

光学显微镜下可观察到细胞质内存在一些纤维样的结构，其长度和分布状态由于纤维的组装和解聚而发生改变，某些细胞器或颗粒状物质沿着这些纤维做定向移动。用电子显微镜观察，可在细胞质内观察到一个复杂的纤维状网架结构，这种结构被称为细胞骨架（cytoskeleton）。细胞骨架主要包括微丝（microfilament）、微管（microtubule）和中间丝（intermediate filament）三种结构组分。它们分别由相应的蛋白质亚基组装而成，赋予细胞不同的形态和功能。

（一）微管

电镜下观察到的微管呈中空的管状结构，外径为 25nm。微管几乎存在于所有的真核细胞中，但大部分微管在细胞质内形成暂时性的结构，如间期细胞内的微管、分裂期细胞的纺锤体微管。这些微管对于细胞内各种细胞器和生物大分子的分布和功能起重要的组织作用。另外一些微管形成相对稳定的永久性结构，如存在于纤毛和鞭毛内的轴丝微管、神经元突起内部的微管束结构等。

微管由微管蛋白组装而成，微管蛋白分子是二聚体，由 α 亚基和 β 亚基组成。微管可以发生解聚，然后游离的微管蛋白分子又可以在细胞中其他部位重新组装成微管。从结构上看，细胞内的微管有三种类型，它们分别是单管（如细胞质微管和纺锤体微管）、二联管（纤毛和鞭毛中的轴丝微管）和三联管（中心粒和基体的微管）。

马达蛋白（motor protein）是利用 ATP 水解提供的能量沿微管或微丝移动的蛋白质，这些蛋白质可与膜性细胞器或大分子复合物特异结合后，沿微管或微丝运动，运输"货物"，如图 2.6 所示，可以分为三类，即沿微管运动的驱动蛋白（kinesin）、动力蛋白（dynein）和沿微丝运动的肌球蛋白（myosin）。

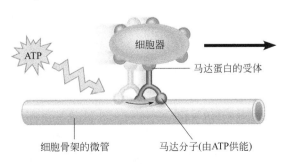

图 2.6 连在细胞器上的马达分子使细胞器沿微管"行走"（引自 Reece et al, 2016）

（二）微丝

微丝普遍存在于所有真核细胞中，是一条直径约 7nm 的扭链，由肌动蛋白（actin）单体组装而成，又称肌动蛋白丝。细胞内大部分微丝都集中在紧贴细胞质膜的细胞质区域，并由交联蛋白（crosslinking protein）交联成凝胶态三维网络结构。一些微丝还与细胞质膜上的蛋白质有连接，使这些膜蛋白的流动性受到限制。质膜下密布的微丝网络可以为质膜提供强度和韧性，有助于维持细胞形状。

肌球蛋白是沿微丝运动的马达蛋白，植物细胞的胞质环流、动物细胞有丝分裂末期胞质分裂环的收缩以及肌肉细胞的收缩等都是由微丝和肌球蛋白相互作用引起的。

（三）中间丝

中间丝又称中间纤维，是一类直径为 8～12nm 的纤维，因其粗细介于微管和微丝之间而得名。与经常在细胞的不同部分发生组装与解聚的微管和微丝不同，中间丝是比较固定的结构，不易发生解组装，说明中间丝在维持细胞形状和固定细胞器的位置方面特别重要。

中间丝的组成成分比微管和微丝要复杂得多。不同来源的组织细胞表达不同类型的中间丝蛋白，常见的有波形蛋白、角蛋白、结蛋白、核纤层蛋白等。其中，核纤层蛋白在细胞核核膜内侧形成纤维网络，是核膜的重要支撑结构，也是染色质的重要锚定位点。细胞分裂过程中，在分裂前期，核纤层解聚，核膜崩解；分裂末期，核膜小泡在染色质周围逐渐融合形成新的核膜，而核纤层蛋白则在核膜内侧组装成子细胞核的核纤层。

十二、细胞外基质和细胞壁

（一）细胞外基质

多细胞生物体的组成除细胞之外，还包括由细胞分泌的蛋白质和多糖所构成的细胞外基质（extracellular matrix，ECM）。动物细胞胞外基质的成分主要有三种类型：

① 结构蛋白，包括胶原蛋白和弹性蛋白，分别赋予细胞外基质强度和韧性。

② 蛋白聚糖，由蛋白质和多糖共价形成，具有高度亲水性，从而赋予胞外基质抗压的能力。

③ 粘连糖蛋白，包括纤连蛋白（fibronectin）和层粘连蛋白（laminin），有助于细胞粘连到胞外基质上。

胞外基质为动物组织的构建提供了支撑框架，还对于其接触细胞的存活、发育、迁移、增殖、形态以及其他功能有着重要的调控作用。

（二）植物细胞壁

植物、真菌、藻类和原核细胞的胞外基质与动物细胞胞外基质成分不同，组织形式也不一样，形成不同类型的细胞壁（cell wall）。

植物细胞的细胞壁保护植物细胞，维持其形状，并使其不能吸收过量的水分。特化细胞的坚固的细胞壁使植株能抵抗重力，在空中挺立。植物细胞的细胞壁由胞间层、初生壁、次生壁三部分组成。

胞间层（middle lamella）位于两个相邻细胞之间，为两相邻细胞所共有。主要成分为果胶质，将相邻细胞黏在一起，并可缓冲细胞间的挤压。初生壁（primary wall）存在于所有植物细胞，位于胞间层内侧。初生壁通常较薄，具有较大的可塑性，既可使细胞保持一定形状，又能随细胞生长而延展，主要成分为纤维素、半纤维素、果胶和糖蛋白。当细胞停止生长后，有些细胞仍继续分泌纤维素和其他物质，增添在初生壁内方，使细胞壁加厚，这部分加厚的细胞壁叫次生壁（secondary wall）。次生壁越厚，壁内的细胞腔就越小。次生壁往往含有木质素，使得次生壁非常坚硬。

第二节
细胞分裂与细胞分化

细胞分裂是细胞增殖的方式，它对于生物个体的维持及种族的延续具有十分重要的意义。单细胞生物的细胞分裂会直接导致生物个体数量的增加，多细胞生物往往是由一个单细胞即受精卵经过细胞分裂和分化发育而来。细胞分化（cell differentiation）是在个体发育过程中，细胞后代间形态、结构及功能上产生稳定差异的过程。细胞分化是生物界中普遍存在的生命现象，是生物个体发育的基础。

一、细胞分裂

（一）细胞周期

进行连续分裂的细胞从上一次分裂结束到下一次分裂完成所经历的整个连续过程，称为细胞周期（cell cycle）。细胞周期分为分裂间期（interphase）和有丝分裂期（mitotic phase，M期）。分裂间期是细胞生长期，为分裂期作物质准备，又包括一个 DNA 合成期（DNA synthesis phase，S 期）以及 S 期与 M 期之间的两个间隔期 G_1 期（first gap）和 G_2 期（second gap）。

G_1 期是一个细胞周期的第一阶段，上一次细胞分裂之后产生两个子细胞，标志着 G_1 期的开始。进入 G_1 期后，细胞即开始为下一次分裂作准备，开始合成细胞生长需要的各种蛋白质、糖类、脂质等，各种与 DNA 复制有关的酶在 G_1 期明显增多，线粒体、叶绿体和核糖体也都增多，动物细胞的两个中心粒彼此分离并开始复制。细胞经过 G_1 期为 DNA 复制的起始做好了各方面的准备。进入 S 期后，细胞立即开始按照半保留复制的方式合成 DNA，组蛋白也在 S 期合成。新合成的 DNA 立即与组蛋白结合，共同组成核小体串珠结构。DNA 复制完成以后，细胞即进入 G_2 期，此时细胞核内 DNA 的含量已经增加一倍，即每条染色体含有两个拷贝的 DNA。在 G_2 期合成一定的 RNA 和蛋白质，为细胞分裂作准备；G_2 期不合成 DNA，但损伤的 DNA 分子可在此时修复。通过 G_2 期后，细胞即进入 M 期。

高等生物体中，各组织细胞的增殖行为是不一致的，根据分裂能力的不同，细胞可分为周期中细胞（cycling cell）、终端分化细胞（terminally differentiated cell）、G_0 期细胞三类。周期中细胞是连续分裂细胞，即细胞周期持续运转，如上皮组织的基底层细胞，通过持续不断的分裂，增加细胞数量，弥补上皮组织表层细胞由于死亡脱落所造成的细胞数量损失。终端分化细胞是不再分裂的细胞，即细胞永久地失去了分裂能力，而分化为具一定形态结构及生理功能的组织细胞，如大量的横纹肌细胞、血液多型核白细胞等。G_0 期细胞是暂时脱离细胞周期，停止细胞分裂的细胞，和终端分化细胞不同的是，G_0 期细胞一旦得到信号指使，会快速返回细胞周期，进行分裂增殖。如结缔组织中的成纤维细胞，平时并不分裂，一旦所在的组织部位受到伤害，它们会马上返回细胞周期，分裂产生大量的细胞分布于伤口部位，促使伤口愈合。

真核细胞的细胞分裂主要包括两种方式，即有丝分裂（mitosis）和减数分裂（meiosis）。体细胞一般进行有丝分裂，成熟过程中的生殖细胞进行减数分裂。减数分裂是有丝分裂的特殊形式。

（二）有丝分裂

（视频13）

细胞周期的 M 期包括核分裂和胞质分裂（cytokinesis）两个互相联系的过程。细胞有丝分裂即指核分裂，根据有丝分裂期核膜、染色体、纺锤体装配及核仁等形态结构的规律性变化，有丝分裂期又被人为地划分为前期、前中期、中期、后期和末期五个时期，如图 2.7 所示。胞质分裂相对独立，一般开始于有丝分裂后期，完成于有丝分裂末期。通过核分裂与胞质分裂，使分裂间期复制加倍了的染色体经纺锤丝的作用平均分配到两个子细胞中，最终每个子细胞都得到了一组与母细胞相同的遗传物质。

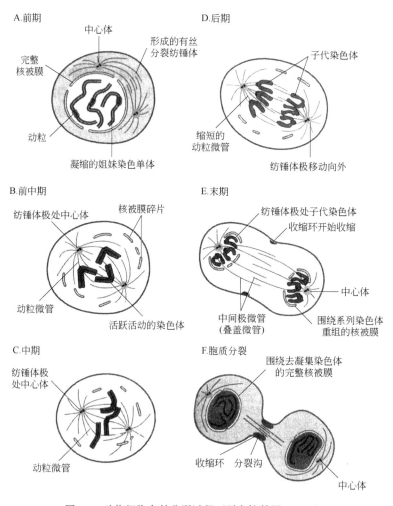

图 2.7　动物细胞有丝分裂过程（引自柳慧图，2012）

1. 前期

前期（prophase）是有丝分裂过程的开始阶段，间期细胞进入前期的最明显的变化是染色体的出现，S 期完成复制的染色质丝螺旋缠绕形成光学显微镜下可见的染色体，染色体形成后逐渐变短变粗。同时核仁解体并逐渐消失。前期的染色体由两个姐妹染色单体组成，彼此以着丝粒（centromere）相连。着丝粒是染色体的一个特殊分化区，由富含重复碱基序列的 DNA 异染色质组成。两条姐妹染色单体在着丝粒处通过粘连蛋白粘连在一起。在每条染色单体着丝粒的外侧各有一个盘状蛋白质复合物结构，称为动粒（kinetochore）（图 2.8 左）。

动物细胞的中心体（centrosome）被称为维管组织中心（microtubule organizing center, MTOC）。中心体内含有一对桶状的中心粒，它们彼此垂直分布，外面被无定形的中心粒周物质（pericentriolar material）包围。前期开始时，每对中心体的四周辐射出短的微管，称为星体微管，形成的星形结构称为星体（aster）（图 2.8 右）。两个星体最初在核膜外保持一定距离，到了晚前期，由于星体间的微管，即极微管（polar microtubule）的延伸，两个星体被推向相反的两极，和其间的微管共同形成具有两极的纺锤体。高等植物没有中心粒，但有丝分裂时也要装配成无星纺锤体。

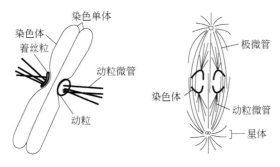

图 2.8　中期染色体和早后期纺锤体（引自吴相钰等，2014）

2. 前中期

核膜破碎形成小泡，核纤层解聚成核纤层蛋白。纺锤体则移至细胞中央原为细胞核所在的位置上。由纺锤体两极发出的一些星体微管，分别与着丝粒两侧的动粒结合，形成动粒微管。与同一条染色体的两个动粒相连接的两极动粒微管并不等长，因而染色体并不完全分布于赤道板，染色体的排列貌似杂乱无章。此后染色体两侧的动粒微管的长度发生变化，较长的一侧缩短，而较短的一侧则伸长，最后两侧动粒微管的长度基本相等，染色体在动粒微管的牵引下逐渐向细胞中央排列。

3. 中期

各染色体都排列到纺锤体的中央，它们的着丝粒都位于细胞中央的同一个平面，即赤道板（equatorial plane）上（图 2.9）。此时纺锤体微管可以分为三种类型：一是从中心体向纺锤体外侧呈辐射状发出的星体微管；二是连接中心体和染色体的动粒微管；三是极微管，来自两极的极微管在纺锤体中央赤道板处交会，并与马达分子结合。

4. 后期

染色体的着丝粒在中期就已经分为两个，所以中期以后染色体的两个染色单体实际上已经是并在一起的两个单独的染色体。由于动粒微管的牵引，这两个染色体彼此分开，以相同的速度分别向两极移动。动粒微管缩短的同时，极微管却延长，因而纺锤体两极的距离也在加长。

5. 末期

两组染色体分别到达两极后，动粒微管消失，极微管进一步延伸，使两组染色体的距离进一步加大。在两组染色体的外围，核膜重新形成，染色体开始解螺旋，恢复为染色质，核仁也开始出现。至此，核分裂结束。间期复制的 DNA 以染色体的形式平均分配到两个子细胞核中，最终每个子细胞都得到了一组与母细胞相同的遗传物质。

6. 胞质分裂

胞质分裂一般开始于核分裂后期，完成于核分裂末期。动物细胞在核分裂后期，在赤道板周围细胞表面下陷，形成环形缢缩，称为分裂沟（furrow）。分裂沟逐渐加深，直至两个子代细胞完全分开。

植物细胞的胞质分裂与动物细胞不同。在核分裂后期，残留的纺锤体微管在赤道面中央密集成桶状区域，称为成膜体（phragmoplast）。由于不断加入微管、内质网及高尔基体来源的小囊泡，使成膜体扩展到整个赤道面。小泡逐渐融合，形成有膜包围的平板，即细胞板（cell plate），小泡中的多糖被用来制造初生壁和胞间层，小泡的膜则在初生壁的两侧形成新的质膜。由于来自共同的小泡，因而两个质膜之间有许多管道相通，这些管道就是胞间连丝，是相邻的细胞之间细胞质相通的管道。高尔基体和内质网小泡继续向赤道面集中、融合，使细胞板不断向外延伸，最后到达细胞的外周而与原来的细胞壁和质膜连接起来，这时两个子细胞就完全分隔开来。如图 2.9 所示。

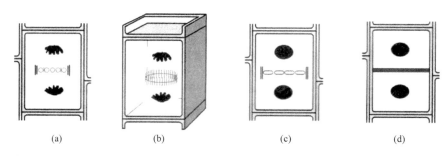

图 2.9　植物细胞的胞质分裂（引自周云龙，2016）

(a) 有丝分裂末期高尔基小泡原集于赤道板；(b) (a) 图的立体结构，示有丝分裂末期呈圆桶状排列的纺锤体微管；(c) 小泡融合而成细胞板；(d) 生成新的细胞壁和细胞膜（引自周云龙，2016）

（三）减数分裂

（视频14）

在有性生殖过程中，两个性细胞即配子（精子和卵）融合为一个细胞即合子或受精卵，由此再发育而成新的一代。配子是由配子母细胞经减数分裂而产生的。减数分裂是一种特殊的有丝分裂形式，与有丝分裂相比，减数分裂最主要的特征是细胞仅进行一次 DNA 复制，随后细胞连续两次分裂。两次分裂分别称为减数分裂 Ⅰ 和减数分裂 Ⅱ，在两次分裂之间有一个短暂的分裂间期。减数分裂两次分裂的结果是产生四个子细胞，每个子细胞中的染色体数目都是母细胞的一半。如图 2.10 所示。

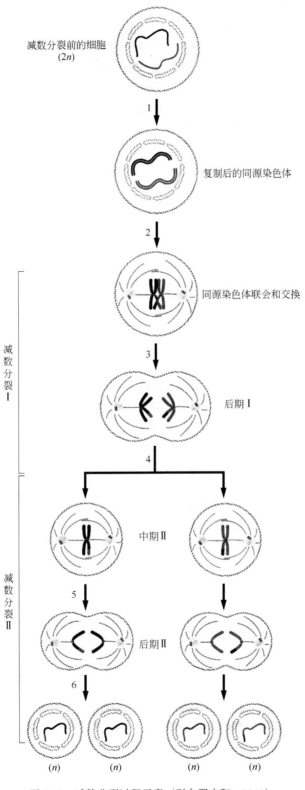

图 2.10　减数分裂过程示意（引自翟中和，2011）

1. 减数分裂前间期

减数分裂前的细胞间期称为减数分裂前间期（premeiotic interphase），与有丝分裂相似，也分为 G_1 期、S 期、G_2 期三个时期。S 期进行 DNA 复制，这是减数分裂全过程中唯一的一次 DNA 复制。与有丝分裂间期相比较，减数分裂前间期的 S 期持续时间较长。

由减数分裂前 G_2 期细胞进入两次连续的细胞分裂，即减数分裂 I 和减数分裂 II。两次减数分裂之间的间期或长或短，但没有 DNA 的合成。

2. 减数分裂 I

减数分裂 I 也可以人为地分为前期 I、中期 I、后期 I、末期 I 四个时期，其中前期 I 比有丝分裂的前期长得多，可长达数周、数年甚至数十年。前期 I 又可细分为五个亚期，即细线期、偶线期、粗线期、双线期和终变期。

在细线期（leptotene stage）中染色质凝集为细长线状的染色体。染色体由两条姐妹染色单体组成，但由于两条染色单体互相并列呈细而长的线状，所以光学显微镜下尚分辨不出两条染色单体。

在二倍体生物中，每对染色体的两个成员中，一个来自父方，一个来自母方，形态、大小相同，这两个称为同源染色体（homologous chromosome）。到了偶线期（zygotene stage），同源染色体的两个成员逐渐变粗并侧向靠拢，这种现象称为联会（synapsis）。在联会的部位形成一种特殊的复合结构，称为联会复合体（synaptonemal complex）。联会复合体是一种非永久性的复合结构，沿同源染色体长轴分布，宽 $1.5 \sim 2\mu m$。联会复合体被认为与同源染色体联会和基因重组有关。配对以后，两条同源染色体紧密结合在一起，称为二价体（bivalent）。由于每个二价体由两条同源染色体组成，共含有四条染色单体，因而又称为四分体（tetrad）。

同源染色体配对完成之后，进入粗线期（pachytene stage）。染色体继续缩短变粗，同源染色体仍紧密结合，并发生等位基因之间部分 DNA 片段的交换和重组，产生新的等位基因的组合。

双线期（diplotene stage）中联会的同源染色体分离，但尚未完全分开，同源染色体仍然相联系的部位称为交叉（chiasma）。交叉的数量变化不定，交叉的出现是发生交换的有形结果。

终变期（diakinesis）的染色体高度螺旋化，凝集成短棒状，核仁消失，核膜开始解体。前期 I 也随之结束。

核膜破裂标志着中期 I 的开始。各四分体逐渐向赤道方向移动，最终排列在赤道面上。和有丝分裂不同的是，每个四分体有四个动粒，其中一条同源染色体的两个动粒位于一侧、另一条同源染色体的两个动粒位于另一侧。从纺锤体一极发出的微管只与一个同源染色体的两个动粒相连，从另一极发出的微管也只与另一个同源染色体的两个动粒相连。

进入后期 I，同源染色体彼此分开，在纺锤体微管的牵引下分别向细胞两极移动，而同源染色体各自染色单体之间的着丝粒并不分开。同源染色体向两极移动是一个随机分配、自由组合的过程，因而到达两极的染色体会出现众多的组合方式。

进入末期 I 后，染色体解螺旋，核膜、核仁重现，通过胞质分裂细胞一分为二，进入间期。间期持续时间一般较短，不再进行 DNA 复制，也没有 G_1、S、G_2 之分。

3. 减数分裂 II

减数分裂 II 过程与有丝分裂基本相同。在后期 II，由于着丝粒的分开，姐妹染色单体分离，分向两极。

减数分裂的全过程是细胞分裂两次，DNA 只复制一次，因此其结果是形成四个子细胞，每个子细胞的染色体数目减半。在雄性动物，四个细胞大小相似，称为精子细胞，经变态进一步发育成四个精子。在雌性动物，减数分裂Ⅰ为不等分裂，即第一次分裂后产生一个大的次级卵母细胞，和一个小的极体，称为第一极体。第一极体将很快死亡解体。有时也会进一步分裂为两个小细胞，但没有功能。卵母细胞将继续进行减数分裂Ⅱ，也为不等分裂。结果是产生一个卵细胞和一个第二极体，第二极体也没有功能，很快解体。因此雌性动物减数分裂仅形成一个有功能的卵细胞。

减数分裂时，同源染色体的两个染色体随机地分配到子细胞中去，因而所产生的配子的染色体组合是多种多样的。一个生物如果有两对染色体，减数分裂就可以产生 $2^2=4$ 种配子。人类细胞有 23 对染色体，一个人在理论上就可以产生 2^{23}（约 840 万）种配子，这还没有考虑染色体的交换。若考虑到交换，基因组合就远不止此数。再加上精子与卵子的随机结合，要获得遗传上完全相同的子代个体几乎是不可能的，除非是同卵双生个体，其遗传性状可能相同。配子变异多，后代的变异自然也多，这就为自然选择提供了丰富的材料，有利于生物的进化。

二、细胞分化

单细胞生物在单个细胞的范围内就具备了发展生命活动所需的全部结构和功能，它的细胞分裂总与生殖相关。而多细胞生物分裂产生的细胞则可分化产生多种细胞，它们之间相互协作共同完成各种生命活动。多细胞生物体中，各种细胞在直观上表现出大小、形状和结构上的差别。这种差别一般与细胞的功能相适应。细胞分化就是由一种相同的细胞类型经过细胞分裂后，逐渐在形态、结构和功能上形成稳定性差异，产生不同的细胞类群的过程。

（一）细胞分化是基因选择性表达的结果

早期人们推测细胞分化是由于细胞在发育过程中遗传物质的选择性丢失所致。现代分子生物学的证据表明，绝大多数的细胞分化不是因为遗传物质的丢失，而是由于细胞选择性的表达各自特有的专一性蛋白质，而导致细胞形态、结构与功能的差异。如鸡的输卵管细胞合成卵清蛋白、成熟红细胞合成 β-珠蛋白、胰岛 β 细胞合成胰岛素，这些细胞都是在个体发育中逐渐产生的。

细胞分化是通过严格而精密调控的基因表达实现的。细胞的编码基因根据其与细胞分化的关系分为两类：管家基因和组织特异性基因。管家基因是指所有细胞中均表达的一类基因，其产物是维持细胞基本生存所必需的，在各类细胞中都处于活跃状态，如微管蛋白基因、糖酵解酶系基因与核糖体蛋白基因等。组织特异性基因是指在不同组织细胞中选择性表达的基因，与分化细胞的特殊性状直接相关，其产物赋予各种类型细胞特异的形态结构特征与功能，如卵清蛋白基因、胰岛素基因等。细胞分化的实质是组织特异性基因在时间与空间上的差异表达。这种差异表达不仅涉及基因转录水平和转录后加工水平的精确调控，而且涉及染色质和 DNA 水平、翻译和翻译后加工与修饰等复杂而严格的调控过程。

（二）细胞的全能性与干细胞

细胞全能性（totipotency）是指细胞经分裂和分化后仍具有形成完整有机体的潜能或特性。植物的体细胞在适宜的条件下可发育成正常的植株。动物的受精卵及卵裂早期的胚胎细胞是具有全能性的细胞。然而对于高等动物来说，随着胚胎的发育和细胞分化，细胞逐渐丧失了发育成个体的能力，仅具有分化成多种细胞类型及构建组织的潜能，这种潜能称为多能性（pluripotency），具有分化潜能的细胞称为干细胞（stem cell）。

根据分化潜能的不同，干细胞可分为全能干细胞（totipotent stem cell）、多能干细胞（pluripotent stem cell）和单能干细胞（unipotent stem cell）。受精卵和早期卵裂球细胞具有发育为完整个体的能力，是全能干细胞。当胚胎发育到囊胚时，其干细胞具有分化为各种细胞类型的能力，是多能干细胞。在动物体中一部分成体干细胞，如存在于人体骨髓中的造血干细胞可以分化成红细胞、血小板和淋巴细胞等十种以上的血细胞。骨髓间充质干细胞也具有分化为成骨细胞、软骨细胞等多种分化潜能，它们也属多能干细胞，但其分化潜能是有限的。单能干细胞仅能分化产生一种或几种类型的细胞，如小肠上皮中的干细胞能分化为小肠上皮细胞等四种细胞，神经干细胞可分化产生神经元、寡突胶质细胞和星形胶质细胞等三种细胞。

根据来源不同，干细胞又可分为胚胎干细胞（embryonic stem cell，ES 细胞）和成体干细胞（adult stem cell）。由哺乳动物胚胎中内细胞团细胞培养出的细胞具有分化出各种组织的多潜能性，这种细胞称为胚胎干细胞。胚胎干细胞具有多能性，有分化成各种组织细胞的潜能，因此在医学中有重要的应用价值。有些细胞损伤性疾病，可考虑利用 ES 细胞寻求置换和修复的方法。例如更换肌萎缩病人的骨骼肌纤维、置换 I 型糖尿病患者的胰岛 β 细胞等，甚至有学者希望利用 ES 细胞长成完整的器官。成体干细胞可以根据干细胞的组织来源分为造血干细胞、骨髓间充质干细胞、神经干细胞、肌肉干细胞等，因此成体干细胞又称组织干细胞。

三、细胞衰老

细胞衰老一般的含义是复制衰老，指体外正常培养的细胞经过有限次数的分裂后停止分裂，细胞形态和生理代谢活动发生显著改变的现象。20 世纪 60 年代初，经过大量实验发现了动物细胞，至少是体外培养的细胞，其分裂能力和寿命都是有一定限度的。如体外培养的人的二倍体细胞，只能培养存活 40～60 代。在体内，随着个体发育，细胞逐渐进入衰老状态。衰老细胞在结构和功能上发生一系列的变化，如核被膜内折、染色体固缩、线粒体和内质网减少、膜流动性降低等。

第三节
克隆与克隆羊

一、克隆

克隆（clone）一词的原意为无性繁殖系，即用无性方式产生的后代群体。细胞工程的克隆是指通过无性繁殖手段获得遗传背景相同的细胞群或个体的技术。克隆的理论基础是细胞全能性。

克隆现象在植物界普遍存在。1958 年，Steward 等从胡萝卜根韧皮部愈伤组织获得单细胞，经诱导形成胚状体再生出完整的植株。

动物克隆技术包括细胞核移植技术和卵裂球培养、胚胎分割技术。细胞核移植（cell nuclear transfer）是利用显微操作仪将外源细胞的细胞核移入去核卵母细胞中，经人工活化和体外培养后移植入代孕母体内，使其发育为含有与供体细胞相同遗传物质的个体。细胞核移植技术是目前最常用的动物克隆技术，是哺乳动物体细胞克隆的核心技术。根据细胞核移植对象的不同，可将核移植技术分为胚胎细胞核移植技术、干细胞核移植技术、体细胞核移植技术等。

Spemann 在 1938 年首次提出了采用细胞核移植技术克隆动物的设想，即从发育到后期的胚胎中取出细胞核，将其移植到一个卵子中。1952 年，Briggs 和 T. J. King 用林蛙发育到囊胚的胚胎细胞做细胞核移植实验，成功获得了成体蛙。1958 年，J. Gurdon 在非洲爪蟾幼体肠细胞核移植入去核卵细胞，培育出了可育的非洲爪蟾。1984 年，S. Willadsen 通过胚胎细胞核移植克隆出了绵羊。1997 年，英国科学家 I. Wilmut 利用高度分化的绵羊乳腺上皮细胞通过核移植，即将羊的乳腺细胞的细胞核植入去核的卵细胞中，克隆出了多莉（Dolly），这是第一个体细胞克隆的高等哺乳动物。

二、克隆羊"多莉"

（视频 15）

1997 年 2 月 27 日，英国爱丁堡罗斯林（Roslin）研究所的 Ian Wilmut 科学研究小组向世界宣布，世界上第一头克隆绵羊"多莉"诞生，这一消息立刻轰动了全世界。多莉的产生与三只羊有关，一只是怀孕三个月的芬兰多塞特绵羊，两只是苏格兰黑面绵羊。芬兰多塞特绵羊提供了核内全套遗传信息，即提供了细胞核（称之为供体）；一只苏格兰黑面绵羊提供无细胞核的卵细胞；另一只苏格兰黑面绵羊提供羊胚胎的发育环境——子宫。整个克隆过程如下：

从一只六岁芬兰多塞特母绵羊的乳腺中取出乳腺细胞，放入缺乏营养的培养基上培养传代，使细胞停在 G_0 期，此细胞为核供体细胞。在倒置显微镜下，用显微吸管将核吸出。给一只苏格兰黑面母绵羊注射促性腺素释放激素（GnRH），促使它排卵，收集卵母细胞，并立即除去其细胞核，此细胞为受体卵细胞。利用电脉冲的方法，使乳腺细胞核和受体细胞发生融合，形成一个含有新遗传物质的卵细胞，称为重组胚。电脉冲还可以产生类似于自然受精过程中的一系列反应，使融合细胞也能像受精卵一样进行细胞分裂、分化，从而形成胚胎。将胚胎转移到另一只苏格兰黑面母绵羊的子宫内，经正常妊娠，产下多莉。多莉即为六岁芬兰多塞特母绵羊的复制品，也为白色。

多莉是世界上第一个体细胞克隆的高等哺乳动物。多莉的诞生证明，高度分化成熟的哺乳动物细胞，它的核仍具有全能性。自多莉诞生后，其他体细胞克隆的哺乳动物相继获得成功，如牛、小鼠、山羊、狗、猪等。2018 年，中科院神经科学研究所的孙强与刘真等报道了利用食蟹猴胎儿皮肤成纤维细胞核移植，成功获得了 2 只健康的克隆猴，并命名为"中中"和"华华"。这是第一次获得的体细胞克隆灵长类动物。非人灵长类动物被认为是人类疾病最好的研究模型，利用克隆这一遗传一致性的特点便消除了传统模型猴的个体差异，所以该项研究具有重大科学意义。

第四节
生命伦理学

生物技术的进步使人们不但能更有效地诊断、治疗和预防疾病，同时也有可能操纵基因、精子或卵子、受精卵、胚胎以至人脑和人的行为。生命伦理学研究生命科技的进步引发的社会、伦理和法律问题，推动生命伦理学诞生的具体因素是生命科技对传统伦理和道德的冲击和挑战。

生命伦理学是根据道德价值和原则对生命科学领域内的人类行为进行系统研究的学科，主要研究生物医学和行为研究中的道德问题，环境与人口中的道德问题，动物实验和植物保护中的道德问题，以及人类生殖、生育控制、遗传、优生、死亡、安乐死、器官移植等方面的道德问题。生命伦理学的生命主要指人类生命，但有时也涉及到动物生命和植物生命以至生态，而伦理学是对人类行为的规范性研究。

生命科学技术问题是"能做什么"的问题，而伦理问题是"该做什么"和"不该做什么"的问题。例如克隆技术可以用来克隆人，这意味着科幻小说中的独裁狂人克隆自己的想法是完全可以实现的，即使是用于"复制"普通的人，也会带来一系列的伦理道德问题。因此，"多莉"的诞生在世界各国科学界、政界乃至宗教界都引起了强烈反响，引发了一场由克隆羊所衍生的伦理道德问题的讨论。又如线粒体 DNA 突变引起的线粒体遗传病通过卵细胞传递给下一代，传统的辅助生殖方法无法做到预防。而核移植技术可通过将患者卵细胞核移植入健康捐献者的去核卵细胞，从而剔除突变的线粒体 DNA，预防下一代的发病。2017 年，美国新希望生殖中心（New Hope Fertility Center）的华人医学博士张进（John Zhang）等将莱氏综合征（Leigh syndrome）携带者的卵细胞纺锤体移植入正常捐献者的去核卵细胞构成一个新卵，再注入其丈夫的精子获得受精胚胎，最终获得一个健康男婴。这是世界首位"三人共同生育"婴儿的诞生，他的细胞核 DNA 来自其父母，而线粒体 DNA 来自一名女性捐献者。莱氏综合征是一种严重影响神经系统的疾病，这对夫妻曾生育两个孩子，分别在六岁和八个月时夭折。胚胎学家认为，此举预示着医学新时代的开启，将给数百万可能生下有绝症婴儿的父母带来希望。但此婴儿被认为存在一父二母的伦理问题，受到社会争议。反对人士认为，这种做法不道德，并可能走上"人工制造婴儿"的歧途。

科学技术日新月异的迅速发展导致了人与自然关系的倒转，人正在逐渐成为大自然的主宰，从而可能导致人的责任伦理丧失，进而破坏人类社会自身的健康发展。生命伦理学的出现正说明了人类已经认识和正在重视此类问题。随着科学技术的发展和新事物的不断出现，生命伦理学的研究和争论也会一直持续下去。

小结

细胞生物学是在显微结构、亚显微结构、分子水平等层次上研究细胞生命活动基本规律的学科。细胞是一切生命活动的基本单位，分为原核细胞和真核细胞两大类。真核细胞与原核细胞在结构与遗传信息表达方式上存在着明显差异。

细胞质膜主要由膜脂和膜蛋白组成。脂双分子层构成细胞质膜的基本结构，膜蛋白结合于膜脂的内外表面或嵌入脂双分子层中。流动性和不对称性是细胞质膜的基本特征。细胞质膜参与物质的跨膜转运、信号转导以及细胞识别等多种复杂的生命活动。小分子物质的跨膜运输主要是通过简单扩散、协助扩散、主动运输等方式。大分子及颗粒性物质的跨膜运输则主要通过细胞的内吞和外排作用。

真核细胞的大多数细胞代谢反应、蛋白质合成与转运都发生在细胞质基质中。内膜系统主要包括内质网、高尔基体、溶酶体等。内质网包括粗面内质网和光面内质网两种类型。粗面内质网主要参与分泌蛋白、膜蛋白的合成与加工；光面内质网是膜脂合成的主要场所。高尔基体是细胞内的运输系统，对蛋白质及脂类进一步加工和包装。溶酶体内含多种水解酶，具有细胞内消化作用，并参与细胞自溶作用。核糖体是细胞内普遍存在的一种无膜细胞器，由 RNA 及蛋白质组成，是蛋白质合成的场所。线粒体和叶绿体是真核细胞中具有能量转换作用的细胞器，在结构上都有封闭的两层单位膜。线粒体的主要功能是进行氧化磷酸化、形成 ATP；叶绿体是进行光合作用的场所。线粒体和叶绿体的基质中含有环状 DNA 和蛋白质合成装置，都是半自主性细胞器。

细胞核为真核细胞遗传信息储存场所，由核被膜、染色质、核仁及核基质组成。核被膜由内、外核膜构成，是真核细胞特有的结构。染色质与染色体是化学组成一致、形态不同的两种构型，在细胞周期的不同时期出现。核仁是核糖体 RNA 合成及核糖体亚单位前体组装的场所，与核糖体的形成密切相关。

细胞骨架是真核细胞中的蛋白纤维网架体系，由微丝、微管、中间纤维构成。由肌动蛋白组成直径为 7nm 的微丝，参与肌肉收缩、胞质流动及胞质分裂等活动。微管是由微管蛋白组成的平均外径为 24nm 的长管状结构，参与细胞形态的维持、细胞运动和有丝分裂过程。中间纤维直径约为 10nm，它的分布与组成具组织特异性。

有丝分裂是真核细胞最主要的分裂方式，分为前期、前中期、中期、后期、末期五个时期。减数分裂是生殖细胞成熟分裂方式，包括连续两次分裂，一个母细胞通过一次减数分裂形成四个子细胞，同时染色体数目减半。

细胞分化的实质是基因的选择性表达。随着分化程度的提高，细胞发育潜能逐渐变窄。高度特化细胞的细胞核具全能性，核与质共同参与细胞分化过程。环境因素对细胞分化也有重要的影响。干细胞是指具有分裂增殖能力，并能分化产生一种以上特殊功能细胞的原始细胞。细胞衰老是细胞的一种重要生命活动现象。在细胞衰老过程中，其结构发生了一系列变化并直接引起功能下降。

克隆，是指通过无性生殖而产生的遗传上均一的生物群，现在则指个体、细胞、基因等不同水平上的无性增殖产物。克隆技术可以造福人类，但也引起了争议，用好克隆技术这把"双刃剑"，才能造福于人类。

思考题

1. 原核细胞与真核细胞的区别是什么?
2. 细胞器的出现和分工与生物的进化有什么关系?
3. 怎样理解线粒体和叶绿体是细胞内的两种能量转换细胞器?
4. 为什么说线粒体与叶绿体是半自主性细胞器?
5. 比较粗面内质网和光面内质网的形态结构与功能。
6. 概述细胞核的基本结构及其主要功能。
7. 染色质按功能分为几类? 它们的特点是什么?
8. 什么是细胞周期? 细胞周期各时期的主要变化是什么?
9. 试比较有丝分裂与减数分裂的异同点。
10. 何为细胞分化? 为什么说细胞分化是基因选择性表达的结果?
11. 什么是干细胞? 它分为哪几种类型,各类型的特征是什么?
12. 谈谈你对克隆这一技术的看法。

知识拓展

体细胞克隆猴

自 1997 年克隆羊"多莉"问世以来的 20 多年间,科学家利用体细胞核移植技术(somatic cell nuclear transfer,SCNT)对 20 多种哺乳动物(包括小鼠、狗、牛、兔、骡子、马、鹿等)相继成功实现克隆。然而,通过 SCNT 技术实现非人灵长类动物克隆,却因为困难重重,长久以来都未能实现。而中国科学家率先完成了体细胞克隆猴这一历史性突破。2018 年 1 月 25 日,由中科院上海神经科学研究所孙强领导的研究团队在《细胞》(*Cell*)杂志发表了题为 "Cloning of Macaque Monkeys by Somatic Cell Nuclear Transfer" 的论文,宣布在世界范围内首次利用体细胞核移植技术完成了克隆猴。在这项研究中,研究人员使用猴胎儿成纤维细胞,通过体细胞核移植技术获得了两只健康的食蟹猴(也称长尾猕猴,*Macaca fascicularis*),两只猴分别被命名为 "Zhong Zhong" 和 "Hua Hua",如图 2.11 所示。

通过 SCNT 手段克隆猴的难点主要在于核移植后胚胎存活率低,胎儿容易流产。而另一个难点在于需要克服体细胞重编程过程中的很多表观遗传修饰障碍。孙强小组获得成功一方面得益于他们娴熟的技术操作,另一方面离不开近年来科学家们对克隆胚胎重编程机制的研究,特别是近年来科学家们发现了体细胞克隆胚胎发育的主要障碍——克隆胚胎基因组上大量 H3K9 三甲基化的存在。孙强团队在克隆猴的过程中注射了 H3K9me3 去甲基化酶 KDM4dmRNA,并同时使用了此前科学家在其他哺乳动物中使用的 HDAC(组蛋白去乙酰化酶)抑制剂 TSA(trichostatin A),优化了克隆方法,最终获得成功。

灵长类动物是和人类最相似的实验动物,体细胞克隆猴的成功意味着今后可以获取大批量相同遗传背景的克隆猴，用于某些疾病模型的建立以及药物的筛选，所以体细胞克隆猴的出现具有重大科学意义。

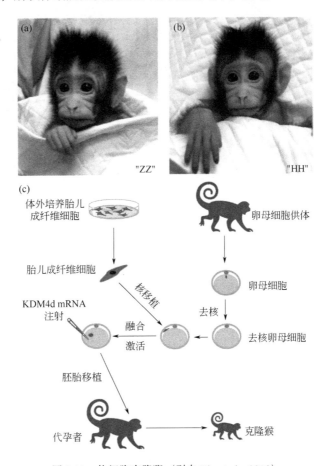

图 2.11　体细胞克隆猴（引自 Liu et al, 2018）

（a）克隆猴"中中"；　（b）克隆猴"华华"；　（c）克隆猴产生过程

另外，本次研究获得的是来自于胎儿成纤维细胞的克隆猴，虽然孙强团队也得到了成年猴体细胞的克隆猴，但是出生后不久就死掉了。这也反映了现在的克隆技术还很不完美，还需要科学家进一步进行重编程机制的探索。另一方面也提醒我们，伦理和现在的技术限制都不允许进行克隆人的尝试。

第三章

遗传与遗传病

本章导言

血友病是一种罕见凝血异常的疾病，一个小伤口就会流血不止，换颗牙就有可能致命，轻微的损伤都会对血友病患者的身体造成很大的伤害，所以血友病患者也被称为"玻璃人"，如果不能及时治疗，可能会导致残疾甚至失去生命。

第一节

孟德尔定律与人类遗传病

孟德尔（G. Mendel，1822—1884），奥地利人，是最早用科学方法来研究遗传现象的人，是当代遗传学的奠基者。他从 1857 年开始，以豌豆为实验材料进行杂交试验，连续观察 7 年，1865 年发表了《植物杂交试验》一文，描述了生物性状的分离定律和自由组合定律，现在把这两个定律称为孟德尔定律。但当时孟德尔的研究成果并未得到人们的重视，直到 1900 年才分别为三位科学家重新发现和证实。以后许多工作都表明，分离定律和自由组合定律广泛适用于植物界、动物界及人类。

孟德尔的整个实验工作贯彻了从简单到复杂的原则。他最初进行杂交时，所用的两个亲本（即父本和母本）都只相差一个性状。或者更精确一些说，不论其他性状的差异怎样，他都只把注意力集中在一个清楚的性状差异上，或者说一对相对性状。事实证明这是最合理、最有效的研究方法。

一、孟德尔的分离定律

（一）孟德尔的豌豆杂交试验

豌豆种子的形状有圆滑的、有皱缩的。孟德尔用纯种圆滑和纯种皱缩的豌豆杂交，所结的种子都是圆滑的。这里纯种圆滑和纯种皱缩的豌豆叫做亲代。杂交后所结的种子就是子一代。在试验中，孟德尔发现不论用圆滑的豌豆作母本还是作父本都结圆滑种子。子一代中只有圆滑的性状显示出来，叫显性性状，皱缩的性状在子一代中未显示出来，叫隐性性状。用子一代圆滑的植株自花授粉，结的种子叫子二代，子二代中的种子有圆滑的，也有皱缩的。在子二代中隐性（如皱缩）性状又出现的这种现象叫分离。253 株子一代共结种子 7324 粒，圆滑的有 5474 粒，皱缩的有 1850 粒，二者约成 3:1 的比例。孟德尔所做的其他的豌豆杂交试验，遗传方式和上述的试验很相似，其结果见表 3.1。

表 3.1　孟德尔豌豆杂交试验的结果

性状类别	亲代相对性状	子一代性状表现	子二代性状表现及数目		比例
子叶的颜色	黄×绿	黄	6022 黄	2001 绿	3.01:1
成熟豆粒的形状	圆×皱	圆	5474 圆	1850 皱	2.96:1
种皮的颜色	灰褐×白	灰褐	705 灰	224 白	3.15:1
豆荚的形状	饱满×凹缩	饱满	882 饱	299 缩	2.95:1
未熟豆荚的颜色	绿×黄	绿	428 绿	152 黄	2.82:1
花的位置	腋生×顶生	腋生	651 腋	207 顶	3.14:1
茎的高度	高×矮	高	787 高	277 矮	2.84:1

（二）遗传因子（基因）分离假说

孟德尔假设在生殖细胞中含有控制性状发育的遗传因子（现在称为基因），在体细胞中基因是成对存在的。在生殖细胞成熟过程中，成对的基因分离，结果每个生殖细胞中只含有成对基因中的一个基因。受精时，精子和卵子结合成合子（受精卵），合子中基因又恢复了成对状态。在本试验中，如以 R 代表圆滑基因、r 代表皱缩基因，那么在亲代圆滑豌豆的体细胞中，含有一对基因 RR；在皱缩豌豆的体细胞中，含有一对基因 rr。在生殖细胞形成过程中，成对的基因互相分离，结果每个生殖细胞只得到成对基因中的一个基因，圆滑豌豆的生殖细胞中含有基因 R，皱缩豌豆的生殖细胞中含有基因 r。受精后，合子中又具有成对的基因 Rr。由于圆滑基因 R 对皱缩基因 r 为显性，所以子一代都是圆滑种子。子一代形成生殖细胞时基因 R 与基因 r 彼此分离，分别进入不同的生殖细胞中。因此形成两种生殖细胞，一半含有基因 R，一半含有基因 r，不论精子或卵子都有这样数量相等的两类。受精过程中，精卵是随机结合的。这样，子二代中将有三种基因组合形式（1RR、2Rr、1rr），由于基因 R 对基因 r 为显性，所以子代中圆滑种子和皱缩种子的比例为 3:1（图 3.1）。

上述基因 R 与基因 r 是同一基因的不同形式，存在于同源染色体（大小、形状相同的染色体）上的相等位置上，叫等位基因。圆滑或皱缩这些能够观察到的性状叫表现型。与表现型有关的基因组成叫基因型，如 RR、rr 或 Rr。基因型为 RR 或 rr 的个体，由于一对基因彼此是相同的，叫做纯合子（纯种）。基因型为 Rr 的个体，由于一对基因彼此不同，叫做杂合子（杂种）。上述杂交试验中，亲代都是纯合子，子一代都是杂合子（Rr）。子一代杂合子都是圆滑的，没有皱缩的，这表明在杂合子中，基因 R 发生作用，叫做显性基

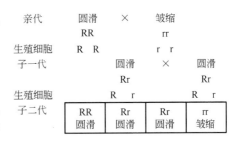

图 3.1　孟德尔豌豆杂交试验结果图解

因。相反，基因 r 的作用没有表现出来，叫做隐性基因。在杂合子中的隐性基因虽然不显出性状，但基因本身并不消失，在隐性基因配成对（rr）时，就会表现出隐性性状来。显性基因所控制的性状叫显性性状如圆滑；隐性基因所控制的性状叫隐性性状如皱缩。

基因一般常用英文字母表示，显性基因用大写字母如 R，隐性基因用小写字母如 r。

（三）孟德尔分离定律假设的验证

孟德尔的假设能够很好地解释所得到的试验结果，但是假设是否合乎客观实际呢？还必须用实验来验证。孟德尔所应用的验证式实验，叫做回交，即用子一代杂合子反过来和隐性的亲代杂交（图 3.3），子一代都是杂合子，基因型为 Rr，按孟德尔分离假设，在形成生殖细胞时，基因 R 和基因 r 分离，形成含有基因 R 和基因 r 的两类数量相等的生殖细胞。隐性亲代（rr）只形成一种含有基因 r 的生殖细胞。受精后，将形成基因型 Rr 和 rr 数量相等的两类合子，将来分别结出圆滑和皱缩的种子，约成 1:1 的比例。实验结果与预期结果一致，证明了他的假设是正确的。后人经过反复验证，把上述的假设归纳为分离定律，又叫孟德尔第一定律。即生

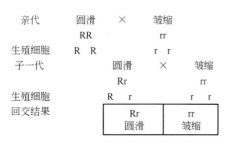

图 3.2　孟德尔回交实验图解

物的成对基因在杂合状态时保持独立性，在形成生殖细胞时彼此分离，分别进入不同的生殖细胞。

（四）分离定律在人类遗传病中的应用

分离定律对于人类正常性状的遗传和遗传疾病传递同样起着重要作用。

1. 常染色体遗传

一种性状或疾病受显性基因控制，这个基因如果位于常染色体（男性、女性都一样的染色体）上，其传递方式称为常染色体显性遗传，简称显性遗传。受隐性基因控制的性状或疾病，这个基因如果位于常染色体上，其传递方式称为常染色体隐性遗传，简称隐性遗传。

（1）常染色体显性遗传

在人类中有的人有耳垂，有的人没有耳垂。这是受显性基因 E（有耳垂）和隐性基因 e（无耳垂）控制的一对相对性状，有耳垂和无耳垂为表现型，都是正常的性状。基因型为 EE 或 Ee 的个体都有耳垂，而基因型为 ee 的个体则无耳垂。根据分离定律的原理可知：①有耳垂的显性纯合子（EE）与无耳垂的隐性纯合子（ee）婚配后，其子女均为有耳垂的杂合子（Ee）。②有耳垂的杂合子（Ee）之间婚配后，子女中 3/4 有耳垂、1/4 无耳垂。这种婚配方式与孟德尔的子一代杂合子自交是相同的（图 3.3）。③有耳垂的杂合子（Ee）与无耳垂的隐性纯合子（ee）婚配后，子女中有耳垂杂合子和无耳垂的隐性纯合子各占一半。这种婚配方式与孟德尔的回交是相同的（图 3.4）。上述耳垂遗传中，杂合子（Ee）个体得到很好的表现，它像纯合子（EE）一样形成典型的耳垂，这种情况称为完全显性。亲代之一如果患有某种显性遗传病，那么患病的亲代大多数是杂合子（Aa），因为致病基因（A）是由正常基因（a）经突变产生的，其频率很低 $[10^{-6} \sim 10^{-4} / （生殖细胞 \cdot 代）]$。所以与正常基因相比致病基因总是少见的。

（视频 16）

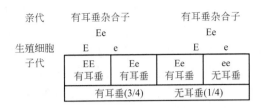

图 3.3 杂合有耳垂者互相婚配图解

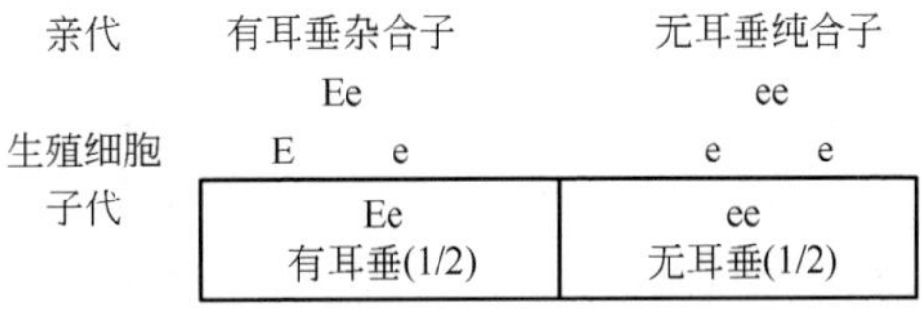

图 3.4 杂合有耳垂与无耳垂婚配图解

因此，在临床工作中很少遇到纯合子（AA）患者，而经常遇到的是杂合子（Aa）患者。显性杂合子患者与正常人（aa）婚配后，所生的子女中，大约有 1/2 是患者。这里，孟德尔分离定律起着支配作用（图 3.5）。杂合子者，在形成生殖细胞过程中，等位基因分离，分别进入不同的生殖细胞，结果形成含有基因 A 和基因 a 的两类数量相同的生殖细胞。正常人只能形成一种含有基因 a 的生殖细胞。

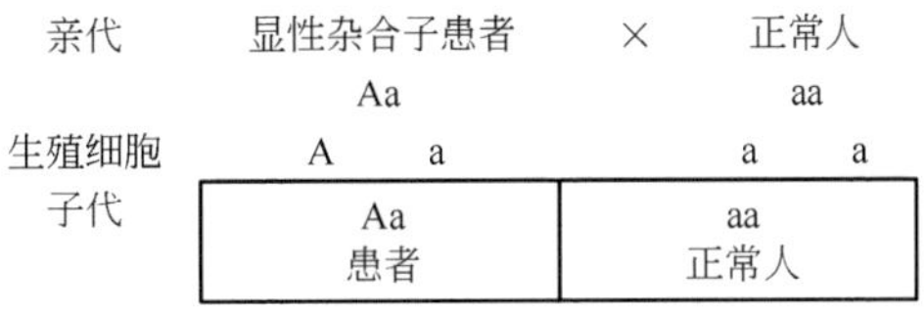

图 3.5 常染色体显性遗传病杂合子患病者与正常人婚配图解

受精后，将形成基因型为 Aa 和 aa 的两种数量相等的受精卵，将分别发育为遗传病患者和正常人。因此，子代中发病患者约为 1/2。也就是说，每生育一胎都有 1/2 的可能生出遗传病患儿。

在医学遗传学中，常用系谱分析法来判断某种病的系谱方式。系谱是在详细调查某种遗传病患者的家族各成员发病情况后，按一定形式将它绘成的一个图解。系谱中常常采用的一些符号见图 3.6。

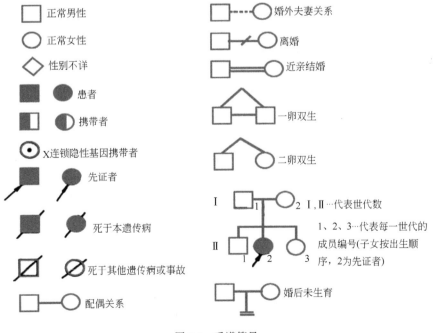

图 3.6 系谱符号

一个常染色体显性遗传病的系谱有以下特点：①患者双亲之一常常是有病的患者，因为只要带有一个显性致病基因，这样的个体就会发病，这个显性基因传给后代也就会发病，如果夫妇双方都是正常人，不会有这样的显性致病基因，当然后代就不可能得病（除非基因发生了突变）。②患者的同胞中约有1/2是患者。这一点在个别小家系中不一定得到很好的反映，如把整个系谱中几个婚配方式相同的小家系总计起来分析，就会看到近似的特点。③在连续几代中都有发病者，即可看到本病的连续传递。④因为致病基因位于常染色体上，所以男女都有同样的发病机会。⑤双亲无病时，子女中一般不会发病，只有在基因发生突变的情况下才有例外（图3.7）。

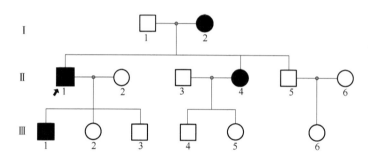

图 3.7　一个间歇性卟啉病患者的系谱

从图3.7总的情况来看，这个系谱基本上符合显性遗传方式：先证者II_1和II_4的母亲I_2是患者，III_1的父亲II_1是患者，这点与特点①相符合；先证者II_1同胞3人中2人发病，患者III_1同胞3人中1人发病，这点基本与特点②相符合；患者II_4在子女中应有1/2是患者，但因子女少未见发病；从I_2、II_1、III_1可看到本病连续传递三代，这与特点③相符合；I_2患者的子孙中2男1女是患者，这基本与特点④相符合；II_5、II_6的子女无本病，这与特点⑤相符合。因此通过系谱分析可以推断卟啉病是常染色体显性遗传病。

值得注意的是，人类的生育能力有限，大部分人一生中只生少数子女，由于受精是随机的，所以在少数子女中容易产生较大的偏差，很难看到上述相应的分离比例。如果将若干个相同婚配方式所产生的子女总计起来分析，就能看到近似的分离比例。

然而，在显性遗传病中，杂合子有时出现不全的外显率，也就是在一部分杂合子中，由于内外环境的影响而未能发病。这说明显性基因和隐性基因的关系并非固定不变。视网膜母细胞瘤就是这方面的一个例证。本病可分遗传的和非遗传的两种类型，遗传性的多为双侧发病，发病年龄较早，多在4岁以前发病，是一种显性遗传病（图3.8）。

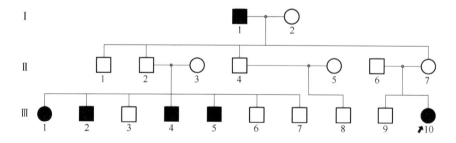

图 3.8　一个视网膜母细胞瘤患者的系谱

图 3.8 中，II_2 未发病，但子女中有 4/7 患视网膜母细胞瘤，II_6 也未发病，但子女中有 1/2 发病。II_2 和 II_6 的父亲 I_1 是患者，因此可以认为分别从他们的父亲 I_1 那里获得一个致病基因（R），从他们的母亲 I_2 得到一个正常的基因（r），所以他们都是杂合子（Rr），由于身体内、外环境因素的影响，显性致病基因（R）的作用未能外显，所以未发病。可是当他们和正常人婚配后，却会把显性致病基因（R）传给后代，而在后代中由于体内外环境的改变，显性致病基因的作用可以完全外显，所以在子代中又出现了半数患者。

显性遗传病中还存在着不同的表现度，这是指在具有同一基因型的不同个体中，虽然都发病，但发病的严重程度却有所不同。例如并指是一种显性遗传病，杂合子（Aa）患者的临床表现各种各样，最轻的呈蹼样并指，手指间由蹼皮相连接。皮性并指，则手指间紧密相连，常发生于第 3、4 指之间，彼此完全不能分开。最严重的是骨性并指，手指间除软组织相连外，还有骨的连接。如图 3.9 所示是一个并指患者的系谱，系谱中 II_1 及其子女 III_1、III_4 都有皮肤性并指，I_3 及其子女都具有骨性并指，第 2、3 指互相合并，第 4、5 指互相合并。

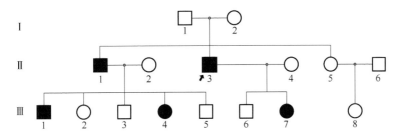

图 3.9　一个并指患者的系谱

由图 3.9 可以看出，II_1 和 II_3 分别从他们的父亲或母亲获得一个致病基因 A，都是杂合子（Aa），但其表现度有所不同。这是因为基因的表达可以被其他基因或环境的作用加以修饰，因此它们的表现程度可以大或小。

在显性遗传中，还有一种半显性或不完全显性，杂合子 Aa 在表现型上介于纯合子 AA 和 aa 之间，即在杂合子 Aa 中，基因 a 的作用也在一定程度上表现了出来。如果显性纯合子 AA 形成严重遗传病，隐性纯合子 aa 是无病的正常人，杂合子 Aa 就是该病的轻型患者，这种遗传方式就叫半显性或不完全显性。B 型地中海贫血就是半显性遗传。大部分患者属于轻型 B 型地中海贫血，具有杂合的基因型（Thth），如果两个轻型 B 型地中海贫血患者婚配后，子代中重型患者、轻型患者、正常人约呈 1:2:1 的比例。在 B 型地中海贫血的系谱中（图 3.10）除去显性遗传的一般特点外，还可看到两个轻型患者和婚配后，生出了重型者 III_5（ThTh），2 岁左右夭亡。其他者都为轻症者。

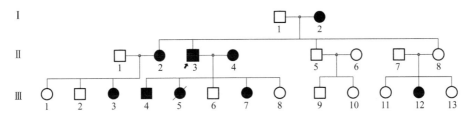

图 3.10　一个 B 型地中海贫血患者的系谱

此外还有共显性遗传，在杂合子状态下，两种基因彼此之间没有显性和隐性关系，两种基因的作用都完全充分地在表现型上得到表现，这种遗传方式称为共显性遗传。例如人类的A、B、O血型遗传。基因I^A使红细胞形成抗原A，基因I^B使红细胞形成抗原B，基因i使红细胞不形成抗原A或抗原B。I^A、I^B和i这三种基因位于9号染色体长臂的同一位点上，互为等位基因，它们是由同一基因经突变产生的。对一个个体来说，只能具有其中的任何两种基因（I^AI^A；I^Ai；I^BI^B；I^Bi；I^AI^B；ii），而对一个群体来说，就有上述这六种基因组合形式，像这种位于同一个位点上的三个以上的等位基因，叫做复等位基因。基因I^A或I^B对基因i显性，所以基因型I^AI^A或I^Ai的个体具有A型血，基因型I^BI^B或I^Bi的个体具有B型血，基因型ii的个体具有O型血。基因I^A对基因I^B为共显性关系，两种基因的作用都同时完全表现了出来，使红细胞产生抗原A和抗原B，表现为AB型血。基因型为隐性纯合子，在红细胞上不产生抗原A和抗原B，表现为O型血。

根据分离定律原理，已知双亲的血型即能估计出子女可能有什么血型、不可能有什么血型。从表3.2中可以看出，子女的血型可以和父母相同，也可以不同。这里都受孟德尔定律的制约。如丈夫为AB型，妻子为O型，可是他们的子女却不可能是AB型或O型，只能是A型或B型。因此，我们不能简单地讲子女的血型和亲代的血型不一样就不是遗传的（图3.11）。

表3.2　双亲和子女之间血型遗传关系

双亲的血型	子女中可能有的血型	子女中不可能有的血型
A×A	A、O	B、AB
A×O	A、O	B、AB
A×B	A、B、AB、O	—
A×AB	A、B、AB	O
B×B	B、O	A、AB
B×O	B、O	A、AB
B×AB	A、B、AB	O
AB×O	A、B	AB、O
AB×AB	A、B、AB	O
O×O	O	A、B、AB

图3.11　AB型和O型父母所生子女的血型图解

另外，人们还常有一种误解，认为既是遗传病，那就是先天的，生而有之的，出生后就会立即表现出来。实际上许多显性遗传病往往要到一定年龄才会发病，在未到发病年龄之前就去世的人，不能说他没有遗传到这个病。例如亨廷顿舞蹈症，要到三四十岁时，患者才出现智力衰退，伴有面部、躯体和四肢的不自主运动，这是由于脑的某些中心退化引起来的。如果他在30岁以前就去世了，我们就无法肯定他的细胞中是否含有这种致病基因。

（2）常染色体隐性遗传

致病基因位于常染色体上，致病基因对正常基因来说为隐性，这种遗传方式叫常染色体隐性遗传病。隐性遗传病的特点是只有在纯合的基因型（aa）中才会表现出疾病来，只带有一个致病基因的杂合子（Aa），由于正常的显性基因（A）的存在，致病的隐性基因（a）的作用不

（视频17）

能表现，所以不发病，外观上与正常人近似，却可将致病基因传于后代，这样的个体叫做携带者。在临床工作中所见到的隐性遗传病患者，常常是由两个携带者婚配后所产生的后代，按分离定律，携带者（Aa）在形成生殖细胞过程中，等位基因分离，分别进入不同的生殖细胞，结果形成含有基因 A 和基因 a 的两种数量相等的生殖细胞。随机受精后，将形成基因型为 AA、Aa 和 aa 的三种受精卵，并且 1:2:1 的比例。基因型 AA 受精卵将发育成正常人，基因型 Aa 受精卵将发育成携带者而不发病，只有基因型 aa 受精卵才发育成遗传病患者。因此，子代中发病患者将约为 1/4，也可以说，每生育一胎都有 1/4 的可能是遗传病患儿（图 3.12）。

图 3.12　常染色体隐性遗传病携带者间的婚配图解

　　常染色体隐性遗传病系谱的特点是：①患者双亲往往都是无病的，但他们都是致病基因的携带者。②患者同胞中，患病者的数量约占 1/4，而且男女机会均等。③系谱中看不到连续几代发病，往往是散发的。有时是隔代发病（这一点往往为临床医生所忽视）。④近亲婚配时，子女中患病率比非近亲婚配者高，这是由于近亲之间往往具有某些共同的致病基因，而都是携带者的缘故。如图 3.13 所示是一个先天性聋哑的系谱，先证者Ⅳ$_1$的双亲Ⅲ$_5$和Ⅲ$_6$均无病但都是携带者；他们之间是姑表兄妹近亲婚配；系谱中男女都可发病；系谱中表现隔代发病。这几点基本符合常染色体隐性遗传系谱的特点，因此可以认为先天性聋哑是常染色体隐性遗传病。

　　目前已知的常染色体隐性遗传病或异常性状达数千种。白化病可作为常染色体隐性遗传病的实例。白化病是由于黑色素缺乏引起的疾病，使皮肤、毛发呈白色。本病患者只有当一对等位基因是隐性致病基因纯合子（aa）时才发病，所以患者的基因型都是纯合子（aa）。当一个个体为杂合状态（Aa）时，虽然本人不发病，但为致病的基因携带者，他（她）能将致病基因 a 传给后代，因此患者父母双方都应是致病基因（Aa）的携带者，他们的后代将有 1/4 的概率是白化病患儿、3/4 的概率为表型正常的个体，在表型正常的个体中，2/3 为白化病基因携带者，如图 3.14。

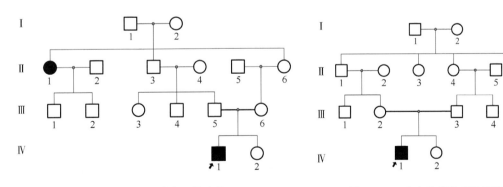

图 3.13　一个先天性聋哑的系谱　　　　图 3.14　一个白化病患者的系谱

2. 性别决定与性连锁遗传

（1）性别决定

生男生女是人们比较关心的遗传学问题。于男女性别的鉴别，人们一般是根据下述两种生物学上的特征（简称性征）来区分的。主要的特征是性腺。男性的性腺是睾丸，产生精子，另外还有输精管、男性外生殖器等；女性的性腺是卵巢，产生卵子，另外还有输卵管、子宫和女性外生殖器等。这些特征统称为第一性征。此外还有第二性征，如男子生须，喉头较为突出，声调低；女子乳腺发达，声调高等。第二性征都是在睾丸激素或卵巢激素的影响下发育的。

近代细胞学的研究，发现男女两性性征和染色体有极密切的联系。人的体细胞中有 46 条染色体，可配成 23 对，其中 22 对在男性和女性中是一样的，叫做常染色体，另一对是性染色体，与性别决定直接有关。在女性细胞中，这一对性染色体的形状和长度都相同，都是亚中着丝粒染色体，大小介于 6~7 号常染色体之间，叫做 X 染色体。在男性细胞中，这一对性染色体的形状和长度都是不同的，其中一个和女性细胞中的性染色体一样，也叫 X 染色体，而另一个性染色体则较短小，为近端着丝粒染色体，叫做 Y 染色体。所以男性细胞的性染色体可以记为 XY；女性的性染色体则可记为 XX。在人体精、卵发育过程中，经过减数分裂，同源染色体分离，男性可以产生两种精子：一种是含有 22 条常染色体和一条 X 染色体的精子，另一种是含有 22 条常染色体和一条 Y 染色体的精子，两种精子数目相等。而女性只能产生一种含有 22 条常染色体和一条 X 染色体的卵子。这样，精、卵随机结合只能产生数量相等的两种合子：一种是 44 条常染色体和两条 X 色体的合子，将发育成女性；另一种是 44 条常染色体和两条性染色体 XY 的合子，将发育成男性（图 3.15）。这里可以看出，决定生男生女不在于女方，而在于男方的精子类型。

亲代	父		母
	44XY	×	44XX
生殖细胞	22X　22Y		22X
子代	44XX 女性		44XY 男性

图 3.15　人类的性别决定图解

性染色体是个体性别分化的原始起因，由此引起不同的性分化，包括性腺分化，内外生殖器官分化，内分泌、性征分化等。性染色体的异常，将导致个体性别畸形，这在染色体疾病一节中加以介绍。

（2）性染色质

染色体是细胞分裂期才能显示的结构。所以用性染色体来判断个体的性别时，必须根据染色体标本中的性染色体是 XX 还是 XY 来确定。

在非分裂的间期细胞核中，看不到染色体（包括性染色体），所以，在间期细胞核中无法以性染色体作为性别判断的根据。1949 年，Barr 首先在雌猫的神经细胞核内发现有一种雌猫细胞所特有的、一般位于核膜内侧缘的浓染小体。其后，人们发现不只是雌性动物，在人类的女性间期核中也有这样的小体，而男性细胞则没有，他们称之为巴氏小体。以后，有人将它称为 X 小体，现在称为性染色质。为什么女性个体间期细胞核中有这样的小体而男性细胞核中却没有呢？莱昂（M. F. Lyon）曾提出了一个假说，称为"莱昂假说"，其要点如下：

① 在间期核中，女性的两条 X 染色体中，只有一条 X 染色体有转录活性，另一条 X 染色体无活性而呈异固缩状态，结果形成一个约为 1μm 大小的、贴近于核膜内侧缘的浓染小体，形状为平凸形、馒头形或球形、三角形，称性染色质。这一异固缩的 X 染色体，可以是来自父方的那一条，也可以是来自母方的那一条。由于性染色质由 X 染色体形成，并且为了与后述的由 Y 染色体形成的性染色质相区别，故又称 X 染色质。

② 在胚胎发育早期（人胚第 16 天）即出现，并在分裂后形成的细胞中都持续存在。

莱昂假说已为大量研究资料所证实。这些资料说明，不论细胞内有几条 X 染色体，只有一条 X 染色体是具有转录活性的，其余的 X 染色体则形成异固缩的 X 染色质。正常女性有两条 X 染色体，所以 X 染色质数为 1，正常男性有 1 条 X 染色体，X 染色质数为零。但在性畸形的患者中，例如，在染色体疾病一节中将要论述的先天性睾丸发育不全患者（核型为 47，XXY），外观虽为男性，但因有两条 X 染色体，故其 X 染色质为 1，而性腺发育不全患者（核型为 45，X），外观虽为女性，但因只有一条 X 染色体，故其 X 染色质为零，表现出 X 染色质数=X 染色体数−1 的相关变化。因此，对疑为性畸形的病例以及胎儿性别的产前诊断上，可采取口腔黏膜细胞、羊水细胞等，检查 X 染色质数目即可判断出该个体是女性还是男性。同时还可以提示性畸形患者细胞中究竟有几条 X 染色体。

研究发现，在男性的间期细胞核中，有一种可被荧光染料着色的强荧光小体，大小约为 0.3μm，称 Y 染色质。已经证明它是 Y 染色体长臂远端的形成物，是间期核中 Y 染色体存在的形式，而正常女性细胞中则不存在。因此，Y 染色质的检查亦可用于性别诊断。

（视频 18）

（3）性连锁遗传或伴性遗传

一些遗传性状或遗传病的基因位于性染色体（X 染色体或 Y 染色体）上，由于男性和女性在性染色体的构成上是不同的，女性是 XX、男性是 XY，这种差别就使这种遗传具有一些独特特征。这种遗传方式称为性连锁遗传或伴性遗传。现在，已知的性连锁遗传病约有几百种。

① X 连锁隐性遗传　一些遗传性状或遗传病的基因位于 X 染色体上，Y 染色体过于短小，缺少相应的等位基因。因此，这些基因随 X 染色体而传递，如果这种基因的性质是隐性的，这种遗传方式就叫做 X 连锁隐性遗传。目前已知的 X 连锁隐性遗传病有红绿色盲、血友病、进行性肌营养不良（假肥大型）等。

人类的红绿色盲是 X 连锁隐性遗传的典型实例。患者不能正确地辨别红色和绿色，控制红色盲和绿色盲的两个基因皆位于 X 染色体上。由于这两个基因相距很近，联系紧密，共同遗传给一个后代，所以就把这两种色盲合在一起，统称为色盲。

色盲的致病基因（b）是隐性的。女性的细胞中有两条 X 染色体，如果她只有一个致病基因，那么她只能是携带者而不患病，必须在纯合隐性（bb）状态下才会患病；而男性的细胞中只有一条 X 染色体，Y 染色体上没有与之相对应的等位基因，所以只有成对基因中的一个，叫做半合子。男性只要在 X 染色体上有一个色盲基因（b），尽管是隐性的，也将发育成色盲，显然男性患色盲的机会要多于女性。在我国男性色盲的发病率近于 7%，而女性的发病率约为 0.5%，二者有显著差异，这是因为这种病是呈 X 连锁隐性遗传的缘故。以下列举几种婚配类型，来认识一下色盲的遗传方式。

男性色盲患者与正常女性婚配后，子女中男性都正常，女性都由她父亲传来一个致病基因，所以都是携带者。这里，男性的致病基因只能随 X 染色体传给女儿，不会传给儿子（图 3.16）。

图 3.16　男性色盲患者与
正常女性婚配图解

女性色盲携带者与正常男性婚配后，子女中男性将有 1/2 患病，女性则都不患病，但将有 1/2 是携带者。这里，男性患者的致病基因只能从他的母亲传来（图 3.17）。

在 X 连锁遗传中，男性的致病基因只能从母亲传来，将来只能传给女儿，不存在男性到男性的传递，此种遗传方式叫做交叉遗传。

女性携带者如果与男性色盲患者婚配，子代男性中将有 1/2 患病，女性中 1/2 将会患病、

1/2 为携带者（图 3.18）。此种婚配类型，一般见于色盲家系的近亲婚配中，在非近亲婚配中机会要少得多。

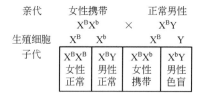

图 3.17　女性色盲携带者与正常男性婚配图解　　图 3.18　女性携带者与男性色盲患者婚配图解

　　X 连锁隐性遗传病系谱的特点是：a. 人群中男性患者远多于女性患者，在一些致病基因频率低的病种中，往往看不到女性患者。b. 双亲都无病时，儿子可能发病，女儿则不会发病。儿子如果发病，其致病基因是从携带者母亲传来的。c. 由于交叉遗传，患者的兄弟、外祖父、舅父、外甥、姨表兄弟等可能是患者。d. 在系谱中如果出现女性患者，那她的父亲一定是患者。

　　血友病 A 也是一种典型的 X 连锁隐性遗传病，一般 70% 的患者有家族史。它是一组由基因突变导致凝血因子缺乏，因而不能使凝血酶原变成凝血酶，使凝血发生障碍。患者的皮肤、肌肉内反复出血，形成瘀斑，下肢各关节的关节腔内出血，可使关节呈强直状态，颅内出血可导致死亡。临床上将血友病分为血友病 A（凝血因子Ⅷ缺乏）、血友病 B（凝血因子Ⅸ缺乏），其中，血友病 A 较多见，约是血友病 B 的 7 倍。如图 3.19 所示是一个血友病 A 患者的系谱，基本上反映了上述特点。

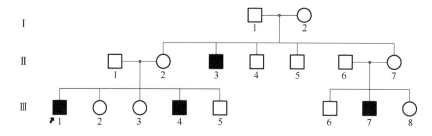

图 3.19　一个血友病患者系谱

　　系谱中的所有患者均为男性，先证者Ⅲ₁的双亲都无本病，其母亲Ⅱ₂为携带者；先证者Ⅲ₁的兄弟Ⅲ₄、舅父Ⅱ₃、姨表兄弟Ⅲ₇都是本病患者。他们的致病基因分别从他们的母亲Ⅱ₂、Ⅰ₂和Ⅱ₆传来。以上几点表明，血友病 A 是 X 连锁隐性遗传的。

　　② X 连锁显性遗传　一些遗传性状或遗传病的基因位于 X 染色体上，如果这种基因的性质是显性的，这种遗传方式就叫 X 连锁显性遗传。目前已知的 X 连锁显性遗传病有抗维生素 D 佝偻病、遗传性慢性肾炎等几十种疾病。在这种遗传方式中，女性的两条 X 染色体中任何一条具有这个显性致病基因都将会发病；而男性只有一条 X 染色体，如果有这个致病基因也会发病，因此这类病的女性患者多于男性患者。

　　本病的女性患者多为杂合子（X^AX^a），与正常男性（X^aY）婚配后，子代中子女各 1/2 将是发病者（图 3.20）。

　　男性患者（X^AY）如与正常女性（X^aX^a）婚配，子代中女儿都将是本病患者，儿子都正常（图 3.21）。

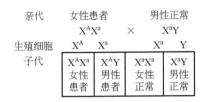

图 3.20　X 连锁显性遗传病女性患者与
正常男性婚配图解

图 3.21　X 连锁显性遗传病男性患者与
正常女性婚配图解

X 连锁显性遗传病系谱的特点是：人群中女性患者多于男性患者，前者病情常较轻，患者双亲中必有一方是本病患者；男性患者的后代中，女儿都将患病，儿子都正常；女性患者的后代中，子女都各有 1/2 的可能性患病；系谱中可看到连续遗传。抗维生素 D 佝偻病就是 X 连锁显性遗传病，其系谱基本上反映了上述特点（图 3.22）。

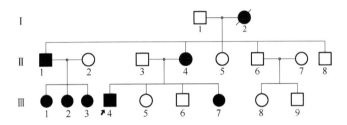

图 3.22　一个抗维生素 D 佝偻病患者的系谱

从图 3.22 可以看出：女性患者多于男性患者；患者的双亲中必有一方是本病患者。Ⅲ₁、Ⅲ₂、Ⅲ₃ 都是患者，她们的父亲 Ⅱ₁ 也是本病患者；Ⅲ₄、Ⅲ₇ 都是患者，他们的母亲 Ⅱ₄ 也是本病患者；Ⅱ₁、Ⅱ₄ 兄妹都患本病，Ⅱ₅、Ⅱ₆、Ⅱ₈ 弟妹都正常，说明 Ⅱ₁、Ⅱ₄ 的致病基因一定是从他们的母亲 Ⅰ₂ 传来，由于 Ⅰ₂ 已死亡多年，她的发病情况已无法考查；男性患者的后代中，女儿都患病，儿子都正常，Ⅱ₁ 是男性患者，其三个女儿 Ⅲ₁、Ⅲ₂、Ⅲ₃ 都是患者；女性患者的后代中，子女各有 1/2 的可能性发病，Ⅱ₄ 是女性患者，二男二女中各有一人患病；可看到连续几代都有发病者。这几点表明抗维生素 D 佝偻病是 X 连锁显性遗传的。

③ Y 连锁遗传或全男性遗传　一种遗传性状或遗传病的基因位于 Y 染色体上，X 染色体上缺少相应的等位基因，因此，这些基因将随 Y 染色体而传递，由父传于子，再传于孙，女性既不会出现相应的遗传性状或遗传病，也不传递有关基因，这种遗传方式叫做 Y 连锁遗传或全男性遗传。例如外耳道多毛症就是一种 Y 连锁的遗传性状（图 3.23）。

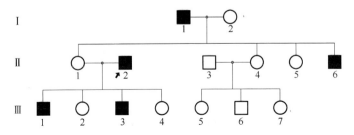

图 3.23　一个外耳道多毛症患者的系谱

二、孟德尔的自由组合定律

（一）两对相对性状的遗传实验

孟德尔研究了一对相对性状的遗传，也研究了两对、三对性状的遗传，提出了自由组合定律。这里只用两对性状的遗传来说明这一定律。

孟德尔用种子黄色而圆滑的纯种豌豆与种子绿色而皱缩的纯种豌豆进行杂交，子代都是黄色圆滑种子。让子一代自花授粉，子二代种子共556粒，分为四种类型：黄圆（315粒）、黄皱（101粒）、绿圆（108粒）、绿皱（32粒），它们数量上的比例约成9：3：3：1。

在子代中，种子的颜色均为黄色，没有绿色，说明黄色为显性，用Y表示，绿色为隐性，用y表示；种子的形状全为圆滑的，没有皱缩的，说明圆滑为显性，用R表示，皱缩为隐性，用r表示。这样，子一代的基因型是YyRr。

在子二代中共有556粒豌豆，其中黄色416：绿色140=2.97：1（约3：1），圆形423：皱缩133=3.18：1（约3：1）。这表明它们都分别受分离定律的制约。在子二代中，不但有原来的亲本类型（黄圆和绿皱），而且出现了亲本所没有的类型（黄皱和绿圆），同时各类型之间有一定的比例，即9：3：3：1。这是为什么？怎样解释这种现象呢？

（二）遗传因子自由组合假说

为了说明上述实验结果，孟德尔作了这样的假设：在子一代杂合子形成生殖细胞时，不同对的基因可以自由组合。亲代黄色圆滑纯种豌豆的基因型为YYRR；亲代绿色皱缩纯种豌豆的基因型为yyrr。杂种子一代的基因型为YyRr，表现型也是黄色圆滑形。在子一代形成生殖细胞时，按照分离定律，基因Y与y一定分离，基因R与r一定分离。而这两对不同的基因之间又怎样组合到一个生殖细胞里呢？他认为是自由结合的，而且结合的机会是均等的，即Y可以与R在一起，形成YR；Y也可以与r在一起，形成Yr；y可以与R在一起，形成yR；y也可以与r在一起，形成yr。这样，就形成了YR、Yr、yR、yr四种数量相等的生殖细胞。经过随机受精，将形成9种基因型、4种表现型的豌豆（图3.24）。

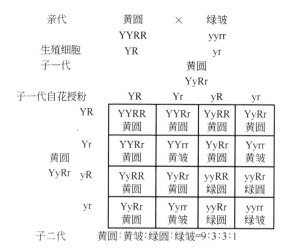

图3.24　孟德尔假设对黄圆和绿皱豌豆杂交的解释

为了验证上述假设，孟德尔用子代杂合子（YyRr）与隐性的绿皱型亲代植株（yyrr）进行回交。按自由组合假设来预测，子一代将形成四种数量相等的生殖细胞：YR、Yr、yR、yr；隐性亲代植株则只能形成一种生殖细胞 yr。随机受精后，后代中将出现黄圆、黄皱、绿圆、绿皱四种种子，它们的比例是 1∶1∶1∶1。实验结果完全证实了预测（图 3.25）。

孟德尔由此提出了自由组合定律，即生物在生殖细胞形成过程中，不同对的基因独立行动，可分可合，机会均等。这也叫孟德尔第二定律。

子一代
黄圆　　　×　绿皱
YyRr　　　　　yyrr
生殖细胞　YR　Yr　yR　yr　　　yr

YyRr 黄圆	Yyrr 黄皱	yyRr 绿圆	绿皱 yyrr

1　：　1　：　1　：　1

图 3.25　子一代黄圆豌豆与
绿皱豌豆回交图解

（三）自由组合定律在人类遗传病中的应用

自由组合定律不仅适用于动、植物界，也适用于人类正常性状或遗传病的传递。从临床方面来看，在一个家系中同时具有两种遗传病的患者时，一般可按自由组合定律来进行分析。

例如，父亲是并指畸形患者（第三、四指完全并合，除软组织相连外，末节指骨也互相连接，而且指甲也合并在一起），母亲正常，婚后生过一个先天性聋哑的患儿。试问以后所生的子女中，发病情况如何？

目前已知并指畸形为显性遗传，先天性聋哑为隐性遗传病。根据并指为显性遗传，婚后又生过一个没有并指畸形的孩子，可知父亲是并指基因的杂合子 Ss（S 为并指基因，s 为正常基因）、母亲是正常基因的纯合子 ss。婚后生了隐性先天性聋哑患儿，说明父母亲都是先天性聋哑基因的携带者 Dd（d 为聋哑基因，D 为正常基因）。这样，父亲的基因型是 Ss、Dd，母亲的基因型是 ss、Dd。婚后所生子女的发病情况见图 3.26。

亲代　　　　父亲并指　　×　母亲正常
SsDd　　　　　　ssDd

	SD	Sd	sD	sd	
子代	SsDD 并指	SsDd 并指	ssDD 正常	ssDd 正常	sD
	SsDd 并指	Ssdd 并指先天性聋哑	ssDd 正常	ssdd 先天性聋哑	sd

图 3.26　两种遗传病的遗传图解

从图 3.26 来看，就并指一种病来考虑，子代中患病的比例仍是 1/2，就先天性聋哑一种病来考虑，子代中患者、携带者、正常人的比例仍是 1∶2∶1，即患者仍占 1/4。如果把两种病放在一起来看，子代中并指和先天性聋哑同时发病者占 1/2×1/4=1/8，只有先天性聋哑的患儿也占 1/2×1/4=1/8，只有并指的患儿占 1/2×3/4=3/8，无并指也无先天性聋哑的正常儿也占 1/2×3/4=3/8。

三、连锁与互换定律

遗传的染色体学说建立以后，进一步就要了解染色体与基因的关系。但一个生物有很多基因，而染色体数目比较少，这又怎样来说明呢？两对基因的杂交实验中，子二代分离比数与预期的 9:3:3:1 有非常显著的差异，这一差异使遗传学工作者注意到了连锁现象。这样不仅证明了一条染色体带有很多基因，而且证明了这些基因在染色体上是以直线方式排列的。

连锁现象是 Bateson 和 Punnett（1906 年）最初发现的。1900 年孟德尔遗传规律被重新发现后，Bateson 和 Punnett 在研究香豌豆的两对性状的遗传时发现：实验结果有的符合独立分配定律，有的不符；同一亲本来的基因较多地联在一起，这就是所谓的基因连锁，但是他们未能提出正确的解释。1911 年美国遗传学家摩尔根用果蝇作杂交实验，发现白眼性状的伴性遗传后，同年又发现几个伴性遗传的性状；他同时研究了两对伴性性状的遗传，知道凡是伴性遗传的基因，相互之间是连锁的。这就证实了同一染色体上的基因有连锁现象。最后确认所谓不符合独立遗传规律的一些例证，实际上不属独立遗传，而属另一类遗传，即连锁遗传。摩尔根和他的学生在大量杂交实验的基础上，提出了连锁与互换定律，包括完全连锁和不完全连锁两种现象：当两对不同的基因位于一对同源染色体上时它们并不自由组合，而是联合传递，称为连锁定律——完全连锁；同源染色体上的连锁基因之间，由于发生了交换，必将形成新的连锁关系，称互换（或重组）定律——不完全连锁。

（一）基因的连锁与互换

野生果蝇为灰身长翅类型，在实验饲养中出现黑身残翅的突变类型。灰身（B）对黑身（b）是显性，长翅（V）对残翅（v）是显性。灰身长残翅（BBvv）和黑身长翅（bbVV）的果蝇杂交，子一代是灰身长翅的杂合子（BbVv）。用子一代雄果蝇和黑身残翅的雌果蝇测交，按自由组合定律预测，子一代雄果蝇将产生 BV、Bv、bV、bv 四种数量相等的精子，雌果蝇只产生一种 bv 卵子，受精后，将产生灰身长翅（BbVv）、灰身残翅（Bbvv）、黑身长翅（bbVv）和黑身残翅（bbvv）四种类型的果蝇，而且呈 1:1:1:1 的比例。实验结果并非如此，而是只有灰身残翅（Bbvv）和黑身长翅（bbVv）两种类型，呈 1:1 的比例（图 3.27 左）。显然，基因 B 和 v 同在一条染色体上，基因 b 和 V 同在另一条染色体上。在精子形成过程中，由于同源染色体彼此分离，含有 B 和 v 的染色体与含有 b 和 V 的染色体各自分离到两个子细胞中去，这两种精子分别与卵细胞受精后，其后代只能是灰身残翅（Bbvv）和黑身长翅（bbVv）两种类型。这种遗传方式有别于自由组合定律。这种两对或两对以上等位基因位于一对同源染色体上，在遗传时，位于一条染色体上的基因常连在一起不相分离，叫连锁。这种果蝇测交后代完全是亲本组合的现象，称为完全连锁。

以上的杂交实验中，体色和翅的长短两个基因一同传递，子一代的雄果蝇在减数分裂时不发生染色体交叉，因而没有交换，所以位于同一染色体上的两个基因只是一同遗传而不可能拆开，因此是完全连锁而没有交换。如果用子一代的雌果蝇与双隐性（bbvv）的雄果蝇杂交，后代就会出现四种类型，但其比例也不是 1:1:1:1，而是和亲本相同的两种类型多、新生的两种类型少。这是因为灰身（B）与残翅（v）之间虽然是连在一起的，但是在减数分裂的联会时，四分体之间发生了染色体片段的交换，因而染色体上的基因发生了重组，出现了少数灰身长翅（BV）与黑身残翅（bv）基因型的配子，受精后产生了灰身长翅和黑身残翅的新类型后代。这种由于配子形成过程中，同源染色体的非姐妹染色单体间发生局部交换和重组，称为不完全连锁，绝大多数生物为不完全连锁遗传（图 3.27 右）。

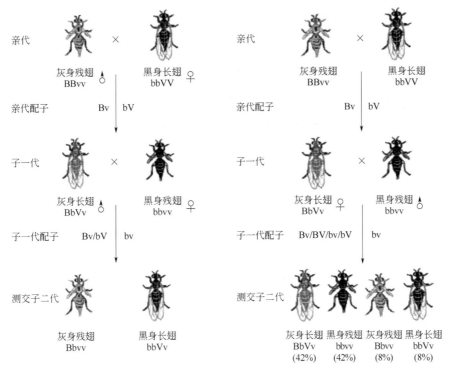

图 3.27　果蝇的完全连锁遗传（左）和不完全连锁遗传（右）（引自吴相钰等，2005）

从以上杂交实验，摩尔根和他的合作者引出了两条基本遗传规律：

① 在同一条染色体上的基因是连锁在一起的，构成基因连锁群，它们作为一个单位传递到子代中，此为连锁律。

② 在生殖细胞成熟时，两个相对连锁群基因之间可以发生交换，此为交换律。连锁和交换是有细胞学证据的。生殖细胞形成过程中，在第一次成熟分裂的前期，可以看到联会的染色体有交叉现象，基因的交换就发生在这个地方。交叉可以发生在染色体的任何部分，在同源染色体上的基因相距愈远，它们交换的机会就愈多。因此互换率（或重组率）反映着两对基因在一对染色体上的相对距离。同一对染色体上的不同对等位基因之间，依它们交换率的不同，可以推测出它们在染色体上的相对位置。例如，果蝇黑身（b）、残翅（v）和朱砂眼（cn）这三种突变基因是连锁的。黑身（b）和残翅（v）之间的互换率为 17%，黑身（b）和朱砂眼（cn）之间的互换率为 8.5%，朱砂眼（cn）和残翅（v）之间的互换率为 8.5%。依此可以推论：这三种基因在染色体上的相对位置是黑身（b）—朱砂眼（cn）—残翅（v），而且是直线排列的。

（二）连锁群

生物具有许许多多的遗传特性，也有许许多多的基因，但是染色体的数目是有限的，因此线性排列在一个染色体上的许多基因就构成一个连锁群，连锁群的数目与染色体对的数目一样。这样就得出"连锁群"的概念。设有 A、B、C、D 四个基因，A 与 B 连锁，C 与 D 连锁，而 A 与 C 不连锁，则 A 和 B 属于同一连锁群，C 和 D 属于另一连锁群。

当两种遗传病的基因位于同一对染色体上时，在系谱分析中就要用到连锁和交换律。

例如，在上一节中，我们已经论述过红绿色盲和血友病 A 都是性连锁隐性遗传病，其基因都位于 X 染色体上，它们是相互连锁的，同时，它们之间又有 10% 的重组率。现有一家，父亲患色盲，母亲是无病的，婚后生过一个女儿患色盲，一个儿子也患色盲，另一个儿子患血友病 A。试问以后所生的子女中，发病的可能性如何？

从女儿是色盲来看，除去从她的父亲获得一个致病基因（b）外，还须从她的母亲那里获得一个致病基因（b），因此她的母亲一定是色盲基因的携带者。从一个儿子患色盲来看，也证实上述论断。从另一个儿子是血友病 A 患者来看，他的母亲又必然是血友病 A 基因（h）的携带者。一个儿子患色盲而无血友病 A，另一个儿子是血友病 A 患者而无色盲，因此，这两种遗传病的致病基因并未连锁在同一条 X 染色体，父亲只有色盲而无血友病 A，所以他的基因型应该是，他们婚配后子女发病的情况见图 3.28。

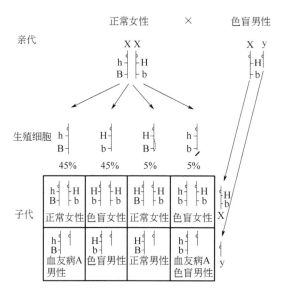

图 3.28　两种遗传病的遗传图解示连锁与交换（引自徐维衡，1984）

从图 3.28 来看，父母婚配后，由于连锁与交换，后代中女性 50% 为红绿色盲。50% 正常；男性中 45% 患血友病 A，45% 患红绿色盲，5% 同时患血友病 A 与红绿色盲，5% 为正常儿。

第二节
多基因遗传

一、多基因遗传方式及其特点

前面介绍的一些遗传性状和遗传疾病都是由于单对基因所控制决定和致病的，但在生物体中包括人类的有些遗传性状或遗传疾病的遗传基础不是一对基因，而是两对以上的多对基因。这些基因彼此之间没有显性和隐性之分，每对基因的作用虽是微小的，但是几对基因的作用可以积累起来而形成一个明显的效应，即积累效应。这种遗传方式就叫做多基因遗传。这种性状或疾病就是多基因遗传性状或多基因遗传疾病。

多基因遗传的特点有：①两个极端变异的个体杂交后，子一代都是中间类型，但是，由于不同环境对发育的影响，子一代也有一定的变异范围。②两个子一代个体杂交后，子代大部分也是中间类型，但是，由于多对基因的分离和自由组合以及环境因素的影响，子代将形成更广范围的变异，有时会出现一些近于极端变异的个体。③在一个随机杂交的群体中，变异范围广泛，大个体接近中间类型，极端变异的个体很少。在这些变异的产生上，多基因遗传基础和环境因素都有作用。

人类的肤色是多基因遗传性状，估计是由 3～5 对基因决定的。为理解方便，我们先假定肤色由两对等位基因（A-a、B-b）决定。A 和 B 决定黑肤色，a 和 b 决定白肤色。纯合型黑人（AABB）和纯合型白人（aabb）婚配，其子女为 AaBb，肤色为中间型。若双亲均为中间型 AaBb，根据分离定律和自由组合定律，他们的子女就可能出现黑肤色（AABB）、稍黑肤色（AABb 或 AaBB）、中间肤色（AaBb、AAbb、aaBB）、稍白肤色（Aabb、aaBb）和纯白肤色（aabb）5 种不同肤色类型，其比例为 1：4：6：4：1（图 3.29）。

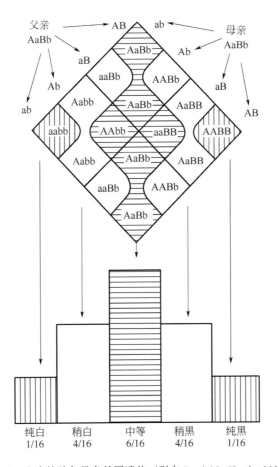

图 3.29　人类的肤色是多基因遗传（引自 Daniel L. Hartl，2020）

二、多基因遗传病

一些常见的畸形或疾病，它们的发病率大多超过 0.1%，所以可算作常见病。这些病的发病有一定的遗传基础，常表现有家族倾向。但是，并不像单基因遗传病那样，同胞的发病率较高（1/2 或 1/4 等），而是远比这个发病率低，大约为 1%～10%。过去临床医生常常说这些病的发病有遗传因素或某种素质。近年来的研究工作表明，这些病就是多基因遗传病。

（一）易患性与发病阈值

在多基因遗传病中，遗传基础和环境因素的共同作用，决定了一个个体是否易于患病，叫做易患性。人类易患性的变异，也像一般的多基因性状那样，呈正态分布。当一个个体的易患性高达一定水平，即达到一个限度——阈值，这个个体就将患病。这样，连续分布的易患性变异就被阈值区分为两部分，一部分人是正常个体，另一部分人是患病的个体。在一定环境条件下，阈值代表造成发病所需的最低的易患性基因数。

（二）遗传度（力）

在多基因遗传性状或疾病中，既有遗传因素又有环境因素的影响，那么遗传因素和环境因素各有多大的作用？是以遗传因素为主还是以环境因素为主？或是两者都起着相同的作用？目前一致的看法是生物的性状都是遗传基础（即基因型）与环境条件相互作用的结果。在遗传与环境的相互关系中，常常采用遗传度这个概念。所谓遗传度是指某一特定性状总的变异中遗传因素所起作用的程度，通常用%来表示。如某一性状的遗传度为80%，这表示该性状的出现约有 80%受遗传因素影响、有 20%受环境因素影响。如某一性状完全由遗传因素所决定，环境因素未起作用，则遗传度就是 100%，相反，只是环境因素起作用，而遗传因素未起作用，则遗传度为 0。一种多基因遗传性状或疾病受环境因素影响愈小，则遗传度愈高，反之环境因素的作用愈大，则遗传度就愈低。

表 3.3 所列是人类一些多基因遗传疾病和先天畸形的遗传度统计资料，凡遗传度大于60%者，就可看作较高。

表 3.3　一些常见多基因遗传病的群体发病率和遗传度

疾病与畸形	群体发病率/%	遗传度/%	疾病与畸形	群体发病率/%	遗传度/%
唇裂±腭裂	0.17	76	哮喘	1～2	80
腭裂	0.04	76	冠心病	2.5	65
先天性髋关节脱位	0.1～0.2	70	原发性高血压	4-10	62
先天性幽门狭窄	0.3	75	早发型糖尿病	0.2	75
先天性畸形足	0.1	68	精神分裂症	0.5～1.0	80
先天性巨结肠	0.02	80	先天性心脏病	0.5	35
脊柱裂	0.3	60	无脑儿	0.5	60
消化性溃疡	4	37	强直性脊椎炎	0.2	70

（三）多基因遗传病发病风险的估计

一些常见病如高血压、哮喘、糖尿病、消化性溃疡、精神分裂症等都有多基因遗传基础。在临床上，对一种多基因遗传病复发风险的估计有重要的实践意义。

多基因遗传病的发病风险有如下特点：

① 在遗传度高的多基因遗传性疾病中，患者一级亲属的发病率大约近于一般群体发病率的平方根。例如唇裂在一般群体中的发病率约为 0.17%，患者第一级亲属中的发病率约为 4%。

② 亲缘关系愈远，发病率愈低。患者的一级亲属发病率一般较高，但随着亲缘关系的疏远，发病率就逐级下降，但这个关系不是直线式的，在一级与二级亲属之间的频率降低要比二级与三级亲属之间的频率降低更显著。如唇裂在一级亲属中频率约为 4%，在二级亲属中的频率约为 0.7%，在三级亲属中就只有 0.3%。

③ 生过患儿的夫妇，其后再生的孩子，发病风险将增高。如一对夫妇已生过一个患儿，表明他们带有一定数量的易患性基因。如一对夫妇已生过两个患儿，则说明他们带有更多的易患性基因，其发病风险就高得多。例如，生过一个脊柱裂患儿，其发病风险约为 4%，如生过两个这种患儿后，发病风险就增加到 10% 左右。这一点与单基因遗传病是有所不同的，在那种情况下，不论已生过几个患儿，复发危险率都是 1/2 或 1/4。

④ 病情愈严重，发病风险愈高。如所生的患儿病情愈重，则同胞中发病风险就愈高，反之发病风险就低。患儿病情严重，表明其父母带有更多的易患性基因。例如，患者只有一侧唇裂，发病风险约为 2.6%，如果有两侧唇裂合并腭裂，则发病风险约为 5.6%。这一点也与单基因遗传病不同，在单基因遗传病中，不论病情的程度如何，都不影响其发病率，即仍为 1/2 或 1/4。

⑤ 发病率如有性别差异，则发病率低的性别患者的亲属发病风险高。这是因为在这种情况下，不同性别的阈值高低不同，发病率低的性别阈值较高，如果一旦发病，他（她）的易患性一定很高，表明他携带有更多的易患性基因，因而他的亲属发病风险增高。例如，先天性幽门狭窄男性发病率为 0.5%，女性发病率为 0.1%。男性患者的儿子发病风险为 5%，女性患者的儿子发病风险为 20%。

第三节
人类染色体与染色体疾病

一、人类染色体数目与形态特征

染色体是遗传物质的载体，每一物种都有它特定的染色体数目和形态结构，并累代保持相对稳定。而且每一生物个体的染色体都是"成对"的，称为二倍体。成对的染色体称为同源染色体，同源染色体的大小、形态和遗传组成上都彼此相似。人类的体细胞染色体是二倍体，以 2n 表示，23 对 46 条，即 2n=46。在精子和卵子形成过程中，由于减数分裂，染色体数目减半成为单套，称为单倍体，以 n 表示，即 n=23。在受精时，精、卵结合成合子，这样又恢复原来的二倍体数。这是生物经过无数世代染色体的数目和形态始终保持相对稳定的原因。

细胞在生长、发育、分裂、分化的各个阶段里，染色体在细胞核内始终存在，不过其形态结构却可随着细胞周期的不同阶段而有很大的变化。在细胞增殖周期的间期，染色体结构稀疏而分散，处于极度伸展状态，称为染色质。在分裂期中则称为染色体。细胞分裂中期的染色体是处于最浓缩状态，即其形态特征最为典型，容易观察，因此，进行染色体研究工作，都是以处于中期分裂相的细胞为材料，此即中期染色体（图 3.30）。

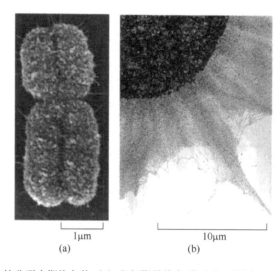

1μm
(a)

10μm
(b)

图 3.30　人的分裂中期染色体（a）和间期的染色质（b）（引自 Alberts，2008）

在细胞有丝分裂期的前期和中期，染色体均处于纵分过程。到了中期，每一染色体可以明显地观察到两个互相对称的染色单体，两个染色单体仅在着丝粒处彼此连接。到了中期末和后期开始时，着丝粒一分为二，对称的染色单体被纺锤丝各自拉向细胞的两极，参与两个子细胞的形成。

人体细胞中各染色体之间的形态不甚相同，其差别主要有下列几方面（图 3.31）：

1. 长度

染色体长短的差别是通过比较而显示的。一般地说，人体细胞最长的染色体约有 7μm，差不多为最短染色体长度的 5 倍。应当指出，染色体的绝对长度，常常会由于制片技术的不同而有所不同。

2. 着丝粒的位置

着丝粒是细胞在分裂过程中，纺锤丝与染色体联结的部位。这一部位在每个染色体上都有其特定的位置，有的位于中部，称为中央着丝粒型，简称中央型，有的位于中部附近，称为亚中央着丝粒型，简称亚中型，有的几乎位于近端部，称为近端着丝粒型，简称近端型。根据着丝粒的位置，可以把染色体分为两个臂，中央型染色体两臂长度基本相等，亚中型及近端型的染色体，两臂长度就很不一样，长的一边叫长臂（符号为 q），短的一边叫短臂（符号为 P）。有些染色体的臂上可出现缢痕区，称为次缢痕，其位置与范围比较恒定，因此，一般可用于识别染色体。

3. 随体

在一些近端型染色体的短臂末端，常常可以看到一个像"卫星"一样的染色很深的球形小体，称为随体，有细丝与短臂相连。

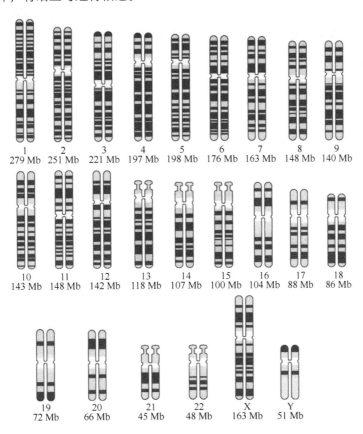

图 3.31 人类细胞中期染色体显带及染色体大小示意图（引自丁明孝等，2020）

二、正常人体的染色体核型

人类体细胞含有 46 条染色体，称二倍体。人类体细胞的 46 条染色体分成 23 对，即将所有常染色体配对编号成 1～22 对，另一对为性染色体，女性为 XX，男性为 XY。

核型是指染色体组在有丝分裂中期的表型，是染色体数目、大小、形态特征的总和。核型分析是在对染色体进行测量计算的基础上，进行分组、排队、配对并进行形态分析的过程。核型分析对探讨遗传病的机制有重要意义。进行染色体检查时，将一个细胞中的全部染色体，按上述标准成对排列起来，并据此进行分析诊断（图 3.31）。

核型的描述方式是先写染色体总数，再写性染色体成分，最后写染色体畸变情况。例如：

46，XX 表示正常女性核型；

46，XY 表示正常男性核型；

45，X 表示 45 条染色体，性染色体为 X，少了一条 X 染色体，为性腺发育不全患者核型；

47，XXY 表示 47 条染色体，性染色体为 XXY，多了一条 X 染色体，为先天性睾丸发育不全患者核型；

47，XX，+21 表示 47 条染色体，性染色体 XX，多了一条 21 号染色体，为女性先天愚型患者核型；

46，XX/45，X 表示具有两种细胞系的性畸形嵌合体，一种是 46 条染色体，性染色体为 XX，另一种是 45 条染色体，性染色体少了一条 X，为嵌合型性腺发育不全患者核型；

46，XY，−14，+t（14q21q）表示 46 条染色体，性染色体 XY，少了一条第 14 号染色体，增加了一条易位染色体（t），这条易位染色体（t）是由 14 号长臂和 21 号长臂相接而成的，为 14/21 易位型的男性先天愚型患者核型。

三、染色体异常的类型

人体染色体的异常，包括染色体数目异常和结构异常。这些异常可以发生在受精以前，即父亲或母亲的生殖细胞在减数分裂过程中，染色体发生变化，形成了不正常的生殖细胞，从而产生了不正常的受精卵，导致死胎或发育成不正常的个体。染色体异常也可发生在受精之后，即受精卵本来是正常的，可是在卵裂的早期染色体发生变化，从而发育成不正常的个体。染色体的异常可发生于常染色体，也可发生于性染色体。

（一）染色体数目异常

染色体数目异常有两种形式，一种是整组染色体数目增加，即形成多倍体，或成倍减少，形成单倍体。后者在人类中尚未见到。另一种是单个染色体的增加或减少，形成非整倍体。

1. 多倍体

多倍体是指体细胞内的染色体数目增加了一套或数套，如一个细胞中的染色体数为单倍体的三倍，即每对染色体都增加一条，称为三倍体，染色数总数为 69（3n），如每对染色体增加两条，为单倍体的四倍，则称为四倍体，染色体数为 92（4n），余类推。三倍体以上统称多倍体。多倍体一般不能存活，多在胚胎期死亡，故仅在流产儿中见到。三倍体能活至临产或出生者已报告数十例，出生以后亦早期死亡。三倍体是造成流产的常见原因之一。四倍体则更少见，亦仅见于流产儿，即使能活产，亦有严重的多发畸形。但在肿瘤细胞中可经常见到多倍体细胞。

2. 非整倍体

非整倍体是指一个细胞内染色体数目少了一个或数个，又称为亚二倍体；多了一个或数个，又称为超二倍体。亚二倍体和超二倍体统称为非整倍体。

（1）单体型

即某对染色体减少了一条（2n−1）。主要见于性染色体（45，X），常染色体单体型一般不能存活。

（2）三体型

即某对染色体增加了一条（2n + 1）。

可分常染色体三体型和性染色体三体型。常染色体以 13-三体型、18-三体型和 21-三体型常见，除 17 号染色体和 19 号染色体目前尚未见三体型报道外，其余各染色体均有报道。

性染色体三体型有 XXX、XXY 和 XYY 三种。三体型中增加的染色体如有部分缺失，则称为部分三体型。

（3）多体型

三体型以上称为多体型，仅见于性染色体。性染色体四体型如48，XXXX；48，XXXY；48，XXYY。五体型如49，XXXXX；49，XXXYY；49，XXXXY。六体型也有报道。

非整倍体一般都是由于生殖细胞或合子中的染色体的不分离。不分离现象可以发生在减数分裂的第一次分裂，也可以发生在减数分裂的第二次分裂，甚至在两次分裂中都可能发生，由此产生的生殖细胞，其染色体的数目即是不正常的。合子在前几次卵裂过程中，如果发生了染色体不分离或发生了染色体的遗失，就将形成嵌合体。即一个个体内，同时存在有两种以上不同核型的细胞系（株），这种个体称为嵌合体。在医学实践中，嵌合体患者的临床症状往往是不典型的。

（二）染色体结构异常

在一些内、外诱因作用下，染色体可从其长轴上断下一个断片，叫做断裂。这是造成染色体结构变化的基本原因。由于断裂的部位、次数和重接的方式不同，可以表现出各种类型的异常。在细胞学水平上可以识别的染色体异常有如下几种：

1. 缺失

一条染色体的断片未与断端相接，结果造成了断片部分丢失，称为缺失。丢失的部分，可以是染色体的末端部分，称为末端缺失；也可能两次断裂发生于同一条染色体臂上，中间的一段丢失，称为中间缺失。

2. 重复

在一对同源染色体的不同部位上，各有一个断裂，一条染色体的断片接到同源染色体的相应部位，结果就使后者发生重复。

3. 倒位

一条染色体两处断裂后，形成三个断片，中间断片作 180° 倒转后，再接到断端上，结果就形成倒位。如果倒位发生在着丝粒一侧者称为臂内倒位，如果倒位发生在着丝粒两侧时称为臂间倒位。倒位遗传物质没有减少，但次序改变了。

4. 易位

两条非同源染色体同时发生断裂，断片交换位置后相接，结果形成易位。例如，罗伯逊易位又称着丝粒融合，两个近端着丝粒染色体在着丝粒处发生断裂，断裂后两个长臂着丝粒互相融合形成一个较大的染色体，两个短臂融合形成一个小的染色体。大染色体包含两个染色体大部分的遗传物质，而小染色体只含少量基因，故遗传学意义不大，随后消失。

5. 双着丝粒染色体

在两条染色体上同时发生断裂，断裂后两个带着丝粒的断片接合起来，就形成了在一个染色体上同时具有两个着丝粒的染色体。

6. 等臂染色体

两个同源染色体均在着丝粒处断裂，断裂后两长臂以及两短臂各自在着丝粒处连接而成；或者是由于染色体着丝粒的分裂错误，即着丝粒横裂，然后姐妹染色单体接合在着丝粒上，而形成两臂完全等长的中央着丝粒染色体。这种染色体的着丝粒的两边有同样多的遗传物质，且位点次序也一样。

四、染色体异常疾病

染色体疾病是由于染色体的数目或形态结构发生异常而引起的疾病，又可分为常染色体异常疾病和性染色体异常疾病两类。

现在已知由染色体异常引起的疾病大约有几百种。根据统计资料，新生儿中约有 1/200 染色体异常，自然流产儿中约有 20% 有染色体异常，而妊娠三个月内的流产儿则有 50% 有染色体异常。先天愚型是由于多了一条第 21 号染色体而引起的疾病，它在人群中的发生率约为 1/800～1/600，按此比例推算，单就这一种染色体疾病来说，我国就有 100 多万这类患者。因此可以说，染色体疾病并不是少见病，对它的危害性须给予足够的重视。

（一）常染色体异常疾病

1. 先天愚型（Down 综合征）

本病是第 21 号染色体三体型所致的先天性疾病，即患者比正常人多一条第 21 号染色体，故又称为 21-三体型综合征。1866 年英国医生 Down 首先描述了这种病例，故也称 Down 综合征或唐氏综合征。这是染色体疾病中最常见的一种，群体中的发病率约占 1/800～1/600。患儿呈特殊面容：眼间距较宽，眼裂小，外眼角上倾，虹膜发育不全；鼻根低平，颌小腭狭，张口伸舌，流涎。多数患儿存在第三囟门，智力低下，发育迟缓，肌张力低，关节可过度屈曲，指短、小指常内弯，其中间指骨发育不良，通贯手，拇趾与第二趾之间相距较大。50% 左右的患儿有先天性心脏病，其中室间隔缺损约占 50%。男性患者可有隐睾，无生育能力；女性患者虽能生育，但其后代中半数可患 21-三体型综合征。此外，患儿易患肺炎等呼吸道感染。

染色体分析表明，此类患者的染色体可有下述几种异常：

（1）21-三体型

核型为 47, XX（XY），+21 即比正常人多了一条第 21 号染色体。此型约占全部患者的 92% 左右。21-三体型先天愚型产生的原因，一般是由于卵子发生过程中，在减数分裂时染色体发生了不分离，形成异常的卵子受精后形成的。随着母亲年龄的增高，卵子发生不分离的机会增多，40 岁以上的母亲生出先天愚型儿的风险比 25～34 岁母亲要高 10 倍以上。最近研究认为父亲的年龄与本病发生率也有关。

（2）嵌合型

如果染色体的不分离发生于受精卵的前几次分裂时，就会形成 46/47，+21 的嵌合型先天愚型。这时，按其异常细胞系所占的比例大小，其临床症状有重有轻。此型约占全部患者的 3% 左右。

（3）易位型

多发生于年轻夫妇所生的患儿。此型约占全部先天愚型患者的 5% 左右，其中约 1/4 是遗传而来、3/4 是散发的易位，即因染色体畸变而产生的。易位型先天愚型的特点是多余的一条 21 号染色体不是独立存在的，而是易位至其他染色体上，所以，这样的个体的体细胞中，染色体总数虽是 46 条（假二倍体），但实际上有一条染色体上是附有一条额外的 21 号染色体，所以这样的个体含有和典型的 21-三体型同样的基因并表现出相同的临床症状。例如 14/21 易位，患者的核型为 46，-14，+t（14q；21q），即患者体细胞中的染色体总数仍为 46，但少了一条第 14 号染色体，多了一条由第 14 号染色体长臂和第 21 号染色体长臂形成的易位染色体。

2. 18-三体型综合征（Edwards 综合征）

其发病率约 1/4000。出生时体重低于 2300g，患儿眼裂狭小，耳畸形而低位，枕骨后突，小颌，胸骨短小，骨盆小而大腿内收受限，摇椅形足，有特殊的握拳姿势：拇指紧贴掌心，三、四指紧贴手掌，二、五指压于其上。肌张力高，90％有先天性心脏病（室间隔缺损、动脉导管未闭）。40％患儿有肾畸形。患儿生长发育迟缓，多于半岁内死亡，生存几年者有智力障碍。

核型多为 47，+18。少数为 46/47，+18 嵌合型。

3. 13-三体型综合征（Patau 综合征）

发病率占新生儿的 1/6000，病死率很高，死于六个月内的达 70％，只有 5％左右可活 3 年以上，最长一例也不超过 10 年。患儿头小，额低斜，前脑发育有缺欠（如无嗅脑），小眼球或无眼球，耳畸形低位，小颌，唇、腭裂，多指（趾），也有特殊握拳姿势（类似 18-三体型）。80％有心脏畸形，无脾或有副脾，多囊肾、隐睾或有双角子宫。

核型多为 47，+13。其他为 46/47，+13 嵌合型。还有 46，-13，+t（13q 13q）易位型。

（二）性染色体异常疾病

（视频 19）

在新生儿中，性染色体异常远比常染色体异常为多，这可能是由于常染色体异常的胚胎死亡率较高的缘故。根据临床资料，每 700 个成人中，就有一个患性染色体异常的患者。以下举例说明。

1. 先天性睾丸发育不全症或小睾丸症（Klinefelter 综合征）

1942 年 Klinefelter 首先发现此病，故又称 Klinefelter 综合征。其发病率约占男性的 1/800。患者儿童期无任何症状，青春期后才出现症状。为男性，体型高大（180cm 以上），具男性外生殖器，但呈去势体征，阴茎短小，小睾丸而且发育不全，细精管呈玻璃样变性，不能产生精子，无生育能力。体毛稀少，无须，男性副性征发育不良，约 25％有男性乳房发育。约 25％患者有中等程度的智力障碍。

核型为 47，XXY。X 染色质与 Y 染色质均为阳性。本病患者约有 1/3 的人核型为 46，XY/47，XXY 嵌合体，患者可一侧有正常睾丸而有生育能力。

本病大部分是由于在卵子发生过程中，减数分裂时性染色体不分离，形成了异常的卵子（XX）和 Y 型精子受精后所形成的。随着母亲年龄的增长，生出本病患者的风险也大为增加。

2. 性腺发育不全症（Turner 综合征）

本病比较少见，约占女性中的 1/3000。外观女性，体矮（约 120～140cm），面容呆板，上颌狭、下颌小而内缩，后发际低，50％患者有颈蹼，胸宽，乳头间距宽，至青春期乳腺仍不发育，肘外翻。35％患者有心血管畸形，主要是主动脉狭窄。外生殖器和生殖道均属女性型，但发育不良，卵巢呈索条状，没有滤泡，原发性闭经，无生育能力。

核型为 45，X。X 染色质与 Y 染色质均为阴性。部分患者的核型为 45，X/46，XX 嵌合型。依据正常、异常核型比例的不同，临床症状亦有较大差异。

本病大部分是由于在精子发生过程中，减数分裂时产生了 XY 的不分离，形成了染色体异常的精子（XY 型和 O 型），和卵子受精后所形成的。从理论上来讲，这样形成的后代中，47，XXY 和 45，X 两型畸形频率应该是相同的。不过，45，X 型的受精卵成活率低，大部分死于早期胚胎发育，所以本病的发病率就大为降低了。

3. XXX 综合征（X-三体综合征）

外观为女性。本病发病率约占女性的 1/1000。临床病例中，约有 25% 患者有间歇性闭经，乳腺发育不良，卵巢功能异常，智力稍低。但多数 XXX 综合征个体表现正常，并可生育后代，但可能生出性染色体异常的个体。

核型为 47，XXX。X 染色质两个。少数为 46，XX/47，XXX 嵌合体，尚有 48，XXXX，49，XXXXX 的个体，X 染色体愈多的个体，智力发育愈差，身体畸形愈重。

4. XYY 综合征

外观男性，本病发病率约占男性的 1/1500～1/750。患者体高，并且有随体高增加发病比例亦随之增高的趋势，如体高在 180～189cm 的男性中，发病率约 1/200，体高在 190～199cm 的男性中，发病率约 1/30，体高 200cm 以上的男性中，发病率则在 1/10 以上。

身体高大是一常见特征，肌肉发育不良（特别是胸大肌），智力正常或迟缓，四肢常有各种关节病。有些患者尚有性机能减退。

（三）染色体结构异常疾病

（视频 20）

1. 猫叫综合征（5p-综合征）

发病率占新生儿的 1/50000。临床特征是婴儿哭声似猫叫，因此而得名。主要是由于咽喉部发育不良，哭声弱而尖，音质单调引起。随年龄增长可逐渐消失。此外常伴有多种畸形，如小头、满月脸、耳壳低位、眼间距宽、外眼裂下倾、下颌小、下颌骨角消失。全身肌张力低，多指，50% 有先天性心脏病。可活至成年，但有语言困难，智力发育不全。

2. 罗伯逊易位导致的不育

罗伯逊易位易造成不育，这是由于罗伯逊易位携带者可形成 6 种不同的配子。1 种配子含有完全正常的染色体，这种配子受精后，受精卵发育正常，形成正常胎儿。1 种配子含有 1 条易位的染色体，这种配子受精后，由于受精卵内遗传物质没有缺失或缺失很少，故能成活，但发育为罗伯逊易位携带者。

如图 3.32 所示为一个罗伯逊易位家系图。I_2（先证者之母）曾有流产史。妊娠 12 胎，其中流产 3 胎、死亡 5 人、存活 4 人。在死亡的 5 人中，II_1 于 18 岁病亡，II_2、II_5、II_7、II_{14} 分别于出生后 7 天、6 个月、12 个月、10 个月死亡。I_3 一直不育。

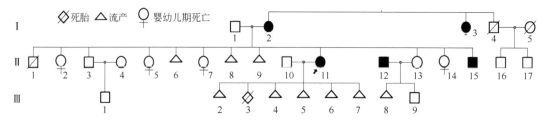

图 3.32 一个罗伯逊易位 t（13;14）患者的系谱

随着人类染色体技术的深入发展，人们已发现了许多染色体的异常与疾病之间的内在联系，并为某些先天性染色体异常疾病的病因、诊断和防治提供了科学依据，这对提高临床医学水平具有一定的意义。

第四节
遗传病的预防与治疗

近十几年来，由于医学遗传学的迅速发展，对于一些遗传病的病因、发病机理有了比较深入的了解，从而给遗传病的治疗和预防提供了基础。

一、人类遗传病的预防

目前对遗传病的治疗方法，虽然已可纠正某些临床症状或防止发病，但是仍不能改变生殖细胞中的致病基因，达到根治的目的。对大部分遗传病，目前尚无有效的治疗方法，因此，贯彻预防为主的方针，避免生出有遗传缺陷的患儿具有特别重要的意义。

1. 携带者的检出

遗传携带者一般是指外表正常，但具有致病基因或易位染色体，因此能传递疾病给后代的个体。从广义上说，它包括：①具有一个隐性致病基因的个体（杂合子）。②具有平衡易位染色体的个体。③某些显性遗传病，发病较晚，有时成年才发病（例如遗传性痉挛性共济失调）。一般临床上是指前两种，特别是指具有隐性致病基因（杂合子）的个体。

通过核型分析、酶活性的测定、负荷试验以及其他一些生物化学检查，及时地检出携带者，对临床实践具有重要意义。因为：①如果具有同一隐性致病基因的两个个体婚配后，则每次妊娠将有 1/4 的可能性生出患儿、1/2 的可能性生出携带者。如果母亲是 X 连锁隐性致病基因的携带者，则生下男婴将有 1/2 的可能发病，女婴则将有 1/2 的可能为携带者。②如果母亲是染色体平衡易位（14/21）携带者，其受精卵中，有 1/4 将因缺少一条染色体而流产，有 3/4 虽可发育并娩出，但所生子女中，正常儿、携带者和患儿各占 1/3。因此，对上述携带者的检出，不仅有助于对该病的确诊，而且有助于该病发病危险率的推算，便于进行遗传咨询，对婚姻、计划生育的指导亦有重要意义。例如，对于都是同一疾病的携带者，应建议他们不要相互婚配。如已结婚，则应劝导不要生育或妊娠时进行产前诊断，以防患儿出生。③显性遗传病的携带者，如能及时检出，预先控制发病的诱因，可防止该病的发作。

2. 遗传咨询

遗传咨询是对遗传病患者及其家属提出的有关疾病的问题，由医生或从事遗传学的专业人员，就该病的发病原因、遗传方式、诊断、治疗和预后，以及患者同胞、子女再患此病的风险等问题进行解答，并提出建议和指导，供患者或家属参考。遗传咨询要求临床医生和遗传学的专业人员熟悉医学遗传学的基本知识和进展，在工作上相互配合，才能较顺利地完成这一任务。

3. 避免近亲婚配

一般在随机婚配的情况下，夫妇都为同一隐性致病基因携带者的机会较罕见，但是在近亲婚配时，夫妇携带有相同致病基因的可能性较大，这样两个相同致病基因相遇在一起的机会就大得多。近代人类遗传学者认为，如能完全禁止表（堂）兄妹结婚，可以降低先天性聋哑发生率 20%；降低色素性干皮症发生率的 50%。所以，预防遗传病的发生，避免近亲婚配是一种简易可行的有效手段。

二、人类遗传病的治疗

由于分子生物学、医学遗传学的进展，以及临床诊断的进步，对人类遗传病的研究取得了许多重要的成果。特别是对一些遗传病的发病过程已逐渐清楚。例如苯丙酮尿症、半乳糖血症等疾病已可借早期诊断、早期治疗而治愈。因此，有些遗传病由"不治之症"变为可治之症已成为现实。

人体中任何遗传性状的形成，都需要经过一系列的代谢过程才能实现，而代谢过程中的每一步又需由基因控制的某种特定的酶来催化。当某一基因发生突变后，由于遗传信息的改变，由此基因所控制的某种酶的合成就会发生障碍，如酶的活性或作用减低或丧失，这样便发生了代谢过程的紊乱，代谢底物与代谢产物之间失去了正常的平衡。一些物质在体内"累积"而产生中毒，可直接或间接地影响各器官，特别是脑的发育。另一方面，一些必要的物质不能顺利制造，而引起"缺乏"，同样会使机体出现各种症状。

一般来说，遗传病如已发展到临床水平时，各种症状已经出现，机体器官已经造成一定损害，此时既无法预防，亦无有效的治疗方法。因此，必须及早对遗传病作出诊断，及时进行有效治疗。争取在基因水平、酶水平、代谢水平上做工作。如在基因水平上，人为地改变异常基因，从而根治遗传病，属于基因工程范畴，称为基因治疗。目前，某些遗传病已可在酶水平和代谢水平上作出早期诊断，从而可以通过控制饮食或其他措施，调节代谢平衡，达到防治遗传病的目的。这种控制或改变环境因素的防治方法，称为环境工程。

应用环境工程防治遗传病的方法包括饮食控制疗法、药物疗法、手术治疗等。

1. 饮食控制疗法

当代谢发生异常时，机体必需的某些物质缺乏，应从食物中给予补充，相反，当某些代谢物质在体内大量蓄积时，则应限制此代谢物的前身物质的摄入，以维持代谢平衡。如半乳糖血症患儿应禁食乳类食品，苯丙酮尿症患儿进食低苯丙氨酸食物，就可防止发病或减轻症状。

2. 药物治疗

遗传病的药物治疗原则是补缺去余。例如，先天性无丙种球蛋白血症患者，给予丙种球蛋白制剂可获得治疗效果，又如，痛风的发病原因是嘌呤代谢产物尿酸生成过多，以致尿酸盐在关节中沉积，用抗代谢药物别嘌呤醇可抑制黄嘌呤氧化酶，减少尿酸的产生，使症状缓解。

3. 手术治疗

家族性多发性结肠息肉、睾丸女性化及隐睾等，都有较高的恶变率，应尽早手术治疗，以防癌变。唇裂、腭裂、并指（趾）、多指（趾）、两性畸形等可进行手术矫正。遗传性球形红细胞增多症切除脾可缓解症状，多囊肾患者及遗传性肾炎患者进入终末期尿毒症时，可考虑肾脏移植。

4. 避开疗法

一些遗传病往往由于患者接触到某些物质（食物、药物等）而引起发病或症状加剧，一旦避开接触，则能有效地防止发病。如葡萄糖-6-磷酸脱氢酶缺乏症的患者就应严禁食用蚕豆并忌用伯氨喹啉、氨基比林、非那西丁等药物，以防止溶血性贫血的发生。

5. 对症治疗

例如肾上腺性征异常综合征可给予肾上腺皮质激素，Turner（特纳）综合征给予雌激素制剂等均可收到一定疗效。对进行性肌营养不良症（假肥大型）患儿，早期给予乳酸钠静脉注射可使患儿肌力增加，假性肥大减退，减慢病情进展。

6. 其他疗法

中药及针灸、按摩疗法对治疗先天性肌弛缓、进行性肌营养不良症等遗传病具有一定的疗效。基因治疗为用已经分离出的或合成好的基因，"运载"到有致病基因的细胞中，从而使有致病基因的细胞得到补偿，达到治疗目的。应用基因工程治疗遗传病，目前只是探索性尝试。例如，半乳糖血症患者体内缺乏半乳糖-1-磷酸尿酰转移酶，因此，不能使乳食中的半乳糖转化为葡萄糖，在血中大量堆积，导致肝脏肿大、白内障及生长发育迟缓、智力低下等。如果将相应基因转移到这种患者的细胞中，使一部分细胞能合成此酶，从而避免这种酶的缺乏，而不发生上述病症。基因治疗用以治疗遗传病尚有很多困难需要克服，但它所提供的希望是令人鼓舞的。

小结

遗传的基本规律包括分离定律、自由组合定律和连锁与互换定律三大定律。

在杂合子细胞中，位于一对同源染色体相同位置上的 1 对等位基因，各自独立存在，互不影响。在形成生殖细胞时，等位基因随同源染色体的分开而分离，分别进入不同的生殖细胞。这就是分离定律，也称为孟德尔第一定律。孟德尔又提出了自由组合定律：位于非同源染色体上两对或两对以上的基因，在形成生殖细胞时，同源染色体上的等位基因彼此分离，非同源染色体上的基因自由组合，分别形成不同基因型的生殖细胞。这就是孟德尔的第二定律。摩尔根提出了连锁与互换定律：当两对不同的基因位于一对同源染色体上时它们并不自由组合，而是联合传递，称为连锁。同源染色体上的连锁基因之间，由于发生了交换，必将形成新的连锁关系，称互换或重组。

遗传性状受一对基因控制的，称单基因遗传。由单基因突变引起的疾病叫单基因病。人类单基因遗传分为五种主要遗传方式：常染色体隐性遗传、常染色体显性遗传、X 连锁隐性遗传、X 连锁显性遗传和 Y 连锁遗传。临床上判断遗传病的遗传方式常用系谱分析法。由不同座位的多对基因共同决定，因而呈现数量变化的特征，其遗传方式称为多基因遗传或称为数量性状遗传。多基因遗传性状除受微效累加基因作用外，还受环境因素的影响，因而是两因素结合形成的一种性状。

染色体结构发生变异，主要有缺失、重复、易位、倒位 4 种类型。染色体数目的改变包括整倍体和非整倍体两种类型。染色体结构和数目的改变将引起生物的表型发生相应的改变。

思考题

1. 遗传学的三大定律是什么？它是如何解释生物的多样性和变异性的？
2. 简述孟德尔的基因分离定律和自由组合定律及其细胞学基础。
3. 简述连锁与互换定律及其细胞学基础。
4. 多基因遗传病有何共同特征？
5. 何谓伴性遗传？有什么特点？
6. 简述染色体变异。

知识拓展

线粒体病

线粒体是与能量代谢密切相关的细胞器，无论是细胞的成活（氧化磷酸化）和细胞死亡（凋亡）均与线粒体功能有关，特别是呼吸链的氧化磷酸化异常与许多人类疾病有关。

由于受精卵线粒体均来自卵子，故线粒体病是与孟德尔遗传不同的母系遗传方式。与常染色体遗传病类似，但每一代发病个体多于常染色体遗传病。母亲将线粒体 DNA（mtDNA）传递给子代，只有女儿可将 mtDNA 传递给下一代。因每个细胞 mtDNA 有多重拷贝，线粒体编码基因表现型与细胞内突变型与野生型 mtDNA 的相对比例有关，只有突变型达到某一阈值时患者才会出现症状。

近期科学家通过对具有神秘症状的个体及其亲属的线粒体进行测序，发现了 mtDNA 父系遗传证据。通常在受精过程中，来自父本的线粒体会被抛弃，但在非常罕见的情况下来自父本的 mtDNA 以某种方式留了下来，使后代拥有了混合的线粒体。研究发现的来自于父亲的 mtDNA 出现了类似常染色体显性遗传的模式，这意味着一些继承了混合线粒体基因组的男性能够将其遗传给他们的后代。

目前还不清楚 mtDNA 双亲遗传是如何发生的。研究人员猜测父本 mtDNA 遗传很可能与核基因突变有关，也许是细胞溶酶体途径和内切酶 G 途径的相关基因突变导致，因为这种突变会影响父本线粒体在胚胎的消失过程。

线粒体病是遗传缺损引起线粒体代谢酶缺陷，致使 ATP 合成障碍、能量来源不足导致的一组异质性病变。Luft 等（1962）首次报道一例线粒体肌病，生化研究证实为氧化磷酸化脱耦联引起。Anderson（1981）测定人类线粒体 DNA（mtDNA）全长序列，Holt（1988）首次发现线粒体病患者 mtDNA 缺失，证实 mtDNA 突变是人类疾病的重要病因，建立了有别于传统孟德尔遗传的线粒体遗传新概念。

肌肉冰冻切片用改良的 Gomori 三色染色活检，光镜下可见异常线粒体聚集的蓬毛样红纤维（ragged red fiber, RRF），电镜显示大量异常线粒体糖原和脂滴堆积，线粒体嵴排列紊乱。

线粒体病一般分为以下几类：

（1）线粒体肌病

多在 20 岁时起病，也有儿童及中年起病，男女均受累。临床特征是骨骼肌极度不能耐受疲劳，轻度活动即感疲乏，常伴肌肉酸痛及压痛，肌萎缩少见。易误诊为多发性肌炎、重症肌无力和进行性肌营养不良等。

（2）线粒体脑肌病

包括：

① 慢性进行性眼外肌瘫痪（CPEO）

多在儿童期起病，首发症状为眼睑下垂，缓慢进展为全部眼外肌瘫痪，眼球运动障碍，双侧眼外肌对称受累，复视不常见；部分病人有咽肌和四肢肌无力。

② Kearns-Sayre（KSS）综合征

20 岁前起病，进展较快，表现 CPEO 和视网膜色素变性，常伴心脏传导阻滞、小脑性共济失调、脑脊液（CSF）蛋白增高、神经性耳聋和智能减退等。

③ 线粒体脑肌病伴高乳酸血症和卒中样发作（MELAS）综合征

40 岁前起病，儿童期发病较多。表现突发的卒中样发作，如偏瘫、偏盲或皮质盲、反复癫痫发作、偏头痛和呕吐等，病情逐渐加重。CT 和 MRI 可见枕叶脑软化，病灶范围与主要脑血管分布不一致，常见脑萎缩、脑室扩大和基底核钙化；血和脑脊液乳酸增高。

④ 肌阵挛性癫痫伴肌肉蓬毛样红纤维（MERRF）综合征

多在儿童期发病，主要表现肌阵挛性癫痫、小脑性共济失调和四肢近端无力等，可伴多发性对称性脂肪瘤。

（3）线粒体脑病

包括 Leber 遗传性视神经病（LHON）、亚急性坏死性脑脊髓病（Leigh病）、Alpers 病及 Menkes 病等。

第四章

生物类群与人类

→ 本章导言

　　2015 年 10 月 5 日，瑞典卡罗琳医学院宣布，将 2015 年诺贝尔生理学或医学奖授予中国药学家屠呦呦以及爱尔兰科学家威廉·坎贝尔和日本科学家大村智，表彰他们在寄生虫疾病治疗研究方面取得的成就。这是中国科学家因为在中国本土进行的科学研究而首次获诺贝尔科学奖，是中国医学界迄今为止获得的最高奖项，也是中医药成果获得的最高奖项，屠呦呦也因此成为诺贝尔生理学或医学奖的第 12 位女性得主。疟疾的传统疗法是使用药物氯喹

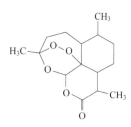

或奎宁进行治疗，但其疗效正在降低。20 世纪 60 年代，消除疟疾的努力遭遇挫折，这种疾病的发病率再次升高。屠呦呦受葛洪《肘后备急方》中"青蒿一握。以水二升渍，绞取汁。尽服之"的启发，改进了提取方法，采用乙醚冷浸法低温提取，最终成功提取出了青蒿中的有效物质，之后命名为青蒿素（图 4.1）。屠呦呦是第一个发现青蒿素对疟疾寄生虫有出色疗效的科学家。青蒿素能在疟原虫生长初期迅速将其杀死，青蒿素复方药物对恶性疟疾治愈率达 97%，在未来的疟疾防治领域，它的作用不可限量。

图 4.1　青蒿素的结构式

　　自古以来，动植物就与人的关系十分密切。人类的衣食住行都离不开动植物。本章就简单介绍动物、植物及其与人类的关系。

（视频 21）

第一节
生物分类

　　据估计，地球上的生物共有 500 万～3000 万种，已有科学记载的生物约 200 万种，而人类对物种多样性的认识在人类的生产和生活中是非常重要的。首先是对所有物种进行识别、鉴定、描述、命名，并归类和建立分类系统，把每一个已鉴定的物种放在这一系统中的一个合适的位置上，这是分类学（taxonomy）的任务。比较研究物种所有可用于分类的特征，在进化理论的引导下，通过上述分类学的基本工作，研究物种类群的系统发生和进化历史，推

断生物的进化谱系，这是系统学（systematics）的任务，二者均与进化理论密切相关。

一、生物的分界

自然界是由生物和非生物两大类物质组成。

生物是具有生长、发育、繁殖、遗传、变异和新陈代谢等特征的有机体，对外界刺激都能产生一定的反应和适应，并对环境产生一定的影响。

为更好地认识、利用和改造生物，生物学家们在生物的分界分类上做了大量研究工作。如古希腊动物学家亚里士多德（Aristotle，公元前 384—公元前 322）把生物分成动物和植物两界。19 世纪中叶，德国学者海克尔（Haeckel，1834—1919）把单细胞生物从动、植物界中分离出来，建立了原生生物界。20 世纪 60 年代，魏泰克（Whittaker）把细菌、蓝藻成立为原核生物界，真菌另立为真菌界，出现了五界分类系统。近年来，病毒又被划为独立的一界，形成了现今生物分类的六界学说。

二、生物分类的基本原则

（一）物种（species）

种是分类学的基本单位。什么是种？种是互交繁殖的自然群体，与其他群体在生殖上相互隔离，并在自然界占据一个特殊的生态位（niche）。这是生物学种的概念（biological species concept，BSC）。这一概念受到许多学者的认同，但它不适于无性生殖的动物及化石动物，并且在实际分类工作中很难应用。因此，许多动物学家从两个种群的形态学上的差异及地理学上的种群分布范围来识别种。但两个有生殖隔离的物种不是绝对具有大的差别。如赤杨蚊霸鹟（*Empidonax aibigularis*）和柳蚊霸鹟（*Empidonax traillii*）的区别用肉眼难以看出，常被混为一种。当人们发现它们的鸣叫和栖息地的微小差别使其中一种的雄鸟拒绝另一种的雌鸟时，人们才把它们区别为两个种。

随着进化理论的深入发展及不同分类学派的产生，对物种的定义有所不同，如表型种概念（phenetic species concept，PSC）、进化种概念（evolutionary species concept，ESC）、分支种概念（cladistic species concept，CSC）等。

（二）生物分类的意义和依据内容

地球上已有科学记载的生物约 200 万种。这样繁多的生物需要有一个完整的、能反映进化系统的分类法，才能正确地认识和区分它们，深入地掌握它们的发生发展规律。正确地区别物种、建立起分类体系，不仅可以探索物种形成的规律，了解各种生物在自然界中所占的地位及其进化的途径和过程，以及生产实践中对有害生物的防除、有益生物的利用、良种繁育，具有重要意义。

动物分类最初是依据形态特征或习性特点，随着科学技术的发展，逐渐由形态、解剖、胚胎、生理、生态和地理分布等方面深入到细胞学、遗传学、分子生物学、生物化学、数学等领域。

（三）分类等级

种或物种是自然选择的历史产物，是分类系统上的基本单位，是具有一定的形态、生理特征和一定的自然分布区的生物类群。一个物种中的个体不与其他物种中的个体交配，或交配后不能产生有生殖能力的后代。种是生物进化的连续性和间断性的统一形式。

种下的分类单位有亚种。亚种是指种内个体在地理和生态上隔离后形成的具有一定特征的群体，但仍属于种的范围，不同亚种之间可以繁殖。

通常将相近的种归并为属，相近的属归并为科，相似的科归并为目；目以上为纲、门、界。为了更准确地表明动物间的相似程度，又可细分为亚门、亚纲、亚目、总科和亚科等，构成一个科学的生物分类系统，如：

动物界 Animalia

脊索动物门 Chordata

脊椎动物亚门 Vertebrata

哺乳纲 Mammalia

真兽亚纲 Eutheria

食肉目 Carnivora

犬科 Canidae

犬属 *Canis*

家犬 *Canis familiaris*

（四）生物的命名

物种的命名，目前国际上采用的是用林奈（Linnaeus，1707—1778）首创的"双名法"，用拉丁文或拉丁化的斜体文字表示。每一个学名应包括属名和种名，属名在前，为单数主格名词，第一个字母大写；种名在后，多为形容词，第一个字母小写；命名人附后，第一个字母大写。如果种内有亚种，则用三名法命名，即在种名后加上第三个拉丁字或亚种名。例如，东亚飞蝗的学名为：*Locusta migratoria manilensis* Linne。

第二节
植物界

一、植物的结构与功能

陆生植物不能在有水的环境中进行有性生殖，所以出现了特殊的生殖器官和生殖过程。植物除需要各种矿质营养外，也需要水分。和其他生物一样，植物体对自身的生命活动也有一整套严谨完善的调控系统，因为植物没有神经系统，所以和动物的调控系统迥然不同。目前对植物的调控了解比较清楚的是其激素调控系统。以下将对植物体的结构、生长、生殖、营养和调控系统及功能等作简要的介绍。

（一）植物的生长

植物的生长是指植物在体积和重量上的增加，是一个不可逆的量变过程。生长是通过分生组织进行的，顶端分生组织存在于根尖和茎的顶芽和腋芽中。分生组织是由未特化的、能分裂的细胞组成。

1. 初生生长

由分生组织所造成的使高度增加的生长称为初生生长。

（1）根尖

根尖是指从根的顶端到着生根毛的部分。主根、侧根和不定根都有根尖，根尖在根的伸长生长、根的吸收、根的分枝以及根的组织分化中都起着十分重要的作用。根尖又可分为四个部分：根冠、分生区、伸长区和成熟区（根毛区），如图4.2所示。

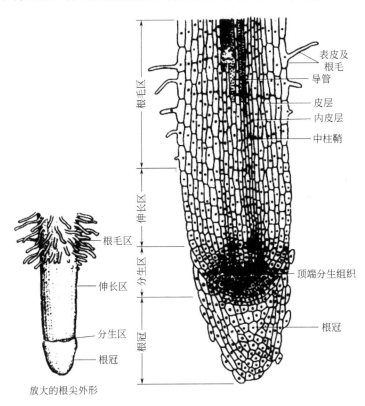

图 4.2　根尖的纵切面（引自陆时万等，1992）

① 根冠　位于根尖的最前端，是由薄壁细胞组成的一个保护根尖的帽状结构，覆盖在分生区之外，有保护幼嫩的分生区不受擦伤的作用。同时，根冠的外壁有黏液覆盖，使根尖易于在土壤颗粒间推进，减少阻力。此外，根冠细胞中常含有淀粉粒，可起到平衡石的作用，使根的生长具有向地性。根冠细胞在根生长时，由于与土壤的摩擦，外部细胞不断脱落，而里面的分生区细胞不断地进行细胞分裂，从而维持根冠的形状和厚度。

② 分生区　分生区位于根冠的内侧，是根内产生新细胞、促进根尖生长的主要部位，也称生长点或生长锥。分生区是根端的顶端分生组织，由一群排列紧密、细胞壁薄、细胞核

相对较大，细胞质丰富、无明显液泡，且具分裂能力的分生组织组成。

在许多植物根尖分生组织中心，有一群分裂活动很弱的细胞群，它们合成核酸和蛋白质的速度缓慢，线粒体等细胞器较少，称为不活动中心。由于不活动中心的存在，人们认为，根尖顶端的原始分生组织的范围较大，其细胞分布于半圆形不活动中心边缘。不活动中心可能是合成激素的场所，也可能是贮备的分生组织。

③ 伸长区　伸长区基本上由初生分生组织组成，但向着成熟区分裂活动愈来愈弱，分化程度则逐渐加深，细胞普遍伸长，出现明显液泡。在靠近成熟区的原形成层部位有筛管和导管出现。由于伸长区细胞迅速同时伸长，再加上分生区细胞的分裂、增大，致使根尖向土层深处生长，有利根的吸收作用。

④ 成熟区（根毛区）　成熟区位于伸长区上方，此区内部细胞已停止伸长，形成了各种成熟组织。成熟区表面密被根毛，因此该区又称根毛区。根毛是表皮细胞向外形成的管状结构，其长度和数目因植物而异。由于根毛的形成扩大了根的吸收面积，吸收能力强，因此，在农、林和园艺工作中，带土移栽或在移栽时充分灌溉和修剪部分枝叶，其目的就是减少根尖损害和植物蒸腾，防止过度失水，从而提高成活率。

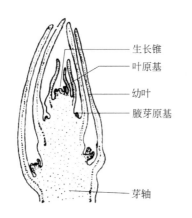

生长锥
叶原基
幼叶
腋芽原基

芽轴

图 4.3　叶芽纵切面（引自张守润等，2007）

（2）茎尖

植物的茎尖和根尖类似，顶端分生组织的细胞发生分裂，分裂区下面的细胞伸长，将顶芽向上推，伸长区下面是分化区，同样分化出不同的组织（图 4.3）。

① 分生区　位于茎的顶端，即茎尖的生长锥由顶端分生组织构成。它的最主要特点是细胞具有强烈的分裂能力，茎的各种组织均由此分化而来。

② 伸长区　位于分生区的下面，茎尖的伸长区较长，可以包括几个节和节间，其长度比根的伸长区长。该区特点是细胞伸长迅速。伸长区可视为顶端分生组织发展为成熟组织的过渡区域。

③ 成熟区　成熟区紧接伸长区，其特点是各种成熟组织的分化基本完成，已具备幼茎的初生结构。

2. 次生生长

次生生长使植物长粗，这在乔木、灌木和藤本植物中非常明显，因为这些植物是多年生的，年复一年地使茎加粗，从而堆积了厚厚的一层死的木质部组织，就是木材。次生生长是由维管形成层和木栓形成层两种分生组织中的细胞不断分裂生长的结果。维管形成层的细胞发生横向分裂，使两侧的细胞增多，茎长粗。维管形成层的内侧形成的是次生木质部，外侧形成的是次生韧皮部。树干长粗主要是由于次生木质部的增加。年复一年的生长使得一层一层的次生木质部逐步堆积起来，成为木材。由于维管形成层的活动在一年中有周期性（春季活动开始，冬季又停止），所以多年生植物的树干被锯开之后，上面就有一圈一圈的环状纹，称为年轮。

在靠近木栓处是木栓形成层，是由皮层的薄壁细胞组成的，其细胞分裂形成木栓。木栓成为茎的最外层，原有的表皮和表皮下面的皮层都已脱落。成熟的木栓细胞是死的，壁木质化，其中充满了栓质，起保护作用。

（二）植物的生殖

1. 植物生殖的类型

植物产生新个体的现象称繁殖，它是植物最重要的生命活动之一。在植物系统发育中，经繁殖与自然选择，形成了种类繁多、性状各异的植物世界。

植物的生殖方式可分为营养生殖、无性生殖和有性生殖三种类型。

（1）营养生殖

营养生殖是植物利用其自身的组成部分，如鳞茎、块茎、块根和葡匐茎等增加个体数的一种繁殖方式。低等植物的藻殖段、菌丝段等和高等植物的孢芽、珠芽、根蘖均可用来进行营养繁殖，农林生产中广为应用的扦插、压条、嫁接和离体组织培养等也属于营养繁殖。

（2）无性生殖

无性生殖也称孢子生殖，是藻类、菌类、地衣、苔藓、蕨类等植物的一种普遍存在的繁殖方式。这些植物在生活史的某一阶段能产生一种具有繁殖能力的特化细胞——孢子，当孢子离开母体后，在适宜外界环境下发育成一新个体的繁殖方式。

植物的营养生殖和孢子生殖都是无性方式，不经过有性过程，其遗传物质来自于单一亲本，子代的遗传信息与亲代基本相同，有利于保持亲代的遗传特性。无性繁殖速度快，产生孢子的数量大，有利于大量快速地繁衍种族。但是，无性繁殖的后代均来自同一基因型的亲本，生活力往往会有一定程度的衰退。

（3）有性生殖

有性生殖是指植物在繁殖阶段产生两种生理、遗传等均不同的配子，经结合形成合子，再由合子发育成新个体的生殖（或繁殖）方式，故又称配子生殖。根据两配子体间的差异程度有性生殖可分为三种类型：同配生殖、异配生殖、卵式生殖。

2. 花

花是被子植物特有的繁殖器官，是缩短、特化的枝条，最终能产生花粉、果实和种子。只有被子植物才形成花，花是植物界高度进化的产物。

一朵完整的花由五部分组成，即花梗、花托、花被、雄蕊群和雌蕊群，其中不育的部分是花梗、花托和花被，能育的部分是雄蕊和雌蕊。

（1）花梗

花梗又称花柄，是花着生的小枝，它一方面支持着花，使其分布于一定的空间，另一方面又是花与茎联结的通道。当果实成熟时，花梗便成为果柄。花梗的长短，各种植物的情况不同，有的很长，有的很短，甚至没有。

（2）花托

花托是花柄顶端膨大的部分，其节间极短，是花被、雄蕊群、雌蕊群着生之处。花托的形状各异，有的呈倒圆锥形，有的凹陷呈壶状，还有的呈盘状等。

（3）花被

花被着生在花托的外缘，是花萼与花瓣的统称，二者在形状、大小和作用上常有明显区别。

① 花萼　位于花的最外层，由若干萼片所组成，通常呈绿色，其结构与叶类似。

② 花瓣　位于花萼的内侧，由若干个花瓣片构成花冠。根据花冠的生长情况，可将花

冠分为离瓣（花瓣间完全分离）、合瓣（花瓣间部分或全部合生）。合瓣花冠中合生的部分叫花冠筒，未合生的部分叫花冠裂片。

花冠的形状各异，花瓣细胞内因多数含有花青素或有色体，故常呈现鲜艳的色泽，另外很多植物花瓣的表皮细胞中含有挥发性的芳香油，能放出特殊的香味。花冠具有招引昆虫传粉的作用，还具有保护雌、雄蕊的作用。

花萼与花瓣合称为花被，当花萼与花瓣不易区分时，也可通称为花被。这种花被的每一片，称为花被片。花萼、花冠都有的称为双被花，如豌豆、番茄等；仅有一轮花被的称为单被花，如大麻、荞麦、桑、板栗无花冠，郁金香、虞美人无花萼；完全不具花被的花称为无被花，如柳树、杨树、杜仲等。

（4）雄蕊群

雄蕊群是一朵花中雄蕊的总称，由多数或一定数目的雄蕊所组成。雄蕊位于花冠的里面，一般直接着生在花托上，也有的因基部与花冠愈合而贴生在花冠上。一朵花中雄蕊数目的多少依植物种类而异。

雄蕊由花丝和花药两部分组成。花丝细长，多呈柄状，具有支持花药的作用，也是水分和营养物质通往花药的通道。花丝一般是等长的，但有些植物，花丝的长短不等，如十字花科。花丝有的聚合，有的分离。花药在花丝顶端，是产生花粉的地方，是雄蕊的主要部分，通常由四个或两个花粉囊组成，分为左右两半，中间以药隔相连。花粉囊里产生许多花粉粒，花粉粒成熟时，花粉囊破裂，散放出花粉粒。

（5）雌蕊群

一朵花中所有的雌蕊总称为雌蕊群。雌蕊位于花的中央部分，是花的另一重要组成部分。雌蕊由心皮构成，即心皮是雌蕊的结构单位。而心皮实质上是具有生殖功能的变态叶。在一朵花中雌蕊仅由一个心皮组成的，称单雌蕊。多数植物雌蕊群有多个心皮，有的植物心皮彼此分离，称离生雌蕊（也属单雌蕊），有的植物仅一枚雌蕊，但雌蕊由多心皮联合形成，称合生雌蕊（复雌蕊）。

发育完全的雌蕊，通常分化出柱头、花柱及子房三部分。

柱头位于花柱顶端，是承受花粉的地方。多数植物的柱头能分泌水分、糖类、脂类、酚类、激素和酶等物质，有助于花粉粒的附着和萌发。

花柱介于柱头和子房之间，是花粉管进入子房的通道。同时，花柱对花粉管的生长能提供营养及某些向化物质，有利于花粉管进入胚囊。

子房是雌蕊基部膨大的部分，外为子房壁，内为一至多个子房室。着生在子房内的卵形小体称胚珠，每一个子房内胚珠的数目，各种植物不同，由一到数十个不等。

3. 传粉与受精

当雄蕊中的花粉和雌蕊中的胚囊达到成熟的时期，或是二者之一已经成熟，这时原来由花被紧紧包住的花张开，露出雌、雄蕊，花粉散放，完成传粉过程。传粉之后，发生受精作用，从而完成有性生殖过程。

（1）传粉

由花粉囊散出的成熟花粉，借助一定的媒介力量，被传送到同一花或另一花的雌蕊柱头上的过程，称为传粉。

① 传粉的方式　自然界中普遍存在着自花传粉与异花传粉两种方式。

② 传粉的媒介　花粉借助于外力被传送到雌蕊的柱头上。传送花粉的外力有风、动物、水等。并由此花可分为风媒花、虫媒花、鸟媒花、水媒花等。

（2）受精

被子植物花中的雌雄蕊发育成熟或有其中之一发育成熟后就会开花。开花后花粉通过风力或借助于昆虫等落到雌蕊的柱头上，进一步完成受精作用。被子植物的受精作用包括花粉在柱头上的萌发、花粉管在雌蕊组织中的生长、花粉管进入胚珠与胚囊、花粉管中的两个精子与卵和中央细胞受精。

① 花粉粒在柱头上的萌发　柱头是花粉萌发的场所，也是花粉粒与柱头进行细胞识别的部位之一。花粉表面的蛋白质和柱头表面的蛋白质的识别有关。亲缘关系过远或过近的花粉在柱头上不能萌发或萌发后花粉管不能进入柱头，或在花柱甚至是子房中受到抑制。

② 花粉管在雌蕊组织中的生长　花粉管从柱头的细胞壁之间进入柱头，向下生长，进入花柱。在空心的花柱内，花柱道表面有一层具分泌功能的细胞称通道细胞，花粉管沿着花柱道，在通道细胞分泌的黏液中向下生长，如百合科等植物。在多数实心的闭合型花柱中，引导组织的细胞狭长，排列疏松，细胞质浓，高尔基体、核糖体、线粒体等较丰富，胞间隙中充满基质，为果胶质。花粉管沿引导组织充满基质的细胞间隙中向下生长，如棉、白菜等。

在花粉管生长过程中，两细胞花粉的生殖细胞进行有丝分裂，形成一对精子。由一对精子与营养核构成的雄性生殖单位作为一整体从花粉粒中移到花粉管的前端。

③ 花粉管到达胚珠进入胚囊　花粉管经花柱进入子房后通常沿子房壁或胎座生长，一般从胚珠的珠孔进入胚珠，这种方式称为珠孔受精。少数植物如核桃的花粉管是从胚珠的合点部位进入胚囊的，称合点受精，还有少数植物的花粉管从胚珠的中部进入胚囊，称中部受精。花粉管进入胚珠后穿过珠心组织进入胚囊。

④ 双受精　双受精是指被子植物花粉粒中的一对精子分别与卵和中央细胞极核的结合。受精卵将来发育成胚，受精的极核将来发育成胚乳。双受精现象在被子植物中普遍存在，也是被子植物所特有的。

双受精在植物界有性生殖中是最为进化、最高级的形式。

4. 种子的形成

被子植物受精作用完成后，胚珠发育成种子，子房（有时还有其他结构）发育成果实。种子中的胚由合子发育而成，胚乳由受精的极核发育而成，胚珠的珠被发育成种皮，多数情况下珠心退化不发育。

（1）种子的基本结构

植物种类不同，其种子的形状、大小、颜色差异很大，但种子的基本结构却是一致的。即种子一般都由胚、胚乳和种皮三部分组成，有的种子仅有胚和种皮两部分。

① 胚　是构成种子的最主要部分，是新生植物的雏体。胚的各部分由胚性细胞组成，这些细胞体积小、细胞质浓厚、细胞核相对较大，具有很强的分裂能力。胚由胚根、胚芽、胚轴和子叶四部分组成。

② 胚乳　是种子内储藏营养物质的场所，储藏物质主要是淀粉、脂类和蛋白质。种子萌发时，胚乳中的营养物质被胚分解、吸收、利用，有些植物的胚乳在种子发育过程中已完全被胚吸收，营养物质转储在子叶中，所以这类种子在成熟时无胚乳存在。

③ 种皮　种子外面的覆被部分，具有保护种子不受外力机械损伤和防止病虫害入侵的

作用，常由几层细胞组成，但其性质和厚度随植物种类而异。

（2）种子的主要类型

根据成熟种子是否具有胚乳，将种子分为有胚乳种子和无胚乳种子两类。双子叶植物中蓖麻、番茄、烟草等的种子和单子叶植物中的水稻、小麦、玉米、洋葱等的种子，都属于有胚乳种子。双子叶植物如大豆、落花生、蚕豆、棉、油菜、瓜类的种子和单子叶植物的慈姑、泽泻等的种子，都属于无胚乳种子。

5. 果实

（1）果实的结构

受精后，胚珠发育为种子时，能合成吲哚乙酸等植物激素，子房内新陈代谢活跃。整个子房迅速生长，发育为果实。

果实由果皮和种子组成，在果皮之内包藏着种子。果皮可分为外果皮、中果皮和内果皮。外果皮上常有气孔、角质、蜡被、表皮毛等。中果皮在结构上变化很大，有时是由许多富有营养的薄壁细胞组成，成为果实中的肉质可食部分，如桃、杏、李等；有时在薄壁组织中还含有厚壁组织；有些植物，如荔枝、花生、蚕豆等，果实成熟时，中果皮常变干收缩，成为膜质或革质，或为疏松的纤维状，维管束多分布于中果皮。内果皮的变化也很大，有的内果皮里面生出很多大而多汁的汁囊，像柑橘、柚子等的果实；有的具有坚硬如石的石细胞，如桃、李、椰子等；有的在果实成熟时，细胞分离成浆状，如葡萄。

（2）果实的分类

果皮的结构、色泽以及各层的发达程度，因植物种类而异。

多数植物的果实，仅由子房发育而成，这种果实称为真果；但有些植物的果实，除子房外，尚有花托、花萼或花序轴等参与形成，这种果实称为假果，如梨、苹果等。此外，由一朵花中的单雌蕊发育成的果实称为单果；由一朵花中的多数离生雌蕊发育成的果实称为聚合果，如莲、草莓等；由一个花序发育形成的果实称为聚花果，如桑、凤梨等。

如果按果皮的性质来划分，有肥厚肉质的，称肉果；有果实成熟后，果皮干燥无汁的，称干果。肉果有多种类型，如浆果（番茄）、柑果（橘）、核果（桃）、梨果（苹果）、瓠果（西瓜）等。干果有多种类型，如荚果（绿豆）、蒴果（车前）、瘦果（向日葵）、颖果（小麦、玉米）、坚果（板栗）、翅果（榆、臭椿）等。

（3）单性结实

受精以后开始结实，这是正常的现象。但也有一些植物，可以不经过受精作用也能结实，这种现象叫单性结实。单性结实有两种情况：一种是子房不经过传粉或任何其他刺激，便可形成无籽果实，称为营养单性结实，如柑橘、柠檬的某些品种；另一种是子房必须经过一定的刺激才能形成无籽果实，称为刺激单性结实，如以马铃薯的花粉刺激番茄花的柱头，或用苹果的某些品种的花粉刺激梨花的柱头，都可以得到无籽果实。

单性结实在一定程度上与子房所含的植物生长激素的浓度有关，农业上应用类似的植物生长激素诱导单性结实。例如，用30～100mg/L的吲哚乙酸和2,4-D等的水溶液，喷洒番茄、西瓜、辣椒等临近开花的花蕾，或用10mg/L的萘乙酸喷洒葡萄花序，都能得到无籽果实。

（三）植物的营养

植物需要各种养分，其中最重要的养分是光合作用的产物——糖。植物也和动物一样，所需要的有机物种类很多。不过植物以光合产物为原料，可以合成自身所需要的各种有机物。

1. 根

（1）根的生理功能

根是植物体适应陆地生活、分布于地下的营养器官。一株植物根的总和叫根系。根的主要生理功能是吸收土壤中的水和溶解在水中的无机营养物，并能固定植物，同时，根还能合成多种氨基酸。

（2）根的类型和根系

① 定根和直根系

a. 定根　定根是指主根和侧根。当种子萌发时，胚根突破种皮，向下生长形成的根称为主根。主根生长到一定长度，就在一定部位产生分支，形成侧根，侧根上仍能产生新的分支。主根和侧根都有一定的发生位置，因此又称定根。

b. 直根系　凡主根粗壮发达，主根和侧根有明显区别的根系称为直根系，如大多数双子叶植物和裸子植物的根系。

② 不定根和须根系

a. 不定根　植物除能由种子产生定根外，还能从茎、叶、老根和胚轴上产生根，这些根产生的位置不固定，统称不定根，不定根也可能产生侧根。

b. 须根系　主根不发达或很早就停止生长，由茎基部产生的不定根组成的根系称为须根系。如水稻、小麦、玉米等单子叶植物的根系。

侧根、不定根的产生扩大了根的吸收面积，增强了根的固着能力。同时，直根系的植物，因其主根发达，根往往分布在较深的土层中，形成深根系，而须根系的植物主根一般较短，不定根以水平扩展占优势，分布于土壤表层，形成浅根系。

（3）根的结构

① 双子叶植物根的初生结构　根毛区内的各种成熟组织，是由原表皮、基本分生组织和原形成层三种初生分生组织细胞分裂、分化而来，属于初生组织。根的初生结构就是成熟区的结构，由初生分生组织分化而来。根的初生结构由外至内明显地分为表皮、皮层和中柱三个部分。

a. 表皮　表皮包围在成熟区的最外面，由原表皮发育而来，常由一层细胞组成，细胞排列紧密，没有细胞间隙。细胞的长轴与根的纵轴平行。表皮细胞的细胞壁不角化或仅有薄的角质膜，适于水和溶质通过，部分表皮细胞的细胞壁还向外突出形成根毛，以扩大根的吸收面积。对幼根来说，表皮的吸收作用显然比保护作用更重要，所以根的表皮是一种吸收组织。

b. 皮层　皮层位于表皮与中柱之间，由多层体积较大的薄壁细胞组成，细胞排列疏松，有明显的细胞间隙。皮层薄壁细胞由基本分生组织发育而来，有些植物细胞内可贮藏淀粉等营养物质成为贮藏组织。水生和湿生植物在皮层中可形成气腔和通气道等通气组织。

皮层最内一层排列紧密的细胞称为内皮层，在其细胞的径向壁和横向壁上有一条木质化和栓质化的带状加厚区域，称为凯氏带。凯氏带不透水，并与质膜紧密结合在一起，致使根部吸收的物质自皮层进入维管柱时，必须经过内皮层细胞的原生质体，而质膜的选择透性使根对所吸收的物质具有了选择性。内皮层的这种特殊结构对于根的吸收作用具有特殊意义。

c. 中柱　中柱也叫维管柱，是内皮层以内的中轴部分，由原形成层分化而来，中柱由中柱鞘、初生木质部、初生韧皮部和薄壁细胞组成。

② 双子叶植物根的次生结构　大多数双子叶植物的根在完成初生生长形成初生结构后，开始出现次生分生组织维管形成层和木栓形成层，进而产生次生组织，使根增粗。这种由次生分生组织进行的生长，称为次生生长，所形成的结构称为次生结构。

维管形成层的发生和活动在双子叶植物根的根毛区内，当根的次生生长开始时，位于初生韧皮部和初生木质部之间的薄壁细胞恢复分裂能力，形成维管形成层片层。

木栓形成层的发生及活动随着次生组织的增加，中柱不断扩大，到一定的程度，势必引起中柱鞘以外的表皮、皮层等组织破裂。在这些外层组织破坏前，中柱鞘细胞恢复分裂能力，形成木栓形成层。木栓形成层形成后，进行切向分裂，向外和向内各产生数层新细胞。外面的几层细胞发育成为木栓形成层；内层的细胞则形成栓内层，再加上木栓层本身，三者合称周皮。

③ 单子叶植物根的结构　以禾本科植物为例，其根的结构也可分为表皮、皮层和中柱（维管柱）三部分。但各部分结构均有其特点，特别是不产生形成层，没有次生生长和次生结构。

a. 表皮　表皮为最外一层细胞，也有根毛形成，但禾本科植物表皮细胞寿命一般较短，当根毛枯死后，往往解体而脱落。

b. 皮层　位于表皮和中柱之间，靠近表皮几层为外皮层，细胞在发育后期常形成栓化的厚壁组织，在表皮、根毛枯萎后，代替表皮行使保护作用。外皮层以内为皮层薄壁细胞，数量较多，水稻的皮层薄壁细胞在后期形成许多辐射排列的腔隙，以适应水湿环境。内皮层的绝大部分细胞径向壁、横向壁和内切向壁增厚，只有外切向壁未加厚，在横切面上，增厚的部分呈马蹄形。正对着初生木质部的内皮层细胞常停留在凯氏带阶段，称为通道细胞。

c. 中柱　中柱也分为中柱鞘、初生木质部和初生韧皮部等几个部分。初生木质部一般为多原型，由原生木质部和后生木质部组成。原生木质部在外侧，由一到几个小型导管组成，后生木质部位于内侧，仅有一个大型导管。初生韧皮部位于原生木质部之间，与原生木质部相间排列。中柱中央为髓部，但小麦幼根的中央部分有时被一个或两个大型后生导管所占满。在根发育后期，髓、中柱鞘等组织常木化增厚，整个中柱既保持了输导功能，又有坚强的支持巩固作用。

（4）植物根系对水分的吸收

根系是吸收水分的主要器官。根系吸水的部位主要是根尖，包括分生区、伸长区和根毛区。其中根毛区吸水能力最强。水分还可以通过皮孔、裂口或伤口处进入植物体。植物根系吸水的方式有主动吸水和被动吸水两种。

植物根系以蒸腾拉力为动力的吸水过程称为被动吸水。所谓蒸腾拉力是指因叶片蒸腾作用而产生的使导管中水分上升的力量。当叶片蒸腾时，气孔下腔周围细胞的水以水蒸气形式扩散到水势低的大气中，从而导致叶片细胞水势下降，这样就产生了一系列相邻细胞间的水分运输，使叶脉导管失水，而压力势下降，并造成根冠间导管中的压力梯度，根导管中水分向上输送，其结果造成根部细胞水分亏缺，水势降低，从而使根部细胞从周围土壤中吸水。

根系代谢活动而引起的根系从环境吸水的过程叫主动吸水。植物的吐水、伤流和根压都是主动吸水的表现。根系代谢活动而引起的离子的吸收与运输，造成了内外水势差，从而使水按照下降的水势梯度，从环境通过表皮、皮层进入中柱导管，并向上运。主动吸水是由于根系的生命活动，产生力量把水从根部向上压送。

水分从土壤到达根尖部位表皮后，便沿着质外体和共质体途径通过表皮和外、中部皮层。水分在质外体运输是一种自由扩散的形式，阻力小，运输速度较快。当水分到达内皮层时由于凯氏带的作用，使水分不能在质外体中继续径向运输，而只能通过内皮层细胞的原生质体，进行渗透性运输，阻力较大，运输速度较慢。水分通过内皮层后，经由维管柱的薄壁细胞向导管和管胞转移。

土壤水分状况与植物吸水有密切关系。土壤缺水时，植物细胞失水，膨压下降，叶片、幼茎下垂，这种现象称为萎蔫。如果当蒸腾速率降低后，萎蔫植株可恢复正常，则这种萎蔫称为暂时萎蔫。暂时萎蔫常发生在气温高湿度低的夏天中午，此时土壤中即使有可利用的水，也会因蒸腾强烈而供不应求，使植株出现萎蔫。傍晚，气温下降，湿度上升，蒸腾速率下降，植株又可恢复原状。若蒸腾降低以后仍不能使萎蔫植物恢复正常，这样的萎蔫就称永久萎蔫。永久萎蔫的实质是土壤的水势等于或低于植物根系的水势，植物根系已无法从土壤中吸到水，只有增加土壤中可利用水分，提高土壤水势，才能消除萎蔫。

土壤温度直接影响根系的生理活动和根系的生长，所以对根系吸水影响很大。土壤温度过低，根系吸水能力明显下降。这是因为低温使根系代谢减弱，使水分和原生质的黏滞性增加，影响了根系对水分的吸收。温度过高，酶易钝化，根系代谢失调，对水分的吸收也不利。因而适宜的温度范围内土温愈高，根系吸水愈多。

根系通气良好，代谢活动正常，吸水旺盛。通气不良，若短期处于缺氧和高 CO_2 的环境中，也会使细胞呼吸减弱，影响主动吸水。若长时间缺氧，导致植物进行无氧呼吸，产生和积累较多的酒精，使根系中毒，以致吸水能力减弱。植物受涝而表现缺水症状，就是这个原因。

(5) 植物的矿质营养

将植物材料放在 105℃下烘干称重，可测得蒸发的水分约占植物组织的 10%～95%，而干物质占 5%～90%。干物质中包括有机物和无机物，将干物质放在 600℃灼烧时，有机物中的 C、H、O、N 等元素以 CO_2、H_2O、N_2、NH_3 和氮的氧化物形式挥发掉，一小部分硫以 H_2S 和 SO_2 的形式散失，余下一些不能挥发的灰白色残渣称为灰分。灰分中的物质为各种矿质的氧化物、硫酸盐、磷酸盐、硅酸盐等，构成灰分的元素称为灰分元素，它们直接或间接地来自土壤矿质，故又称为矿质元素。植物对矿质元素的吸收、运输和同化通称为矿质营养。

① 植物必需的矿质元素　目前公认的植物必需元素有 17 种，它们是：C、H、O、N、P、S、K、Ca、Mg、Cu、Zn、Mn、Fe、Mo、B、Cl、Ni。其中前九种元素的含量分别占植物体干重的 0.1%以上，称大量元素，后八种元素的含量分别占植物体干重的 0.01%以下，称微量元素。这些营养元素都具备国际植物营养学会确定的植物必需元素的三条标准。必需元素在植物体内的生理作用有三个方面：作为植物体结构物质的组成成分；作为植物生命活动的调节剂，参与酶的活动，影响植物的代谢；起电化学作用，参与渗透调节、胶体的稳定和电荷中和等。若缺乏某种元素，植物就会表现出专一的病症。

② 植物体对矿质元素的吸收　植物必需的矿质元素在土壤中以土壤溶液、吸附在土壤胶体表面、土壤难溶盐三种形式存在。植物根系都可以利用土壤中这三种形式的盐，其中土壤溶液是植物根系利用的主要形式。

a. 吸收部位　用示踪元素实验表明，根尖各区都可吸收矿质元素，最活跃的部位是靠近根冠的分生区和根毛区，但由于分生区尚无输导组织的分化，吸收的矿质元素不能及时上运，所以分生区对于吸收矿质元素的作用不大；根毛区有大量根毛，已有输导组织分化，内皮层有凯氏带，能有效地吸收矿质元素并及时上运，因此，根毛区是根系吸收矿质元素的主要部位。

b. 吸收过程　根的呼吸作用放出 CO_2 和 H_2O，形成 H_2CO_3，H_2CO_3 解离为 HCO_3^- 和 H^+，这两种离子分别与土壤溶液和土壤颗粒表面的正负离子交换，吸附到根的表面。吸附在根表面的矿质元素可通过主动运输、被动运输或内吞作用跨膜进入细胞，通过胞间连丝，经内皮层进入导管。吸附在根表面的离子也可在质外体中扩散，到达凯氏带时再跨膜进入细胞，经由共质体途径继续移动，进入导管。

c. 根系对矿质元素的吸收特点

对矿质元素和水分的相对吸收：由于根系对盐分和水分的吸收机制不同，吸收量不成比例。它们的吸收各有规律，相互联系，相互独立。水分随蒸腾流上升，矿质元素随之带到茎叶，根部木质部盐浓度降低，促进无机盐进入根系的速率，盐分的吸收又引起细胞渗透势的降低，又促进了细胞对水分的吸收。盐分的吸收以消耗代谢能量的主动吸收为主，需要载体，有饱和效应，所以吸收矿质元素又表现出相对的独立性。

离子的选择吸收性：根对某些离子吸收的多些，而对有些离子吸收少些或根本不吸收。不同植物对离子的选择吸收不同，可能与不同植物的载体性质与数量有关。植物对于同一种盐类中的阴、阳离子也是选择吸收。

单盐毒害和离子拮抗作用：把植物培养在单盐溶液中，即使是植物必需的营养元素，或浓度很低，植物生长都会引起异常状态并最终死亡，这种现象称为单盐毒害（可能是影响了原生质及质膜的胶体性质）。在发生单盐毒害的溶液中，少量加入不同价的金属离子，单盐毒害就会大大减轻甚至消除，离子间的这种作用叫离子拮抗作用。

根据盐类之间的关系和对植物的影响，把几种必要的元素按一定比例配制成对植物生长有良好作用的无毒害溶液，称为平衡溶液。

2. 叶

（1）叶的主要生理功能和组成

① 叶的生理功能　叶是绿色植物进行光合作用的主要器官。光合作用即绿色组织通过叶绿体色素和有关酶类活动，利用太阳光能，把二氧化碳和水合成有机物，并将光能转变为化学能储存起来，同时释放氧气的过程。

叶又是蒸腾作用的主要器官，蒸腾作用是水分以气体状态从植物体内散失到大气中的过程，它是植物根吸收水和矿质元素的动力，并有调节叶温的作用。

此外，叶还有吸收和分泌功能。少数植物的叶还有繁殖作用，如秋海棠。

② 叶的组成　植物的叶一般由叶片、叶柄和托叶三部分组成。叶片是最重要的组成部分，大多为薄的绿色扁平体，这种形状有利于光能的吸收和气体交换，与叶的功能相适应，不同的植物其叶片形状差异很大；叶柄位于叶的基部，连接叶片和茎，是两者之间的物质交流通道，支持叶片并通过本身的长短和扭曲使叶片处于光合作用有利的位置；托叶是叶柄基部的附属物，通常细小、早落，托叶的有无及形状随不同植物而不同，如豌豆的托叶为叶状、比较大，梨的托叶为线状，洋槐的托叶成刺，蓼科植物的托叶形成了托叶鞘等。具有叶片、叶柄和托叶三部分的叶，叫完全叶，如梨、桃和月季等。仅具其一或其二的叶，为不完全叶。无托叶的不完全叶比较普遍，如丁香、白菜等，也有无叶柄的叶，如莴苣、荠菜等；缺少叶

片的情况极为少见，如我国的台湾相思树，除幼苗外，植株的所有叶均不具有叶片，而是由叶柄扩展成扁平状，代替叶片的功能，称叶状柄。

此外，禾本科植物等单子叶植物的叶，从外形上仅能区分为叶片和叶鞘两部分，为无柄叶。一般叶片呈带状，扁平，而叶鞘往往包围着茎，保护茎上的幼芽和居间分生组织，并有增强茎的机械支持力的功能。在叶片和叶鞘交界处的内侧常生有很小的膜状突起物，叫叶舌，能防止雨水和异物进入叶鞘的筒内。在叶舌两侧，由叶片基部边缘处伸出的两片耳状小突起，叫叶耳。叶耳和叶舌的有无、形状、大小和色泽等，可以作为鉴别禾本科植物的依据。

(2) 叶的结构

① 双子叶植物叶的一般结构

a. 叶柄的结构　叶柄的结构比茎简单，由表皮、基本组织和维管组织三部分组成。一般情况下，叶柄在横切面上常成半月形、三角形或近于圆形。叶柄的最外层为表皮层，表皮上有气孔器，并常具有表皮毛，表皮以内大部分是薄壁组织，紧贴表皮之下为数层厚角组织，内含叶绿体。维管束成半圆形分布在薄壁组织中，维管束的数目和大小因植物种类的不同而有差异，有一束、三束、五束或多束。在叶柄中，进入的维管束数目可以原数不变，一直延伸到叶片中，也可以分裂成更多的束，或合并为一束，因此在叶柄的不同位置，维管束的数目常有变化。维管束的结构与幼茎中的维管束相似，木质部在近轴面，韧皮部在远轴面，两者之间有形成层，但活动有限，每一维管束外常有厚壁组织分布。

b. 叶片的结构　被子植物的叶片为绿色扁平体，成水平方向伸展，所以上下两面受光不同。一般将向光的一面称为上表皮或近轴面，因其距离茎比较近而得名；相反的一面称之为下表面或远轴面。通常被子植物叶由表皮、叶肉和叶脉三部分构成。

表皮：表皮覆盖着整个叶片，通常分为上表皮和下表皮。表皮是一层生活的细胞，不含叶绿体，表面为不规则形，细胞彼此紧密嵌合，没有胞间隙，在横切面上，表皮细胞的形状十分规则，呈扁的长方形，外切向壁比较厚，并覆盖有角质膜，角质膜的厚薄因植物种类和环境条件不同而变化。表皮上分布有气孔器和表皮毛。一般上表皮的气孔器数量比下表皮的少，有些植物在上表皮上甚至没有气孔器分布。气孔器的类型、数目与分布及表皮毛的多少与形态因植物种类不同而有差别，如苹果叶的气孔器仅在下表皮分布、睡莲叶的气孔器仅在上表皮分布，眼子菜叶则没有气孔器存在。表皮毛的变化也很多，如苹果叶的单毛、胡颓子叶的鳞片状毛、薄荷叶的腺毛和荨麻叶的蜇毛等。表皮细胞一般为一层，但少数植物的表皮细胞为多层结构，称为复表皮 (multiple epidermis)，如夹竹桃叶表皮为 2～3 层，而印度橡皮树的叶表皮为 3～4 层。

叶肉：上下表皮层以内的绿色同化组织是叶肉，其细胞内富含叶绿体，是叶进行光合作用的场所。一般在上表皮之下的叶肉细胞为长柱形，垂直于叶片表面，排列整齐而紧密如栅栏状，称为栅栏组织，通常为 1～3 层，也有多层；在栅栏组织下方，靠近下表皮的叶肉细胞形状不规则，排列疏松，细胞间隙大而多，称为海绵组织。海绵组织细胞所含叶绿体比栅栏组织细胞少，又具有胞间隙。所以从叶的外表可以看出其近轴面颜色深，为深绿色，远轴面颜色浅，为浅绿色，这样的叶为异面叶 (dorsiventral leaf, bifacial leaf)，大多数被子植物的叶为异面叶。有些植物的叶在茎上基本呈直立状态，两面受光情况差异不大，叶肉组织中没有明显的栅栏组织和海绵组织的分化，从外形上也看不出上、下两面的区别，这种叶称等面叶 (isobilateral leaf)，如小麦、水稻等的叶。

叶脉：叶脉是叶片中的维管束，各级叶脉的结构并不相同。主脉和大的侧脉的结构比较复杂，包含有一至数个维管束，包埋在基本组织中，木质部在近轴面，韧皮部在远轴面，两者间常具有形成层，不过形成层活动有限，只产生少量的次生结构；在维管束的上、下两侧，常有厚壁组织和厚角组织分布，这些机械组织在叶背面特别发达，突出于叶外，形成肋，大型叶脉不断分支，形成次级侧脉，叶脉越分越细，结构也越来越简单，中小型叶脉一般包埋在叶肉组织中，形成层消失，薄壁组织形成的维管束鞘包围着木质部和韧皮部，并可以一直延伸到叶脉末端，到了末梢，木质部和韧皮部成分逐渐简单，最后木质部只有短的管胞，韧皮部只有短而窄的筛管分子，甚至于韧皮部消失。在叶脉的末梢，常有传递细胞分布。

② 单子叶植物叶的一般结构

以禾本科植物的叶为例，说明其结构。其由表皮、叶肉和叶脉三部分构成。

a. 表皮　表皮细胞一层，形状比较规则，往往沿着叶片的长轴成行排列，通常由长、短两种类型的细胞构成。长细胞为长方形，长径与叶的长轴方向一致，外壁角质化并含有硅质；短细胞为正方形或稍扁，插在长细胞之间，短细胞可分为硅质细胞和栓质细胞两种类型，两者可成对分布或单独存在，硅质细胞除壁硅质化外，细胞内充满一个硅质块，栓质细胞壁栓质化。长细胞和短细胞的形状、数目和分布情况因植物种类不同而异。在上表皮中还分布有一种大型细胞，称为泡状细胞，其壁比较薄，有较大的液泡，常几个细胞排列在一起，从横切面上看略呈扇形，通常分布在两个维管束之间的上表皮内，它与叶片的卷曲和开张有关，因此也称为运动细胞。

禾本科植物叶的上下表皮上有纵行排列的气孔器，与一般被子植物不同，禾本科植物气孔器的保卫细胞成哑铃形，含有叶绿体，气孔的开闭是保卫细胞两端球状部分胀缩的结果。每个保卫细胞一侧有一个副卫细胞，因此禾本科的气孔器由两个保卫细胞、两个副卫细胞和气孔构成。气孔器的分布在脉间区域和叶脉相平行。气孔的数目和分布因植物种类而不同。同一株植物的不同叶片上或同一叶片的不同位置，气孔的数目也有差异，一般上下表皮的气孔数目相近。此外，禾本科植物的叶表皮上，还常生有单细胞或多细胞的表皮毛。

b. 叶肉　叶肉组织由均一的薄壁细胞构成，没有栅栏组织和海绵组织的分化，为等面叶；叶肉细胞排列紧密，胞间隙小，仅在气孔的内方有较大的胞间隙，形成孔下室。叶肉细胞的形状随植物种类和叶在茎上的位置而变化，形态多样。叶脉内的维管束平行排列，中脉明显粗大，与茎内的维管束结构相似。在中脉与较大维管束的上下两侧有发达的厚壁组织与表皮细胞相连，增加了机械支持力。维管束均由 1～2 层细胞包围，形成维管束鞘，在不同光合途径的植物中，维管束鞘细胞的结构有明显的区别。在水稻、小麦等碳三（C_3）植物中，维管束鞘由两层细胞构成，内层细胞壁厚而不含叶绿体，细胞较小，外层细胞壁薄而大，叶绿体与叶肉细胞相比小而少。在玉米、甘蔗等碳四（C_4）植物中，维管束鞘仅由一层较大的薄壁细胞组成，含有大的叶绿体，叶绿体中没有或仅有少量基粒，但它积累淀粉的能力远远超过叶肉细胞中的叶绿体，碳四植物维管束鞘与外侧相邻的一圈叶肉细胞组成"花环"状结构，在碳三植物中则没有这种结构存在。碳四植物的光合效率高，也称高光效植物。实验证明，碳四植物玉米能够从密闭的容器中用去所有的 CO_2，而碳三植物则必须在 CO_2 浓度达到 $0.04\mu L/L$ 以上才能利用，碳四植物可以利用极低浓度的 CO_2，甚至于气孔关闭后维管束鞘细胞呼吸时产生的 CO_2 都可以利用。碳四植物不仅存在于禾本科植物中，在其他一些双子叶植物和单子叶植物中也存在，如苋科、藜科植物，其叶的维管束鞘细胞也具有上述特点。

c. 叶脉　叶内的维管束一般平行排列，较大的维管束的上下两端与上下表皮间存在着厚壁组织。维管束外往往有一层或两层细胞包围，组成维管束鞘。外层细胞是薄壁的，较大，含叶绿体较叶肉细胞少，内层是厚壁的，细胞较小，几乎不含叶绿体。

（3）植物的蒸腾作用

植物体内的水分通过体表向外以水蒸气状态散失的过程称为蒸腾作用。这个过程既受外界因子的影响，也受植物体内部结构和生理状态的调节，是植物适应陆地生存的必然结果。

水是植物生命活动不可缺少的重要成分。水分的过度散失对植物有不利的影响，但是正常的蒸腾作用对植物有积极的意义。蒸腾作用产生的蒸腾拉力是植物吸收和运转水分的主要动力，对矿质元素和有机物的吸收和运输也有重要作用；蒸腾作用可降低植物体和叶面温度，使植物体内的许多生理活动得以正常进行。

植物的蒸腾作用绝大部分是通过叶片进行的，叶表面有角质膜覆盖，不易使水通过，不过角质膜上还是有孔隙可以让水分通过，但蒸腾的数量很少，仅占叶片总蒸腾量的5%～10%。

水分通过气孔蒸腾是蒸腾作用的主要形式。气孔蒸腾是指水分通过叶表面的气孔向外蒸腾。气孔是蒸腾作用的主要出口，也是光合作用吸收 CO_2、呼吸作用吸收 O_2 的主要入口，是植物体与外界环境发生气体交换的"大门"。

气孔按照一定的规律开张和关闭，并且通过保卫细胞来调节。保卫细胞体积小，其中含有叶绿体，细胞壁薄厚不均匀，靠气孔腔的内壁厚，背气孔腔的外壁薄。双子叶植物的保卫细胞呈半月形，当保卫细胞吸水膨胀时，细胞体积增大。由于保卫细胞薄厚不同的壁伸展程度不同，所以一对保卫细胞都向外弯曲，气孔张开，水分蒸发；否则相反。

光合作用引起 CO_2 浓度降低，pH 值增高到 7.0 左右，此时的 pH 值利于淀粉磷酸化酶活性增高，淀粉最终转化为葡萄糖，保卫细胞的渗透势下降，从临近的表皮细胞吸水，导致细胞膨胀，气孔张开，夜间则相反。

在一定范围内，温度升高促进蒸腾作用，这是因为温度升高时，叶内饱和蒸气压的数值也提高，这就增大叶内外的蒸气压差，促进蒸腾作用。温度过高（≥30～35℃），叶片过度失水，影响光合作用，但此时呼吸作用却增强很多，使细胞间隙内 CO_2 浓度增大，气孔反而关闭。

微风可将密集在叶面上的水蒸气吹散，而代之以湿度相对低的空气，增大叶内与大气间的蒸气压差，加速蒸腾。强烈的大风会使叶片温度降低，饱和蒸气压下降，减少气孔内外蒸气压差，降低蒸腾。

3. 茎

（1）茎的生理功能

茎是植物体联系根和叶的营养器官，少数植物的茎生于地下。茎上通常着生有叶、花和果实。由于多数植物体的茎顶端具有无限生长的特性，因而可以形成庞大的枝系。

茎是植物体物质运输的主要通道，根部从土壤中吸收的水分、矿质元素以及在根中合成或贮藏的有机营养物质，要通过茎输送到地上各部；叶进行光合作用所制造的有机物质，也要通过茎输送到体内各部以便于利用或贮藏。

茎也有贮藏和繁殖的功能。有些植物可以形成鳞茎、块茎、球茎和根状茎等变态茎，贮存大量养料，并可以进行自然营养繁殖。某些植物的茎、枝容易产生不定根和不定芽，人们常采用枝条扦插、压条、嫁接等方法来繁殖植物。此外，绿色幼茎还能进行光合作用。

（2）茎的基本形态

植物的茎常呈圆柱形，这种形状最适宜于茎的支持和输导功能。有些植物的茎外形发生变化，如莎草科的茎为三棱形，薄荷、益母草等唇形科植物的茎为四棱形，芹菜的茎为多棱形，这对茎加强机械支持作用有适应意义。

茎上着生叶的部位，称为节。两个节之间的部分，称为节间。着生叶和芽的部分称为枝条。枝条顶端生有顶芽，枝条与叶片之间的夹角称为叶腋，叶腋内生有腋芽也叫侧芽，多年生落叶乔木或灌木的枝条上还可以看到叶痕、叶迹、芽鳞痕和皮孔等。叶痕是叶片脱落后在茎上留下的痕迹。叶痕内的点线突起是叶柄和茎内维管束断离后留下的痕迹，称为维管束痕或叶迹。有些植物茎上还可以见到芽鳞痕，这是鳞芽开展时，其外的鳞片脱落后留下的痕迹。可以根据茎表面的芽鳞痕来判断枝条的年龄。枝条的周皮上还可以看到各种不同形状的皮孔，它们是木质茎进行气体交换的通道。

（3）双子叶植物茎的初生结构

茎尖成熟区横切面的结构就是茎的初生结构，它由初生分生组织衍化而来。茎的初生结构，从外向内分为表皮、皮层和维管柱（中柱）三部分。

① 表皮 表皮由原表皮发育而来，是茎的初生保护组织，由一层细胞组成，细胞形状比较规则，呈矩形，长径与茎的长轴平行，外壁较厚，并角化形成角质膜，表皮常有气孔和表皮毛。

② 皮层 皮层位于表皮和中柱之间，主要由薄壁细胞组成。但在表皮的内方，常有几层厚角组织细胞，担负幼茎的支持作用，厚角组织中常含有叶绿体，使幼茎呈绿色。

一些植物茎的皮层中，存在分泌结构（如棉花、松等）和通气组织（如水生植物）。

茎的皮层一般无内皮层分化，有些植物皮层的最内层细胞富含淀粉粒，称为淀粉鞘。

③ 维管柱（中柱） 维管柱是皮层以内的中轴部分，由维管束、髓射线和髓三部分组成。

维管束来源于原形成层，呈束状，排成一圆环，由初生韧皮部、束内形成层和初生木质部组成。多数植物的韧皮部在外、木质部在内，但也有少数植物如葫芦科植物在初生木质部的内外方都有韧皮部。初生韧皮部由筛管、伴胞、韧皮薄壁细胞和韧皮纤维组成，分为外侧的原生韧皮部和内侧的后生韧皮部。初生木质部位于维管束的内侧，由内部的原生木质部和外方的后生木质部两部分组成，其发育方式为内始式。束中形成层位于初生韧皮部与初生木质部之间，由原形成层保留下来的一层分生组织组成，它是茎进行次生生长的基础。

髓和髓射线均来源于基本分生组织，由薄壁细胞组成。髓位于幼茎中央，其细胞体积较大，常含淀粉粒，有时也含有晶体等物质。髓射线位于维管束之间，其细胞常径向伸长，连接皮层和髓，具有横向运输作用。髓射线的部分细胞将来还可恢复分裂能力，构成束间形成层，参与次生结构的形成。

（4）单子叶植物茎的结构

以禾本科植物茎为例，由表皮、机械组织、薄壁组织和维管束组成，维管束散生在薄壁组织和机械组织之中，因而茎没有皮层、髓和髓射线之分。

① 表皮 表皮位于茎的最外层，由一种长细胞和两种短细胞以及气孔器有规律地排列而成。长细胞的细胞壁厚角化且纵向壁常呈波状。短细胞位于两个长细胞之间，分为栓化的栓细胞和硅化的硅细胞。气孔器与长细胞相间排列，由一对哑铃形的保卫细胞和一对长梭形的副卫细胞构成。

②　机械组织　禾本科植物表皮的内方有几层厚壁组织，它们连成一环，主要起支持作用。厚壁细胞的层数和细胞壁的厚度与茎的抗倒伏能力有关。

③　薄壁组织　薄壁组织分布于机械组织以内维管束之间的区域，由大型薄壁细胞组成。水稻、小麦等植物茎中央的薄壁组织解体，形成髓腔。水生禾本科植物的维管束之间的薄壁组织中还有裂生通气道。

④　维管束　禾本科植物的维管束中无形成层，为有限维管束，维管束外围均被厚壁组织组成的维管束鞘所包围，内部由初生木质部和初生韧皮部组成。初生韧皮部位于外侧，其原生韧皮部常被挤毁，保留下来的为后生韧皮部，由筛管和伴胞组成。初生木质部位于内侧，在横切面上呈"V"形，"V"形的基部为原生木质部，包括一至多个环纹或螺纹导管以及少量的薄壁细胞。生长过程中，导管常被拉破，四周的薄壁细胞互相分离，形成一个大气隙。"V"形的两臂处各有1个大型的孔纹导管，导管之间是薄壁细胞和管胞共同组成的后生木质部。

禾本科植物维管束的排列方式分为两类：一类以水稻、小麦为代表，茎中央有髓腔，维管束大体上排列为内外两环。外环的维管束较小，位于茎的边缘，其大部分埋藏于机械组织中；内环的维管束较大，周围为基本组织。另一类如玉米、甘蔗等植物茎中央无髓腔，充满基本组织，各维管束分散排列其中。从外围向中心，维管束越来越大，相互之间的距离也较远。

（5）双子叶植物茎的次生结构

双子叶植物的茎，在初生生长的基础上能进行次生生长，形成次生结构，使茎增粗。茎的次生生长也是维管形成层和木栓形成层活动的结果。

（四）植物的调控

植物的生长主要靠细胞数目增多、细胞体积增大和伸长来完成。而植物的发育是指植物体的构造和机能由简单到复杂的变化过程。植物体的生长和发育始终都受到一系列外部和内部因素的控制。

植物激素是一些在植物体内合成的微量的有机生理活性物质，它们能从产生部位运送到作用部位，在低浓度（<1mmol/L）时可明显改变植物体某些靶细胞或靶器官的生长发育状态。植物激素对植物体的生长、细胞分化以及器官发生、成熟和脱落等多方面具有调节作用。大约有300多种由微生物和植物产生的次生代谢物对植物的生长发育具有调节活性。

公认的五大类植物激素包括生长素类、细胞分裂素类、赤霉素类、脱落酸和乙烯。一般来说，前三类是促进生长和发育，脱落酸是一种抑制生长发育的物质，乙烯主要是促进器官成熟。

人们根据植物激素的分子结构，人工合成出一些与其结构相似或完全不同，具有植物激素生理功能的物质，如吲哚乙酸（IAA）、萘乙酸（NAA）、矮壮素等，称为植物生长调节剂。

1. 生长素

生长素在高等植物中分布很广，根、茎、叶、花、果实及胚芽鞘中均有存在，且大多集中在生长旺盛的部位，如胚芽鞘、根尖和茎尖、形成层、幼嫩种子和谷类的居间分生组织等，而在衰老的组织和器官中则很少。从生物体分离得到的生长素是吲哚乙酸（IAA）。

生长素的生理作用很广泛，它的主要生理作用是影响细胞的伸长、分裂和分化，影响营养器官和生殖器官的生长、成熟和衰老，对雌花形成、单性结实、子房壁生长、细胞分裂、维管束分化、叶片扩大、形成层活性、不定根形成、侧根形成、种子和果实生长、伤口愈合、坐果、顶端优势、伸长生长有促进作用，对幼叶、花、果脱落以及侧枝生长、块根形成有抑制作用。生长素对生长的作用具有双重性，即低浓度促进生长、高浓度抑制生长。在低浓度的生长素溶液中，根切段的伸长随浓度的增加而增加；当生长素浓度超过一定临界点时，对根切段伸长的促进作用逐渐减少；当浓度继续增加时，则对根切段的伸长表现出明显的抑制。

生长素不仅能促进根和茎的伸长，也能促进茎长粗，因为它能引起维管分生组织中细胞的分裂从而引起维管组织的发育。发育中的种子也产生 IAA，从而促进果实的生长。

由于生长素是最早发现的植物激素，所以研究得比较多，在实际应用中也比较广泛，如使一些不易生根的插枝顺利生根可使用 NAA、2,4-二氯苯氧乙酸（2,4-D），阻止器官脱落可使用 NAA、2,4-D，促进结实可使用 2,4-D，促进菠萝开花可使用 NAA、2,4-D。喷洒人工合成的类似生长素物质，可以不经过受精作用而形成果实，用这种方法可以获得番茄、黄瓜、茄子等的无子果实。

2. 赤霉素

1926 年，日本病理学家黑泽在水稻恶苗病的研究中发现水稻植株发生徒长是由赤霉菌的分泌物所引起。1935 年，日本学者薮田从水稻赤霉菌中分离出一种活性制品，并得到结晶，定名为赤霉素（GA）。第一种被分离鉴定的赤霉素称为赤霉酸（GA_3），现已从高等植物和微生物中分离出 70 多种赤霉素。因为赤霉素都含有羧基，故呈酸性。内源赤霉素以游离型和结合型两种形态存在，可以互相转化。

赤霉素在植物体内的形成部位一般是嫩叶、芽、幼根以及未成熟的种子等幼嫩组织。不同的赤霉素存在于各种植物不同的器官内。幼叶和嫩枝顶端形成的赤霉素通过韧皮部输出，根中生成的赤霉素通过木质部向上运输。

赤霉素中生理活性最强、研究最多的是 GA_3，它能显著地促进茎、叶生长，特别是对遗传型和生理型的矮生植物有明显的促进作用；能代替某些种子萌发所需要的光照和低温条件，从而促进发芽；可使长日照植物在短日照条件下开花，缩短生活周期；能诱导开花，增加瓜类的雄花数，诱导单性结实，提高坐果率，促进果实生长，延缓果实衰老。除此之外，GA_3 还可用于防止果皮腐烂；在棉花盛花期喷洒能减少蕾铃脱落；对马铃薯浸种可打破休眠；对大麦浸种可提高麦芽糖产量等。

赤霉素很多的生理效应与它调节植物组织内的核酸和蛋白质有关，它不仅能激活种子中的多种水解酶，还能促进新酶合成。研究最多的是 GA_3 诱导大麦粒中 α-淀粉酶生成的显著作用。另外它还诱导蛋白酶、β-1,3-葡萄糖苷酶、核糖核酸酶的合成；促进麦芽糖的转化（诱导 α-淀粉酶形成）；促进营养生长（对根的生长无促进作用，但显著促进茎叶的生长），防止器官脱落等。

赤霉素对许多植物的种子萌发也很重要。有些需要经过特殊的低温处理才能萌发的种子，用赤霉素处理后不需低温便可萌发。种子中的赤霉素可能是环境信号和代谢作用之间的纽带，它能在环境条件适当时调动休眠胚中的代谢过程，使胚恢复生长。例如，一些禾谷类的种子，在水分条件改善时便会产生赤霉素，利用贮藏的养分以促进萌发。有些植物中，赤霉素和其他激素如脱落酸间有对抗作用，脱落酸维持种子的休眠，而赤霉素则相反。

3. 细胞分裂素

1955 年，Skoog 和崔澂培养烟草髓部组织时发现，在培养基中加入酵母提取液可促进髓的细胞分裂，后来分离出这种物质，化学成分是 6-呋喃氨基嘌呤，被命名为激动素，其后发现玉米素、玉米素核苷、二氢玉米素、异戊烯基腺苷等都有促进细胞分裂的作用，把这些物质统称为细胞分裂素。

细胞分裂素为腺嘌呤的衍生物，主要在根尖以及成长中的种子和果实中合成。

细胞分裂素的生理作用是促进细胞分裂，诱导芽分化、侧芽生长、叶片扩大、气孔开张、偏上性生长、伤口愈合、种子发芽、形成层活动、根瘤形成、果实生长、植物坐果，抑制不定根形成、侧根形成，延缓叶片衰老。

在进行组织培养时，向培养基中加入细胞分裂素会促进细胞分裂、生长和发育。细胞分裂素能延迟花和果实的衰老。

在植物体内，细胞分裂素的作用常受生长素浓度的影响。可以用去掉顶芽（打顶）的办法进行一项简单的实验，即取两株年龄相同的植物（例如烟草），一株打顶、一株不打顶，数周后打顶的植株会长出许多分枝，显得繁茂，而未打顶的植株则长得比较紧凑，没有分枝，这是因为顶芽产生的生长素抑制了侧芽的生长，而去掉顶芽的植株，则来自根的细胞分裂素促进了侧枝的发育。

有些植物即使顶芽存在，侧枝也会发育，这是由生长素和细胞分裂素二者的比例决定的。来自顶芽的生长素和来自根的细胞分裂素相互对抗，于是出现了不同的生长型式。常常见到植株下部的侧芽先开始生长，就是因为在植株下部生长素与细胞分裂素之比较小。

生长素与细胞分裂素的对抗作用可能是植物协调其根部和地上部生长的一种形式。随着根的发育，就会有越来越多的细胞分裂素运至地上部，给地上部以形成更多分枝的信号。

4. 脱落酸

1964 年，Addicott 从将要脱落的未成熟的棉桃中提取出一种促进棉桃脱落的物质，称为脱落素Ⅱ；1963 年，Wareing 从将要脱落的槭树叶子中提取出一种促进芽休眠的物质，称为休眠素。后来证明，脱落素Ⅱ和休眠素是同一种物质，统一称之为脱落酸（ABA）。

脱落酸为含 15 个碳原子的倍半萜化合物。其合成部位是成熟叶片和根冠（特别是在水分亏缺的条件下），种子和茎等处也可合成。

脱落酸的生理作用是促进叶、花、果脱落，气孔关闭，侧芽、块茎休眠（与日照有关），叶片衰老，光合产物运向发育着的种子，果实产生乙烯，果实成熟；抑制种子发芽、IAA 运输、植株生长（主要是抑制了萌发所需的水解酶的合成）。影响种子休眠的因素有许多种，但对多数植物而言，脱落酸似乎是最重要的，它是生长抑制剂。对于一年生植物，种子休眠特别重要，因为在干旱和半干旱地区，萌发后没有适当的水分供应就意味着死亡。这类植物的种子在土壤中处于休眠状态，只有大雨将其中的 ABA 洗净后才开始萌发。

如前所述，赤霉素促进种子萌发。决定种子是否萌发的因素是赤霉素与脱落酸之比，而不是它们的绝对浓度。芽的休眠也是由这两种物质的比例决定的。例如，苹果正在生长的芽中，ABA 的浓度比休眠芽中的为高，但其中赤霉素的浓度也很高，所以 ABA 不能起抑制作用。

除去在休眠中起作用外，ABA 也起着"胁迫激素"的作用，帮助植物协调不利的环境。例如，植物因干旱而失水时，ABA 就在叶中积累，使气孔关闭。这就减少了蒸腾作用，即减少了水分的损失；同时也降低了光合作用，减少了糖的产生。

5. 乙烯

20 世纪初，人们发现煤气中的乙烯有加快果实成熟的作用，1934 年 Gane 证实乙烯是植物的天然产物，1935 年 Crocker 认为乙烯是一种果实催熟激素，1965 年 Burge 提出乙烯是一种植物激素，后得到公认。乙烯在植物体各部分均可产生（特别是在逆境条件下），正在成熟的果实、萌发的种子及伸展的芽和叶片中含量较高。

乙烯的生理作用是促进解除休眠、地上部和根的生长和分化、不定根形成、叶片和果实的脱落、某些植物花诱导形成、两性花中雌花形成、开花、花和果实衰老、果实成熟、茎增粗、萎蔫。乙烯还能抑制某些植物开花、生长素的转运、茎和根的伸长生长。在农业生产上应用乙烯利（液体乙烯）催熟和改善果实品质，如番茄、香蕉、苹果、葡萄、柑橘等，还可促进次生物质排出，如橡胶树、漆树、松树、印度紫檀等，以及促进开花，如菠萝。

果实中形成的乙烯，因为它是气体，所以很容易在细胞之间扩散，也能通过空气在果实之间扩散。在一箱苹果中，如果有一个苹果过熟而变质了，那么一箱中的所有苹果都会很快成熟随后变质。如果将未成熟的果实放在一个塑料袋内，它们很快就会成熟，因为乙烯在袋中积累，加速果实的成熟。

采摘未成熟果实催熟时，可施用乙烯，使果实成熟；反之，也可以施用 CO_2，以去除乙烯的作用。用这种方法，可以将秋季采摘的苹果贮存到来年夏季。

二、植物的类群

地球上现存近 50 万种植物，分布极广。无论平原、高山、丘陵、荒漠或是河海，也无论是温带还是赤道、极地，都有各种各样的植物种类生长繁衍，它们形态各异，并具有不同的生活史特点。根据植物体的形态、结构以及它们的生殖和生活方式，可以把植物分为藻类植物、地衣植物、苔藓植物、蕨类植物、裸子植物和被子植物。藻类、地衣、苔藓、蕨类植物用孢子繁殖为孢子植物，由于不开花、不结果所以又称为隐花植物，裸子植物和被子植物用种子繁殖所以称为种子植物或显花植物。藻类、地衣植物合称为低等植物，苔藓、蕨类、裸子和被子植物合称为高等植物。藻类植物具有光合色素，属自养植物，根据营养方式的不同，藻类植物又称绿色低等植物。苔藓植物和蕨类植物的雌性生殖器官均以颈卵器的形式出现，而在裸子植物中，也有颈卵器退化的痕迹，因此这三类植物合称颈卵器植物。低等植物在形态上无根、茎、叶的分化（又叫原植体植物），苔藓植物、蕨类植物和种子植物，植物体结构复杂，大多有根、茎、叶的分化（又叫茎、叶体植物），构造上有组织分化，生殖器官多细胞，合子在母体内发育形成胚，故又称有胚植物。从蕨类植物开始植物有了维管组织，蕨类植物、裸子植物和被子植物又称为维管植物。被子植物是目前地球上进化程度最高、植物体结构最复杂、种类也最多的类群，在植物发展史上出现的时间也最晚。

植物有许多共同特征，如为光合自养的生物；叶绿体的色素成分和比例相同（藻类除外）；细胞均具纤维素的壁；高等植物在生活史中都有明显的世代交替，都有卵式生殖（个别藻类除外）；高等植物的受精卵发育成孢子体的过程中经过胚（幼孢子体）的阶段。

（一）藻类植物

藻类（algae）是一群具有叶绿素和其他辅助色素的低等自养植物，植物体一般构造简单，没有真正的根、茎、叶的分化，为单细胞、群体或多细胞。

藻类植物种类繁多，在自然界分布极广。它们大多数是水生的（淡水或海水），而在潮

（视频 22）

湿的土壤表面、墙壁和树皮甚至岩石上等其他潮湿的地方也都有它们的分布。有些蓝藻、绿藻还能与真菌共生形成地衣。

1. 藻类植物的特征

① 具有光合色素，能进行光合作用，是一类能独立生活的自养生物。

② 由于没有真正的根、茎、叶的分化，整个个体都有吸收养分、制造营养物质的功能。

③ 全部细胞都直接参加生殖作用，不像高等植物那样分化成能育细胞（如胚珠内的卵细胞和花粉粒内的精子）和不育细胞（如珠被和花粉的壁细胞）；藻类的生殖器官多为单细胞（少数藻类除外），它们的生殖器官具多细胞的构造，如水云属（*Ectocarpus*）的多室配子囊。

④ 藻类植物为无胚植物。也就是说配子结合成合子不在母体内发育成胚，而是脱离母体后发育成后代。藻类的无性生殖细胞是各种孢子，有性生殖细胞是配子。

2. 分类

藻类是一群古老的植物，在进化上起源较早，大约在 35 亿～33 亿年前，水体中首先出现了原核蓝藻。地球上约有藻类三万余种。藻类分门的主要依据是光合作用色素和贮藏养分的不同，其次是鞭毛的有无、数目、着生位置和类型，细胞壁的成分，以及生殖方式和生活史等。这里将其分为蓝藻门、甲藻门、金藻门、裸藻门、绿藻门、轮藻门、褐藻门和红藻门八门，各门的主要特征见表 4.1。

表 4.1　藻类植物各门主要特征

门	主要色素	分布
蓝藻门	叶绿素 a，藻红素，藻蓝素，类胡萝卜素，叶黄素	海、淡水产，陆生
轮藻门	叶绿素 a，叶绿素 b，类胡萝卜素	淡水产
甲藻门	叶绿素 a，叶绿素 c，β-胡萝卜素，叶黄素	海、淡水产，海产种类多
金藻门	胡萝卜素类和叶黄素类占优势	主要淡水产，硅藻淡、海水均分布
裸藻门	叶绿素 a，叶绿素 b，类胡萝卜素，叶黄素	主要淡水产
绿藻门	叶绿素 a，叶绿素 b，类胡萝卜素，叶黄素	多淡水产
褐藻门	叶绿素 a，叶绿素 c，β-胡萝卜素，叶黄素	几乎全海产
红藻门	叶绿素 a，叶绿素 d，胡萝卜素，叶黄素，藻胆素	多为海产

3. 蓝藻门（Cyanophyta）

蓝藻又称蓝细菌或蓝绿藻。蓝藻在自然界中分布极广，从两极至赤道，从高山到海洋，到处都有它们的踪迹，它们甚至能生活在水温高达 40～90℃的温泉中。它们主要存在于淡水中，海洋中也有。

蓝藻还可与其他生物共生，如项圈藻属（*Anabaena*）共生于蕨类满江红（又名红萍或绿萍，*Azolla*）的叶中，起固氮作用。

（1）主要特征

① 蓝藻植物体有单细胞的，如管孢藻属（*Chamaesiphon*）为棒形单细胞体；有群体的，如微囊藻属（*Microcystis*）为浮游性群体；有丝状体的，如颤藻属（*Oscillatoria*）。和细菌一样，蓝藻具有原核细胞的结构特点。

② 蓝藻细胞壁含有肽聚糖，也含有纤维素；壁外面有由果胶酸和黏多糖构成的胶质鞘，有时细胞外胶质甚多，故蓝藻又称黏藻植物。

③ 植物细胞里的原生质体分化为中心质和周质两部分。中心质又叫中央体，居细胞中央，其中含有核质。核质呈颗粒状或相互连接成网状，无核膜和核仁的结构，但具核的功能，故称原始核。由于蓝藻和细菌都是原始核，而不具真核，故称它们为原核生物。周质又叫色素质，位于中心质四周。蓝藻细胞没有载色体，仅有由一个单位膜构成的片层，有规则地分散在周质中。片层含有叶绿素 a、胡萝卜素、藻蓝素、藻红素及一些黄色色素等光合色素，是光合作用的场所，故被称为光合作用片层。蓝藻的光合作用产物为蓝藻淀粉和蓝藻颗粒体。

④ 丝状体蓝藻的藻丝上常含有异形胞，异形胞是因营养细胞的光合作用片层被破坏而形成的，一般比营养细胞大。异形胞的内含物较均匀透明，其细胞壁比一般营养细胞的细胞壁厚。蓝藻全部生活史中无鞭毛，但有些丝状种类能前后移动和左右摆动，如颤藻。

⑤ 蓝藻以无性繁殖为主，包括直接分裂、断裂和形成段（或藻殖体）进行繁殖。此外，少数种类以孢子繁殖；许多丝状体种类能形成厚壁孢子，这种孢子可长期休眠以度过不良环境，条件适宜时可萌发产生新个体。

（2）分类及经济价值

约有 150 属，1500～2000 种，一般分三目：色球藻目（Chroococcales）、管孢藻目（Chamaesiphonales）和颤藻目（Oscillatoriales）。

① 食用　著名的蓝藻有发菜、螺旋藻等，另外还有普通念珠藻，俗称地木耳。

② 放氢　有些蓝藻在缺氧的条件下，固氮酶可以催化释放人类理想的燃料——H_2。

③ 固氮　目前已知的固氮蓝藻达 150 多种，中国已有报道的 30 多种，能与其他生物共生的蓝藻主要分布在鱼腥藻属和念珠藻属，它们可以与真菌、苔藓、蕨类植物及高等植物共生固氮。如蓝藻与浮萍共生固氮，形成很好的绿肥。

4. 绿藻门（Chlorophyta）

绿藻门植物种类繁多，是最常见的藻类之一，以淡水生活为主，约占90%，各种流动的、静止的水体中都有，在潮湿的土壤上、粗糙的树皮上、阴湿的墙壁和岩石上、花盆壁的四周都会有绿藻生存；海产绿藻种类少，藻体一般比淡水绿藻要大些，主要生长在潮间带。绿藻门植物气生种类也不少。绿藻门植物还有寄生在动物体内外的，如绿水螅即为水螅体内有单细胞绿藻寄生；有的绿藻能与真菌共生成地衣。

（1）主要特征

① 绿藻门植物的体形多种多样，有单细胞、群体、丝状体、叶状体、管状体等。细胞壁内层主要成分为纤维素，外层是果胶质，常黏液化。绿藻植物为真核生物，细胞核一至多数。

② 单核种类的细胞核常位于中央，悬在原生质丝上，如水绵属。多核种类的细胞核常位于靠细胞壁的原生质中。原始种类的细胞内充满原生质，或在原生质中形成很小的液泡，气生类型细胞中无中央大液泡，高级种类细胞中央具大液泡。

③ 细胞内所含的载色体类型因种而异，有杯状、带状、星状、网状和片状的载色体。光合色素以叶绿素 a、叶绿素 b 两种最多，还有 β-胡萝卜素、叶黄素。光合作用产物主要是淀粉，其次是油。运动细胞一般具 2 条或 4 条顶生等长鞭毛。运动种类具红色眼点，眼点由含红色类胡萝卜素的脂类颗粒体组成，具趋光性。

④ 绿藻植物的繁殖有无性繁殖（营养繁殖、孢子生殖）、有性生殖。绿藻无性生殖时营养细胞可转化形成孢子，每个孢子都能直接发育成一个新藻体。绿藻门植物的有性生殖方式

有同配生殖、异配生殖、卵式生殖和接合生殖四种。如图 4.4 所示是衣藻的无性生殖和同配生殖过程。

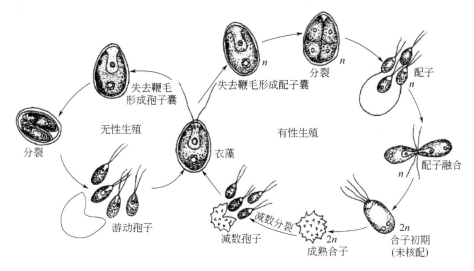

图 4.4　衣藻的无性生殖和同配生殖过程（引自周云龙，2004）

由于绿藻的一些特征与高等植物相似，大多数植物学家认为高等植物是由类似于现代绿藻的祖先进化而来的。

（2）分类及常见种类

绿藻是藻类中最大的一门，两纲 350 属，即绿藻纲（Chlorophyceae）和接合藻纲（Conjugatophyceae），约有 8600 余种。常见的单细胞绿藻有衣藻；多细胞绿藻失去游动能力的有刚毛藻、水网藻、羽藻等，行固着生活的有石莼、毛枝藻等。

5. 红藻门（Rhodophyta）

绝大多数海产，淡水产的约有 50 余种，分布在急流、瀑布和寒冷的山地流水中。海产种由海滨一直到深海 100m，甚至 200m 的海底都有分布，这和红藻含有藻红素有关，藻红素可有效地利用透进深海中的蓝色光。水生红藻生长的基质主要是岩石，少数营附生或寄生生活。气生红藻生长在潮湿土壤的表面。

（1）主要特征

① 多数种类呈红色以至紫色，少数为蓝绿色。藻体多为多细胞构成的丝状体、叶状体或树枝状等多种类型。

② 细胞壁内层为纤维素质的，外层由果胶质构成。细胞内一般只有一核，有的种，细胞幼年时一核，老年期则含数核，核内核仁明显。细胞中央有液泡。载色体中除了含有叶绿素 a、叶绿素 d、胡萝卜素、叶黄素外，还含有藻胆素（藻红素和少量藻蓝素），一般是藻红素占优势，故藻体多呈紫红色或红色。载色体一至多数，颗粒状。原始类型的载色体一枚，中轴位，星芒状，蛋白核有或无。贮藏养分是红藻淀粉和红藻糖。绝大多数种类的生活史较复杂，具有世代交替现象。

③ 红藻的繁殖方式有营养繁殖、无性生殖和有性生殖。红藻植物仅有少数种类以细胞分裂的方式进行营养繁殖，如土生的紫球藻属（Porphyridium）。无性生殖产生的孢子主要有

单孢子、果孢子、四分孢子、壳孢子等，如紫菜属（*Porphyra*）；产生四分孢子。有性生殖为卵式生殖。雌性生殖器官叫做果胞，其与卵囊相似而又不完全相同。果胞一般呈烧瓶形，内只含一卵，上端较细长部分称受精丝，便于受精。雄性生殖器官为精子囊，其中产生无鞭毛的不动精子。红藻植物生活史中不产生游动孢子。

（2）分类及常见种类

红藻植物约有 550 属，3700 多种。红藻中的紫菜是人们喜爱的食物，石花菜、江篱、角叉菜、麒麟菜、海萝等也是提取各种琼胶的原料，具有重要的经济价值。

6. 褐藻门（Phaeophyta）

褐藻绝大多数海生，少数几种生活在淡水中。它们主要分布在冷海区，是北极和南极海中占优势的植物。褐藻可从潮间带一直分布到低潮线下约 30m 处，是构成海底森林的主要类群。

一般营固着生活，少数漂浮，有的附生在其他藻体上。

（1）主要特征

① 褐藻植物体为多细胞体：分枝丝状体，如水云属（*Ectocarpus*）；较高级的假薄壁组织体，由分枝丝状体通过胶质粘贴结合而成，如酸藻属（*Desmarestia*）；有组织分化的植物体，是高级的类型，如海带（*Saccharina japonica*）。褐藻的大小，在不同种类之间差异很大。绝大多数很微小，但有少数为大型藻类，如褐藻中的海带、巨藻等。

② 细胞壁内层是纤维素，外层为藻胶，含藻胶酸钠。细胞具单核，其中央有一个或多个液泡。载色体一至多个，粒状或小盘状，有或无蛋白核。载色体内含叶绿素 a、叶绿素 c、β-胡萝卜素和 6 种叶黄素。叶黄素中的墨角藻黄素含量超过了叶绿素 a、叶绿素 c，使藻体呈褐色。其贮藏的光合作用产物是褐藻淀粉和甘露醇。

③ 褐藻植物通过营养繁殖、无性生殖和有性生殖方式繁殖后代。绝大多数的藻类植物均进行有性生殖，根据相结合的配子的特点有同配生殖、异配生殖和卵式生殖。其中以卵式生殖的进化水平最高。

在褐藻植物生活史中，除鹿角菜目外都是具世代交替的植物。

（2）分类及常见种类

褐藻门大约有 250 属 1500 种。根据它们世代交替的有无和类型，一般分三纲，即等世代纲（Isogeneratae）、不等世代纲（Heterogeneratae）和无孢子纲（Cyclosporeae）。常见的种类有裙带菜、鹿角菜、马尾藻等（图 4.5），它们都可食用。有些褐藻可用于制碘、制褐藻胶等。

7. 其他各门藻类

（1）裸藻门（Euglenophyta）

主要生活于淡水，生于有机质丰富的静水或缓慢的流水中，是水质污染的指示植物。25℃以上裸

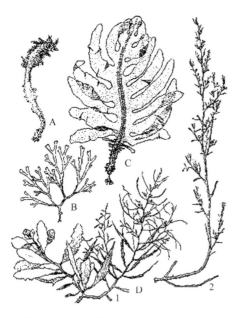

图 4.5　常见褐藻（引自金存礼，1991）
A—黑顶藻属；B—网地藻属；C—裙带菜；
D—马尾藻属（1—海蒿子；2—鼠尾藻）

藻繁殖最快，使水呈深绿色，并可形成水花，此时水质污染严重。少数生长在半咸水中，仅个别种生活于海水中。

裸藻门细胞都是无细胞壁的裸细胞。细胞为梭形，前钝后锐。前端稍偏处为胞口，有一条鞭毛从胞口伸出。胞口和下面的胞咽都不起吞食的作用，细胞前端的胞口和胞咽为废物的出路。胞咽下面是一个袋状的伸缩泡，其背侧有一红色眼点，有感光性。伸缩泡收集细胞里面的废物运到储蓄泡里，再经胞咽及胞口排出体外。细胞内有一大的细胞核和许多绿色载色体，载色体内含叶绿素 a、叶绿素 b、β-胡萝卜素和叶黄素。储藏物质为裸藻淀粉。

裸藻没有无性生殖，有性生殖亦尚未能确定。它是以细胞纵裂的方式进行营养繁殖。环境不适时，细胞失去鞭毛，变圆，分泌厚膜成为胞囊。

裸藻具载色体，能行光合作用，能吞噬食物，因它兼具植物和动物的特征。

裸藻门约有 40 属 800 多种。常见种类有裸藻属（*Euglena*），也称眼虫藻属。

（2）轮藻门（Charophyta）

轮藻门植物主要为淡水生，极少数为半咸水生。轮藻藻体大，可做绿肥。

在细胞构造、光合作用色素和贮存养分上与绿藻门和有胚植物大致相同，与高等植物比较接近，但这仅是轮藻与高等植物在进化上的趋同现象。因为轮藻合子萌发时为减数分裂，不形成二倍体的营养体，只有核相交替，没有世代交替，所以高等植物不可能起源于轮藻。一般认为轮藻是绿色植物从低等到高等进化发展路线上分出的一个特化的旁支。

现存的轮藻门植物约 400 种，我国有 152 种和 39 个变种，其中有 69 种是在我国发现的新种。常见的属有轮藻属（*Chara*）。

（3）金藻门（Chrysophyta）

金藻门植物广布于淡水、海水及潮湿土壤上，是淡水和海洋动物直接或间接的饵料。

金藻门植物由于色素体内含有的胡萝卜素和叶黄素占优势，故藻体呈现黄绿色至金棕色。光合作用产物是金藻淀粉和油。细胞壁通常由两个互相套合的半片组成。壁上有硅质沉积。藻体有单细胞、定型群体、不定型群体和丝状体多种。营养细胞具鞭毛或无鞭毛。无性生殖以游动孢子或不动孢子进行。有性生殖多为具鞭毛或不具鞭毛的配子的同配生殖，也有异配生殖或卵式生殖。

金藻门植物约有 6000 多种，300 属。常见种类有黄藻纲的无隔藻属（*Vaucheria*）和硅藻纲（Diatoms）的硅藻类。无隔藻藻体为管状分枝的单细胞多核体，基部具少数假根使其附着于泥中。细胞壁薄，细胞中央有个大液泡，颗粒状载色体多数。有无性生殖和有性生殖。硅藻种类很多，淡、海水中广泛分布，少数种可生活于潮湿的土表，使土呈棕褐色。

硅藻是一类单细胞植物，许多种类可以连成各式各样的群体。细胞形似小盒，由上壳和下壳组成。细胞壁成分为果胶质和硅质，硅质在最外层，没有纤维素。据壳面花纹的排列方式分为两个目：中心目（花纹辐射状排列）、羽纹目（花纹多为两侧排列）。

（4）甲藻门（Pyrrophyta）

甲藻分布较广，淡水、半咸水、海水中都有，但多数种生活在海洋中，为主要浮游藻类之一。甲藻对水温的要求较其他藻类明显，水温恒定的水层与水温变化的水层分布的种类不同。甲藻能够在光照和水温适宜时短时间内大量繁殖，作为"海洋牧草"与硅藻一样为海洋动物的主要饵料。但如果甲藻过量繁殖、突然死亡而造成毒害，形成"赤潮"对水产养殖不利。甲藻也有寄生在鱼、桡足类或其他无脊椎动物体内的，有些种与腔肠动物共生。

甲藻门植物一般为单细胞，少数为群体或分枝丝状体。多数有 2 条不等长的鞭毛。细胞呈球形、针形、三角形、左右略扁或前后略扁，前后常有突出的角。除少数裸型种类外，都有由纤维素构成的细胞壁，称为壳。壳可分上壳和下壳两部，之间有一横沟，和横沟垂直有一纵沟。两沟相遇之点，生出环绕横沟的横鞭毛和沿着纵沟伸向体后的纵鞭毛。载色体呈黄绿色或棕黄色，含较多叶黄素和叶绿素 a、叶绿素 c 以及 β-胡萝卜素，也有不含色素的种类。淡水产的种类储藏物为淀粉，海水产的种类储藏物为油。

甲藻门约有 135 属，1500 种左右。常见种类有角甲藻属（*Ceratium*）和多甲藻属（*Peridifnium*）。角甲藻属和多甲藻属在海水、淡水中均常见。

8. 藻类植物在国民经济中的意义

藻类植物和人类有着直接或间接的关系，在我国经济发展中起着重要的作用。

（1）与渔业的关系

藻类植物与水中的经济动物，特别是鱼类的关系非常密切。在各种水域中生长的藻类，特别是小型藻类，都直接或间接地是水中鱼、虾的饵料。在海边沿岸生长的藻类既是鱼类饵料，又是鱼类极好的产卵场所。

（2）食用

藻类植物在我国是普通的食品，营养价值较高，含有大量的糖类、蛋白质、脂肪、无机盐、有机碘和维生素 C、维生素 D、维生素 E、维生素 K，以及丰富的微量元素，如硼、钴、铜、锰、锌等。人们常食用的蓝藻有葛仙米、发菜；绿藻有石莼、礁膜、浒苔；红藻有紫菜、石花菜、江篱、海萝等；褐藻有海带、裙带菜、羊栖菜、鹿角菜。

（3）工业上的应用

硅藻土疏松多孔容易吸附液体，生产炸药时，用作氯甘油的吸附剂。又因硅藻土的多孔性不传热，可作热管道、高炉、热水池等耐高温的隔离物质。从褐藻和红藻中可提取许多物质，如藻胶酸、琼脂、卡拉胶、酒精、碳酸钠、醋酸钙、碘化钾、氯化钾、丙酮、乳酸等。藻胶酸可制造人造纤维，这种人造纤维比尼龙有更强的耐火性。

（4）农业上的应用

藻类大量死亡后沉到水底，年复一年，形成大量有机淤泥，挖掘可用作肥料。人们还利用有固氮作用的藻类固氮，以提高土壤肥力。

（5）医药上的应用

从褐藻中提取的碘，可治疗和预防甲状腺肿。藻胶酸在牙科可作牙模型原料。琼脂在医学和生物学上可作各种微生物和植物的组织培养基。琼脂也是一种有效的通便剂。鹧鸪菜有驱除蛔虫的作用。

随着人们对藻类植物的深入研究，对其的认识、利用也会越来越广泛和深入。如用藻类光合放氧作用作为能源，也是淡水藻利用方面的一项重要研究成果。

（二）地衣植物（lichens）

1. 主要特征

① 地衣是藻类和真菌共生的复合原植体植物。构成地衣的藻类是蓝藻和绿藻，共有二

十几个属，主要是绿藻中的共球藻属、橘色藻属和蓝藻门的念珠藻属，这三属占全部地衣共生藻类的90%，而共球藻属又是其中最主要的一属。

②　真菌在地衣构造上占主要成分。构成地衣的真菌大多数为子囊菌，少数为担子菌，个别为藻状菌。地衣原植体的形态几乎完全是由共生的真菌决定的，藻类分布于地衣植物的内部，成一层或若干团。

③　藻细胞进行光合作用为整个地衣植物体制造有机养分，而菌丝吸收水分和无机盐，为藻类行光合作用提供原料，并使藻细胞保持一定湿度，不干死。故构成地衣的藻、菌间是互惠互利的共生关系。

④　地衣的原植体可分为三大类：壳状地衣，地衣体是颜色深浅多种多样的壳状物，以髓层菌丝与基质紧密相连接，有的还生假根伸入基质中，很难剥离。壳状地衣约占全部地衣的80%；枝状地衣，地衣体直立或下垂，呈树枝状或柱状，多数具分枝，仅基部附着于基质上；叶状地衣，地衣体扁平，有背腹性，呈叶片状，四周有瓣状裂片，以假根或脐固着在基物上，易与基质剥离。

⑤　地衣的构造可分为上皮层、藻胞层、髓层和下皮层。上、下皮层是由横向分裂的菌丝紧密交织而成，特称为假皮层。藻胞层是在上皮层之下由藻类细胞聚集成一层。髓层介于藻胞层和下皮层之间，由无色的蛛网状菌丝组成，通常呈微弱的胶质化，并具较大的细胞，菌丝间有许多大的空隙，髓层的主要功能是储存空气、水分和养分，也是多数地衣酸所沉积的部位。

根据藻类细胞在地衣体内部的分布情况，通常又分为两种类型：同层地衣的藻细胞在髓层中均匀分布，无单独的藻胞层，如猫耳衣属；异层地衣是在上皮层之下，集结多数的藻细胞，成藻胞层，其下方为髓层，最下面为下皮层，如梅衣属和蜈蚣衣属。

⑥　地衣的繁殖方法主要为营养繁殖和有性生殖。营养繁殖是地衣最普遍的繁殖方式，主要是以原植体断裂，一个原植体分裂为数个裂片，每个裂片均可发育为新个体；有性生殖是由地衣体中的子囊菌和担子菌进行的，产生子囊孢子和担孢子。前者称子囊菌地衣，占地衣种类的绝大部分；后者为担子菌地衣，占少数。

2. 分类及常见种类

本门植物全世界有500余属25000余种。地衣的分类是依据构成地衣体的真菌的种类，一般分为三纲：子囊衣纲（Ascolichenes）、担子衣纲（Basidiolichenes）和藻状菌衣纲（Phycolichenes）。

3. 地衣在自然界中的作用及经济意义

（1）地衣植物是自然界的先锋植物

生长于峭壁和岩石上的地衣，能分泌地衣酸，腐蚀岩石，促使岩石变为土壤，为高等植物分布创造条件，故可称地衣为自然界的先锋植物。

（2）工业上的用途

工业上用石蕊科、牛皮衣科、梅花衣科和松萝科地衣作为制造香水和化妆品的原料。冰岛衣和石蕊可制造酒精。染料衣用于提取石蕊制备石蕊试纸，作为化学指示剂。冰岛衣、脐衣、梅花衣、扁枝衣等都曾被用作自然染料。

（3）食用

地衣含地衣淀粉可供作食料，如在北极和高山的苔原带，分布着面积数十里至数百里的地衣群落为鹿群的主要食料。石耳属、石蕊属及冰岛衣属中某些种含较高糖类，可食用。

（4）药用

具经济价值的地衣很多，如石蕊、松萝等可供药用。地衣酸有抗菌作用，多种地衣体内的多糖有抗癌能力。

（5）指示植物

多种地衣对 SO_2 反应敏锐，可用作对大气污染的监测指示植物。

地衣也有其有害的一面，如森林中松萝属常挂满云杉、冷杉树冠，使树木致死。某些地衣以假根状的菌丝穿入茶树和柑橘类体内，妨碍寄主的生长。

（三）苔藓植物（bryophyta）

1. 主要特征

苔藓植物是一群小型的较原始的高等植物，分布很广，绝大多数陆生，但多生于阴湿环境中，在阴湿的石面、土表、树干上常成片生长，在云雾常存的高山林地生长尤为繁茂。

（1）配子体

苔藓植物的绿色营养体是配子体，体态一般很小，如丛藓科。大者也仅有十几厘米，如大金发藓属、万年藓属、大叶藓属，及几十厘米长的如蔓藓科（Meteoriaceae）。

配子体有假根、拟茎和拟叶的分化，简单的种类呈扁平的叶状体；体内无维管组织，实质上为拟茎叶体，因此植物总是很矮小，体高仅几厘米。

苔藓植物的个体发育要经过原丝体阶段。该阶段是由孢子发育成配子体的第一个阶段。绝大多数藓类植物的原丝体为分枝的丝状体，形似丝状绿藻，细胞内含叶绿体。少数藓类和整个苔类的原丝体呈片状，有的藓类原丝体还有呈囊状、带状或漏斗状的。原丝体生长到一定时期会发育成芽体，由芽体进一步发育成具根、茎、叶分化的配子体。配子体生成后，原丝体一般就逐渐消失。

苔藓植物的配子体上，产生由多细胞构成的有性生殖器官精子器和颈卵器。它们的生殖细胞都由一层或多层没有生殖功能的细胞包围。生殖器官开始出现了由不育细胞组成的保护层，这是对陆地生活的一种适应。

（2）孢子体

苔藓植物的孢子体形态结构独特，绝大多数是由孢蒴、蒴柄和基足三部分构成。孢蒴结构复杂，是产生孢子的器官，生于蒴柄的顶端，细嫩时为绿色，成熟后多为褐色或棕红色，不能独立生活，主要从配子体吸收营养，仍寄生在配子体上。

（3）有性生殖器官和生殖过程

苔藓植物的雌性生殖器官称颈卵器，它是由一细长颈部和膨大的腹部组成，外面由不育细胞构成的壁保护着。颈部壁内有一串颈沟细胞，腹部壁内有一大的卵细胞，在卵细胞与颈沟细胞之间还有一个腹沟细胞。苔藓植物的雄性生殖器官称精子器，一般呈棒形、卵形或球形，基部具一柄，外围一层不育细胞构成的精子器壁，成熟时壁内有许多精子，精子形状是长而卷曲的，有两条鞭毛。颈卵器的出现是植物界系统演化中的一大进步，有了它，使得卵细胞和发育早期的受精卵能得到很好的保护。

在整个植物界中，从苔藓植物开始有了胚的结构，但苔藓植物的胚是高等植物中结构最简单的类型。它是由受精卵经过横裂和纵裂而形成的由 2～8 个细胞组成的原始胚，由原始胚发育成孢子体。

（4）生活史

世代交替现象在藻类植物中虽已出现，但不普遍，藻类植物的孢子体和配子体是能独立生活的植物体，不存在相互依赖的关系。苔藓植物的世代交替是一种极普遍的现象，孢子体寄生在配子体上。

苔藓植物的生活史为孢子减数分裂，异形世代交替，配子体占优势，孢子体不能独立生活，而其他所有的高等陆生植物正好与苔藓植物相反，均为孢子体发达的异形世代交替。此外，苔藓植物的孢子首先萌发产生绿色的丝状体即原丝体，再由原丝体发育成配子体，这是苔藓植物生活史的另一个特点。

2. 常见种类

苔藓植物在全世界约有 23000 种，我国约有 2800 种。

葫芦藓（*Funaria hygrometrica*）为藓纲代表植物，多生于有机质丰富、含氮丰富的阴湿土上，在房屋四周、校园、农田等阴湿处或火烧迹地上常可发现它们，而在荒无人烟的深山老林反而罕见它们的踪迹，故有"伴人"植物之称。如图 4.6 所示为葫芦藓的生活史。

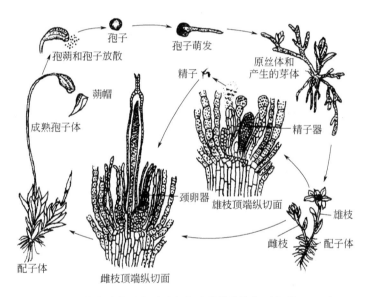

图 4.6　葫芦藓的生活史（引自中国科学院植物研究所，1982）

（1）配子体

矮小，高 1～3cm，直立，呈茎、叶形，丛生，无真正的根、茎、叶分化，茎下多生假根，假根棕色，由单列细胞构成，细胞端壁斜生。茎的构造比较简单，由表皮、皮层和中轴构成。

葫芦藓是雌雄同株、异枝植物，生殖时雌枝茎顶叶子紧包呈顶芽状，其中有数个具柄的颈卵器，通常只有一个颈卵器中的卵能受精，发育成孢子体。雄枝生于顶枝，花蕾状，橘红色，在精子器之间夹生有单列细胞组成的侧丝，其功用是保存水分和保护精子器。

葫芦藓生殖器官成熟时，精子从精子器逸出，借助水游到颈卵器附近，沿颈沟到腹部与卵受精，形成合子（受精卵）。

合子不经休眠在颈卵器内发育成胚，胚逐渐分化形成具孢蒴、蒴柄和基足的孢子体。基足伸入母体（雌配子体）吸收养料。蒴柄细胞分裂、生长将孢蒴顶出颈卵器外，被撕破的颈卵器壁的上部，附着在孢蒴外面，形成蒴帽。蒴帽虽戴在孢子体的孢蒴上，但它来自颈卵器，属于单倍的配子体部分。蒴帽与孢蒴成熟后即行脱落。

（2）孢子体

由孢蒴、蒴柄和基足构成。孢蒴细长，幼时绿色，老时红棕色，干时扭转。孢子体的主要部分是孢蒴，孢蒴梨形或葫芦状，由蒴盖、蒴壶和蒴台组成。蒴盖是孢蒴顶端圆碟状的盖，外面有由表皮细胞加厚构成的环带，内侧有蒴齿。蒴盖脱落后，蒴齿露在外面，能行干湿性伸缩运动，孢子借蒴齿的屈伸运动弹出体外。蒴壶构造较复杂，由表皮、蒴壁、孢原组织、蒴轴组成，最外层为表皮细胞，表皮内侧为蒴壁，蒴壁由多层细胞构成，其中有大的胞间隙即为气室，气室中有绿色营养丝。孢子母细胞来源于孢原组织，孢子母细胞经减数分裂后形成孢子。在蒴壶的正中央是由薄壁细胞构成的圆柱状蒴轴。蒴台在孢蒴的最下部，表皮内为几层含叶绿体的薄壁细胞，能进行光合作用。

（3）原丝体

孢蒴成熟后，散出蒴外，在适宜环境中首先形成绿色的丝状体，称为原丝体。原丝体是分枝丝状体，细胞内含有叶绿体。当发育到一定阶段，从原丝体上产生多个芽，每一芽体发育成直立的配子体，待配子体发育完全，原丝体逐渐消失。

3. 苔藓植物在自然界中的作用及其经济价值

（1）苔藓植物是自然界的拓荒者

耐旱能力强的藓类能够生长在光裸的石壁上、新断裂的岩层上、新崩裂的土坡上。它们以紧密丛集的植物体积累水分和浮土，以酸性代谢产物分解岩石表面，促使其分化。

（2）苔藓能促使湖沼陆地化

在湖边和沼泽中大片生长的苔藓，在适宜条件下，植物体下部逐渐死亡腐朽、堆积，可使湖泊、沼泽干枯，逐渐陆地化，为陆生的草本植物、灌木、乔木创造生长条件，从而使湖泊、沼泽演替为森林。

（3）药用

从仙鹤藓属、曲尾藓属、提灯藓属、大金发藓属和泥炭藓属5属的一些物种中提取了对金黄色葡萄球菌有较强抗性的活性物质，它们对革兰阳性和阴性菌都有抗菌作用。

（4）指标植物

有些苔藓植物对大气中的 SO_2 尤为敏感，常可作为监测大气污染的监测植物。

（5）保水能力

泥炭藓和多种真藓类（如灰藓、青藓、羽藓等）的茎、叶吸水和保水能力很强，常在苗木运输过程中用以包裹根部，或用作插条、播种后种子萌发的覆盖物，以免水分迅速蒸发枯死。

苔藓植物因个体矮小，生长量不大，它们的利用价值常不被人们重视。近年来随着对苔藓植物研究的深入，已有许多种类被用于医药和工农业生产原料方面。

（四）蕨类植物（pteridophyte）

蕨类植物和苔藓植物的最大区别是孢子体内有了维管组织的分化，在形态上具有了真正的根、茎、叶，它们同种子植物一起总称为维管植物，但又不产生种子，这是同种子植物最大的区别之一。蕨类植物的有性生殖器官为精子器和颈卵器，和苔藓植物、裸子植物一起统称为颈卵器植物。它们是介于苔藓植物和裸子植物之间的一群植物，比苔藓植物进化，但比裸子植物原始。

1. 主要特征

(1) 孢子体

蕨类植物的孢子体发达。除少数种类如桫椤属（*Alsophila*）的树蕨为木本外，大多数为多年生草本。除松叶蕨亚门外，所有的蕨类植物均有真正的根、茎、叶的分化。主根较不发育，通常为不定根。茎有地上茎和地下的根状茎之分。高等蕨类植物绝大多数具有根状茎，低等蕨类多具有地上气生茎。

叶有小型叶和大型叶两类。小型叶较原始，由茎表皮突出而成，较小，不如茎发达，无叶隙和叶柄，叶脉不分枝，如松叶蕨、石松、木贼等。低等蕨类植物均为小型叶类型。大型叶在起源上是顶枝扁化而成，比根状茎发达，有叶隙或无，有叶柄，叶脉多分枝。

从形态上叶可分为单叶和复叶。单叶是在叶柄上仅具 1 个叶片。复叶是由叶柄、叶轴、羽片和羽轴组成，自叶柄顶端延伸成的叶轴上有多个叶片（羽片）。

从功能上叶又可分为营养叶和孢子叶。前者仅具有通过光合作用制造营养的功能，无生殖功能，也称不育叶；后者可以产生孢子囊和孢子进行繁殖，也称能育叶。有些蕨类植物同一叶片既有营养功能，又具有繁殖功能，这种叶称为同型叶；另有些蕨类植物具有两种不同功能的叶，即营养叶和孢子叶，二者在形态上也常明显不同，称为异型叶。从系统发育来说，小型叶和同型叶原始，大型叶和异型叶比较进化；小型叶多螺旋状排列，而大型叶则为簇生、近生或远生于根状茎上；大型叶形态比较复杂。

小型叶蕨类的孢子囊着生在孢子叶的叶腋或腹面基部，孢子叶常密集于枝顶呈球状或穗状，分别称孢子叶球或孢子叶穗；大型叶蕨类的孢子囊集生成孢子囊群，通常集生在叶背的边缘、主脉两边或沿主脉着生，或集生于特化的孢子叶上。水生蕨类的孢子囊群则着生在特化的孢子囊果中，如苹、槐叶苹等。

大多数蕨类植物产生的孢子大小形态相同，称同型孢子，而卷柏和少数水生蕨类孢子有大小之分，称异型孢子。孢子在形态上可分为两类，一类为肾形、两侧对称的两面型孢子；另一类为圆形或钝三角形、辐射对称的四面型孢子。大孢子将萌发产生雌配子体，小孢子则萌发产生雄配子体。

(2) 配子体

绝大多数蕨类植物的配子体呈绿色，是由单倍体的孢子直接萌发产生的。配子体小型，结构简单，生活期较短，无根、茎、叶的分化，具有单细胞的假根。蕨类植物的配子体又称为原叶体。有背腹之分的叶状体（原叶体），在腹面产生精子器和颈卵器。颈卵器的特点在于其腹部（包含有腹沟细胞和卵）通常埋在配子体的组织中，短的颈部则露出配子体的表面。配子体上的精子器产生许多具鞭毛的精子；颈卵器产生一个卵子。配子体从营养方式上可分为两类：一类不含叶绿素，埋在土中或部分埋在土中，依靠共生的真菌取得养料，如松叶蕨，其配子体长约几毫米，直径仅 0.5～2mm，褐色，柱状，具假根；另一种类型为绿色光合自养的配子体，可以独立生活。

精子多鞭毛，借水作媒介，游到颈卵器与卵结合，受精卵逐渐发育成胚，即幼孢子体。

所以蕨类植物的生活史中有明显的世代交替现象，以孢子体占优势（苔藓植物是以配子体占优势），而且朝着配子体逐渐退化而孢子体逐渐发达的方向发展。

蕨类植物的孢子体具有维管系统，起着输导和支持作用。另外，蕨类植物的孢子体有根，能深入土壤吸收水分和矿质元素；有发达的叶，能进行光合作用。这些特性都使蕨类植物能较好地适应陆生生活。但蕨类植物的配子体远不及苔藓植物。

（3）生境和分布

蕨类植物分布很广，除海洋和沙漠不见其踪迹外，在高山、沟溪、山地、森林和淡水中均有生长，但多喜生于潮湿的陆地。现代蕨类约有 12000 种，我国约有 2600 种，以热带和亚热带的数量较多。我国以西南地区和长江以南各省的种类最多，仅云南就有 1000 多种，在我国有"蕨类王国"之称。蕨类虽已出现真根和维管组织，适应陆生比苔藓植物强得多，但维管组织不够完善，受精过程又要借水作媒介，因此大多数种类喜生林下、沟谷等阴湿环境中，分布上远不如种子植物。

2. 分类及常见种类

中国学者秦仁昌于 1978 年提出的分类系统包括的科属仅为中国产的。他把现代蕨类作为一个门，即蕨类植物门，下分为五个亚门：松叶蕨亚门、石松亚门、水韭亚门、楔叶亚门和真蕨亚门。在蕨类植物五个亚门中，以松叶蕨亚门的种类最少，只有松叶蕨属和梅溪蕨属。前者有两种，我国仅有一种即松叶蕨，产于热带和亚热带，后者仅有梅溪蕨。

（1）问荆（*Equisetum arvense*）

属于楔叶亚门木贼科木贼属。孢子体为多年生草本。具有地下根状茎和地上气生茎。问荆的地上气生茎有营养茎和生殖茎两种。问荆营养茎为绿色，具有轮生分枝。茎表皮富含硅质，节和节间明显，节上轮生鳞片状叶，节间外表有许多纵肋（脊），肋间有槽（沟）。问荆生殖枝紫褐色，但没有轮生分枝。营养枝和生殖枝的叶鞘无木贼的两个黑圈。

问荆为田间杂草，多生于沙性土壤或溪边。幼嫩的生殖茎可食。在我国大部分省区有分布，全草有利尿、止血、清热的功效。其他常见种类有节节草（*Equisetum ramosissimum*）、木贼（*Equisetum hyemale*）等。

（2）蕨（*Pteridium aquilinum*）

属于真蕨亚门薄囊蕨纲蕨科蕨属。孢子体为高约 1m 的多年生草本，根状茎粗壮横走，被褐色茸毛或棕色鳞片，具有二叉状分枝，生有许多不定根。叶幼时拳卷，成熟后平展，2～4 回羽裂。

真蕨类植物很多，其他常见种类有海金沙（*Lygodium japonicum*）、芒萁（*Dicranopteris dichotoma*）、井口边草（*Pteris multifida*）、铁线蕨（*Adiantum capillus-veneris*）、乌毛蕨（*Blechnum orientale*）、贯众（*Cyrtomium fortunei*）、桫椤（*Alsophila spinulosa*）、瓦韦（*Lepisorus thunbergianus*）、槐叶苹属（*Salvinia natans*）、满江红（*Azolla imbricata*）、石韦（*Pyrrosia lingua*）等。

3. 蕨类植物的经济价值

现代蕨类与人类关系密切，经济价值较大的在于观赏。另外，有的可食，有的可入药，有的直接作燃料，有的可作工业原料，有些种在农、林业方面也起着一定的作用。

（1）食用

如菜蕨、紫萁、水蕨、蕨、乌毛蕨等的嫩叶可食，俗称蕨菜。

（2）药用

据丁恒山的《中国药用孢子植物》中记载，蕨类植物中 100 多种有药效。如深绿卷柏可抗癌、木贼可治眼疾、瓶尔小草可治毒蛇咬伤、槐叶苹可治虚痨发热和湿疹等、苹有清热解毒可外用治疮痈和毒蛇咬伤等。

（3）工业

木贼可代砂纸擦铁锈或磨光。石松的孢子可作冶金工业的脱模剂；还可用于信号弹、火箭、照明弹的制造业上，作为突然起火的燃料。

（4）观赏

很多蕨类植物体态优美，具有很高的观赏价值，常作为庭园观叶植物。常见的有翠云草、肾蕨、荚果蕨、铁线蕨、乌蕨、鸟巢蕨、巢蕨属、鹿角蕨属、桫椤等。

（5）农、林业

蕨类植物大多数富含单宁，不易腐朽和发生病虫害，是常绿树苗蔽荫覆盖的良好材料。在茂密的森林中，由于有蕨类组成的草本层，林内湿度提高，增加土壤肥力，给乔木层创造一个良好的生存条件。

（6）指示植物

蕨类植物是土壤的指示植物。卷柏、溪边凤尾蕨、娱松草、贯众、铁线蕨为钙质土指示植物；石松、垂穗石松、乌毛蕨、紫萁、芒萁、狗脊等为酸性土指示植物，其中芒萁为强酸性土指示植物。

（五）裸子植物（gymnosperm）

（视频 23）

裸子植物的孢子体非常发达，大多数为单轴分枝的高大乔木。分枝常有长短枝之分，长枝细长，叶在枝上螺旋状排列；短枝粗短，生长缓慢，叶簇生枝顶。中柱为真中柱，具有形成层和次生生长。木质部大多数只有管胞，极少数具有导管；韧皮部只有筛胞而无伴胞。虽然具有花粉管和种子，但胚珠裸露，花粉粒直接落在胚珠上，仍然在雌配子体中保留了颈卵器，胚乳是没有经过受精而来的雌配子体，种子不为大孢子叶所包裹，造成胚珠和种子裸露，故名裸子植物。裸子植物也没有真正的花和果实。在植物界中，是介于蕨类植物和被子植物之间的维管植物。

在现代植物中，体形最高大、年龄最大的代表，均可以在裸子植物中找到。生长在美国加利福尼亚的巨红杉，又称"世界爷"，高可达 81.6m，胸围达 23.7m。一种长在海岸的红杉，其高为 114m。一株长在北美的硬毛松，由其年轮测知它已生活了 4900 年。有少数种类如麻黄是无叶的灌木，百岁兰茎成块状体，买麻藤为大型的木质藤本。

裸子植物比被子植物原始，发生于四亿年前的上泥盆纪，繁盛于 1.8 亿年前的侏罗纪，遍布全世界，后因气候的变化，逐渐衰退，到 1.3 亿年前的白垩纪，其优势终于为被子植物所代替。平日常见的苏铁、松、柏、杉等都是裸子植物。在系统发育中，裸子植物之所以能取代蕨类植物，而在陆地上占有一定的地位，则与其所具有的特征有关。

1. 主要特征

（1）种子裸露，不形成果实

裸子植物的胚珠裸露，不为大孢子叶形成的心皮所包被。胚珠由珠心和珠被组成，珠心相当于蕨类植物的大孢子囊，珠被是珠心外的保护结构，在裸子植物中为单层。胚珠成熟后形成种子，外面没有果皮包被，故称裸子植物。这是裸子植物比被子植物原始的特征。种子由胚、胚乳和种皮组成，包含有三个不同的世代：胚来自受精卵，是新的孢子体世代；胚乳来自雌配子体，是配子体世代；种皮来自珠被，是老的孢子体世代。

（2）孢子体发达

裸子植物的孢子体比蕨类植物的孢子体发达，均为木本植物，多为乔木。主根发达，形成强大的根系；维管系统发达，具有形成层和次生生长；木质部大多数只有管胞，韧皮部只有筛胞而无筛管和伴胞；叶多为针形、条形或鳞形，稀阔叶型；叶背常具粉白色气孔带。

（3）孢子叶聚生成球花

裸子植物的孢子叶大多聚生成球果状，称为球花或孢子叶球。雄球花又称小孢子叶球，由小孢子叶聚生而成，每个小孢子叶下面生有小孢子囊（花粉粒）。雌球花又称大孢子叶球，由大孢子叶丛生或聚生而成。大孢子叶为羽状（苏铁）或变态为珠鳞（松柏类）、珠领（银杏）、珠托（红豆杉）、套被（罗汉松）。大孢子叶的腹面生有一至多个裸露的胚珠。

（4）配子体退化，寄生在孢子体上

配子体不能独立生活，寄生在孢子体上，此特点比蕨类植物进化。

（5）花粉发育形成花粉管，受精作用不再受水的限制

裸子植物的雄配子体即花粉粒，花粉为单沟型，借风传播，经珠孔直接进入胚珠，在珠心上方萌发，形成花粉管，进入胚囊，将精子直接送到颈卵器内与卵细胞结合，完成受精作用。因此，受精作用不再受到水的限制。

（6）具多胚现象

裸子植物大多数具多胚现象。雌配子体几个颈卵器同时受精形成多个胚，或一个受精卵在发育过程中分裂为几个胚。

2. 分类及常见种类

裸子植物可以划分为五个纲：苏铁纲、银杏纲、松柏纲、紫杉纲和买麻藤纲。其中银杏科、银杉属、金钱松属、水杉属、杉属、水松属、侧柏属、白豆杉属等为我国特产的科属。我国有不少称为活化石的植物，如银杏、银杉、水杉等。

（1）苏铁纲（Cycadopsida）

苏铁植物在古生代的末期（二叠纪）兴起，在中生代的三叠纪，即距今天 2.48 亿年，是苏铁植物发展的鼎盛时代，三叠纪又称为"苏铁时代"，少数的苏铁在热带地区被保存下来，被称为活化石。

现存苏铁有一科十属，约 120 种，分布在热带和亚热带地区。我国只有苏铁属（*Cycas*）一属，九种，产于华南、西南各省，其中常见的有苏铁（*Cycas revoluta*）、篦齿苏铁（*Cycas pectinata*）和攀枝花苏铁（*Cycas panzhihuaensis*）。

（2）银杏纲（Ginkgopsida）

银杏植物只有一种，这就是银杏（*Gingko biloba*）。中生代银杏化石几乎遍布全世界，其叶与现代的银杏非常相似。银杏又叫白果，原产中国，现已被引种到世界各地。银杏从种植到结果需要较长时间，又被称为"公孙树"。在中国银杏作为药食兼用的植物已经栽培了很长时间，种子有敛肺止咳功效，银杏叶亦由近代医学证明具有扩张血管、治疗脑血管病的作用。野生银杏在浙江天目山等地被发现。

（3）松柏纲（Coniferopsida）

常绿或落叶乔木，稀为灌木，常含树脂。茎枝发达有长枝、短枝之分。叶单生或成束，多为条形、针形、钻形或鳞形，花单性，雌雄同株或异株，大、小孢子叶排成球果状，故名球果植物。本纲因叶常为针形故名针叶植物。精子无鞭毛。

松柏植物包括了松科、杉科、柏科及南洋杉科四个科，438 种，全部皆为木本植物，是现代裸子植物中数目最多、分布最广的一个类群。

松柏植物因其美丽的外形，而作为庭园风景树，如金钱松（*Pseudolarix amabilis*）、雪松（*Cedrus deodara*）、水松（*Glyptostrobus pensilis*）、水杉（*Metasequoia glyptostroboides*）、落叶松（*Taxodium mucronatum*），各种柏树如侧柏（*Biota orientalis*）、圆柏（*Juniperus chinensis*）、福建柏（*Fokienia hodginsii*），以及南洋杉（*Araucaria excelsa*）等均是常见的观赏树木或作为圣诞装饰树。松科、杉科和柏科的特征比较见表 4.2。

表 4.2　松科、杉科和柏科特征比较

特征	松科	杉科	柏科
叶形	针形或条形	条形、披针形、钻形或鳞形	鳞形或刺形
叶、孢子叶着生方式	螺旋状排列	螺旋状排列（仅水杉对生）	交互对生或 3～4 枚轮生
小孢子囊（叶）数	2	常 3～4	2～6
胚珠数/珠鳞	2	2～9	1～∞
珠鳞与苞鳞	离生	完全合生	完全合生

（4）红豆杉纲（Taxopsida）

又称紫杉纲，常绿木本，多分枝。叶多为条形、披针形。球花单性，雌雄异株。我国有三科（罗汉松科、三尖杉科和红豆杉科），七属，33 种。

小叶罗汉松（*Podocarpus macrophylla*）是常见的栽培观赏植物，种子成熟时紫黑色，其下的种托膨大成肉质，呈紫红色，种子完全为假种皮所包裹，黑色，似裂袋，故名罗汉松。香榧（*Torreya grandis*）是我国特有种，分布于我国的华东、湖南及贵州等地，很早就栽培，其种子称"香榧"，为有名的食用干果。红豆杉（*Taxus chinensis*）是我国特有树种，分布在我国中西部，木质优良。该属多种树皮含有紫杉醇，供制抗癌药物。三尖杉（*Cephalotaxus fortunei*）为我国特有种，枝、叶、根、种子可提取多种生物碱，供制抗癌药物。

（5）买麻藤纲（Gnetopsida）

买麻藤属是广布于热带和亚热带的木质大藤本，也有分布于南美的小乔木。叶对生，阔叶状，具网状脉。麻黄属常为灌木，生长于沙漠和干旱地带，在外形上和木贼很相似，叶轮生，退化成鳞片状，小枝绿色，分布于亚洲、欧洲东南、非洲北部的干旱荒漠地区。

本纲有三目三科三属，约 80 种。我国有二目二科二属，19 种，分布于西北各省以及云南、四川、内蒙古等地。买麻藤纲包括三个形态上很不相同的属，即买麻藤属（*Gnetum*）、麻黄属（*Ephedra*）和百岁兰属（*Welwitschia*），其中麻黄（*Ephedra sinica*）为重要的药用植物。

3. 裸子植物的经济价值

（1）工业上的应用

多数松杉类植物可提炼松节油等副产品，树皮可提制栲胶。裸子植物的木材可作为建筑、飞机、家具、器具、舟车、矿柱及木纤维等的工业原料。

（2）观赏和庭院绿化

大多数的裸子植物都为常绿树，树形优美，寿命长，是重要的观赏和庭院绿化树种，如苏铁、雪松、油松、白皮松、银杏、水杉、金松、侧柏、华山松、圆柏、南洋杉、金钱松、罗汉松等，其中雪松、金松、南洋杉被誉为世界三大庭院树种。

（3）林业生产中的作用

裸子植物一般耐寒，对土壤的要求也不苛刻，枝少干直，易于经营，因此，我国目前的荒山造林首选针叶树，冷杉、云杉、杉木、油松、马尾松等已成为重要的人工造林树种。

（4）食用和药用

许多裸子植物的种子可食用或榨油，如华山松、红松、香榧及买麻藤等的种子，均可炒熟食用。苏铁的种子除可食用（微毒）外，还可药用；银杏和侧柏的枝叶及种子、麻黄属植物的全株均可入药；从三尖杉和红豆杉的枝叶及种子中分离出的三尖杉酯碱、紫杉醇等具有抗癌活性的多种生物碱，可抗癌。

（六）被子植物（angiospermae）

被子植物是植物界中进化最高级、适应性最强、种类最多、分布最广的一类。现知被子植物有1万多属20多万种，我国有2700多属约3万种。被子植物能有如此繁多的种类，归因于其具有极其广泛的适应性。

1. 主要特征

（1）具有真正的花

被子植物典型的花通常由花梗、花托、花被（花萼、花冠）、雄蕊群和雌蕊群几部分组成。花萼、花冠的出现提高了传粉效率，为异花传粉创造了条件。被子植物花的各部在数量上、形态上以及在进化过程中，适应虫媒、鸟媒、风媒或水媒的传粉方式，被自然界选择、保留，从而使被子植物能适应不同的生活环境。

（2）具有雌蕊，形成果实

雌蕊由几个或多个心皮组成，包括柱头、花柱和子房三个部分。胚珠着生在子房内，受精后，整个子房发育成果实，胚珠发育为种子，它得到了果实的保护。果实又具有不同的色、香、味，多种开裂方式，果皮上常具有钩、毛、刺、翅。果实的这些特点，在保护种子成熟、帮助种子散布方面起着重要作用。

（3）具有双受精现象

在被子植物中出现一个精子与卵细胞结合形成合子，另一个精子与两个极核结合，形成$3n$染色体，发育为胚乳的双受精现象。这种具有双亲特性的胚乳使后代个体的生活力更强，适应性也更广。

（4）孢子体高度发达和分化

被子植物的孢子体占绝对优势而又高度分化，使其愈加适应于在陆地的环境生长和繁荣。在形态上，有合轴式的分枝、大而阔的叶片。从生活型来看，有陆生、水生、盐碱生和沙漠等不同生境的植物。在解剖构造上，被子植物的次生木质部有导管、韧皮部有伴胞，输导组织完善化。这些特性使被子植物的输导能力和植物体的高度以及受光面积等方面都得到了加强。

（5）配子体进一步退化

被子植物配子体达到了最简单的程度。

2. 分类及常见种类

被子植物分成双子叶植物（dicotyledoneae）和单子叶植物（monocotyledoneae）两个纲。木兰、山毛榉、蔷薇、仙人掌、柑橘、苹果、向日葵都是双子叶植物，棕榈、禾草、墨兰、百合都是单子叶植物。比较起来，双子叶植物更为多种多样，它们的主要区别如表4.3所列。

表4.3　双子叶植物纲和单子叶植物纲的主要区别

双子叶植物纲（木兰纲）	单子叶植物纲（百合纲）
胚具子叶两枚	胚含一枚子叶
主根多为直根系	主根多为须根系
茎内维管束环状排列，具形成层	茎内维管束散生，无形成层
叶多为网状叶脉	叶多为平行叶脉或弧形叶脉
花基数多为五或四	花基数通常为三
花粉常具三个萌发孔	花粉常具一个萌发孔

（1）双子叶植物

玉兰（*Magnolia denudata*），我国原产，花大，栽培作观赏。荷花玉兰（洋玉兰）（*Magnolia grandiflora*），常绿乔木，叶革质，叶背密被锈色绒毛。花大，白色，花被三轮。原产北美大西洋沿岸，芳香，广植世界各地，我国南北均有栽培，有不同的品种。

辛夷（木兰，紫玉兰）（*Magnolia liliflora*），花先叶开放，紫色，花蕾入药，原产湖北，我国各地有栽培。

樟树（*Cinnamomum camphora*），我国特产，分布于长江以南各省，为我国珍贵木材和芳香油树种，樟脑油是我国的大宗出口产品。

肉桂（*Cinnamomum cassia*），树皮可作药用，或提取肉桂油，又作芳香调味品。

山苍子（*Litsea cubeba*），花、叶、果是提取山苍子油和柠檬醛的原料，果实用于腌菜。

枫香树（*Liquidambar formosana*），落叶大乔木，叶互生，掌状3裂，花两性，头状花序。树脂可提取苏合香，根、叶、果入药。

桑（*Morus alba*），落叶乔木，单叶互生，花单性，穗状花序，花丝在芽中内弯；子房被肥厚的肉质花萼所包。坚果被以肥厚花萼，再聚集合成紫圆黑色的聚花果，全国各地有栽培。桑葚、桑枝、桑白皮（根内皮）皆入药。

菩提树（*Ficus religiosa*），落叶大乔木，原产印度，多在寺庙栽植。

板栗（*Castanea mollissima*），总苞外具长刺，栽培，果实是著名的食用坚果。

含羞草（*Mimosa pudica*），叶遇触动即闭合下垂，热带地区常见，北方盆栽观赏。

红花羊蹄甲（*Bauhinia* × *blakeana*），花粉红或白色，常作行道树，为中国香港市花。

凤凰木（*Delonix regia*），落叶，原产非洲，我国南方引种为行道树，叶羽毛状，花红色，美丽。

桃金娘（*Rhodomyrtus tomentosa*），产于我国南部，野生，花浅红，美丽，浆果熟时紫黑色，味甜可食。

油桐（*Vernicia fordii*），产于我国长江以南，种仁油称为桐油，是我国大宗产品，用于油漆、涂料等。

橡胶树（*Hevea brasiliensis*），原产巴西，热带地区引种，马来西亚是天然橡胶的最大生产国。我国海南、广东、广西、云南 1950 年后开始引种橡胶，现已基本达到自给。

蓖麻（*Ricinus communis*），原产非洲，种子油供工业及医药用。

一品红（*Euphorbia pulcherrima* Willd.）栽培供观赏。

荔枝（*Litchi chinensis*）和龙眼（*Dimocarpus longan*），是岭南著名果，果肉为珠柄突起的假种皮。龙眼又称桂圆，果肉入药有安神滋补作用。

柑橘属（*Citrus*）的柑（*Citrus reticulata*）、橙（*Citrus sinensis*）、柚（*Citrus grandis*）、柠檬（*Citrus limon*）、佛手（*Citrus media*）等都是我国长江以南各省区的重要水果，除果肉可食用之外，果皮可用以提取果皮油，作药用或调味品等用，干燥后药用，称陈皮。

何首乌（*Polygonum multiflorum*），块根是著名中药，有固肾乌发等功效，茎称夜交藤，入药有安神作用。

茶（*Camellia sinensis*）和普洱茶（*Camellia assamica*），嫩芽可制茶叶。我国是茶的原产地和饮茶的故乡，其他国家的茶都是从中国引种的。

马铃薯（*Solanum tuberosum*），块茎食用，是主要的粮食作物。

烟草（*Nicotiana tabacum*），含尼古丁，叶为卷烟材料，嗜好品。

枸杞（*Lycium barbarum*），产于我国西北、华北，果为滋补品，嫩叶在广东为居民食用，有明目作用。

黄芩（*Scutellaria baicalensis*），根入药，有解热、清火等作用。

藿香（*Agastache rugosa*），草入药，有健胃化湿作用。

夏枯草（*Prunella vulgaris*）有清肝明目作用。

益母草（*Leonurus artemisia*），全草药用，活血调经，为妇科良药。

薄荷（*Mentha haplocalyx*），可提取薄荷油和薄荷脑。我国薄荷油产量世界第一。

（2）单子叶植物（Monocotyledoneae）

泽泻（*Alisma plantago-aquatica*），沼生植物，球茎药用，有清热、利尿、渗湿之效。

慈姑（*Sagittaria sagittifolia*），水生草本，栽培，球茎供食用。

椰子（*Cocos nucifera*），广布热带海岸，果实大型，外果皮革质，中果皮纤维质，内果皮硬骨质，能浮于海水历数月，遇适宜地方即萌发。胚乳可供食用或提取油脂，或饮用和制成饮料。椰子的经济价值甚高。

槟榔（*Areca catechu*），种子有驱虫作用，幼果为当地居民的嗜好品，将幼果杵烂后加少许石灰，卷以蒌叶（*Piper betle*）咀嚼，有固齿作用。

棕榈（*Trachycarpus fortunei*），分布于长江以南，栽培，叶鞘纤维供制刷、绳索、蓑衣等。

荸荠（*Eleocharis dulcis*），茎圆柱形，根状茎顶端膨大成球，为食用部分，广东又称之为"马蹄"，我国长江流域各省均有栽培，尤以江苏、浙江、广东等省栽培最盛。

姜（*Zingiber officinale*），根状茎指状，作调味品，又作药用，能驱寒，温中止呕。

姜黄（*Curcuma domestica*），根可提取姜黄色素。

郁金香（*Tulipa gesneriana*）和萱草属（*Hemerocallis*），为著名观赏植物。

百合（*Lilium brownii*），分布于长江流域和黄河流域，鳞茎供食用，可提取淀粉，入药有润肺止咳功效。

兰属（*Cymbidium*），有各种栽培种，并由此产生许多栽培变种，栽培兰花均有幽幽暗香，叶雅花香色美，历来为养兰者所重视。

第三节
动物界

一、动物的组织器官与系统

（一）动物的组织

多细胞动物由不同形态和机能的组织构成。组织（tissue）是由形态相似、功能相关的细胞与细胞间质结合而成的细胞集体。细胞间质是细胞的产物，对细胞有黏着作用。每种组织各执行一定的功能。高等动物体（或人体）具有很多不同形态和不同机能的组织，通常把这些组织归纳起来分为四大类基本组织，即上皮组织、结缔组织、肌肉组织和神经组织。

1. 上皮组织

上皮组织（epithelial tissue）由密集排列的上皮细胞和少量的细胞间质构成。它一般呈膜状分布在动物体的管、腔、囊的表面，对动物体有保护、分泌、排泄、吸收和感觉等功能。因其分布位置不同，功能有所侧重。上皮组织有极性，可分为游离面与基底面。上皮的基底面附着于基膜，并通过基膜与结缔组织相连。上皮组织中含有丰富的游离神经末梢，但无血管，其营养由结缔组织供给。

2. 结缔组织

结缔组织（connective tissue）由细胞和大量的细胞间质构成。细胞间质又可分为纤维和基质，基质为均质状，纤维呈细丝状，细胞分散于细胞间质中。结缔组织在体内分布广泛，起源于间充质（胚胎时期的结缔组织）。广义的结缔组织包括固有结缔组织、软骨组织、骨组织、血液。一般所谓结缔组织即指固有结缔组织。固有结缔组织包括疏松结缔组织（图 4.7）、致密结缔组织、网状结缔组织和脂肪组织。结缔组织具有连接、支持、营养和保护功能。

3. 肌组织

肌组织（muscular tissue）主要由肌细胞构成。肌细胞是特殊分化的细胞，具有舒缩功能。因肌细胞比较细长，故又称肌纤维。肌细胞中含有大量成束排列的肌丝，是肌纤维舒缩的物质基础。肌纤维间有少量疏松结缔组织、血管、神经和淋巴管分布。根据肌纤维的形态和功能特点，将肌组织分为三类：骨骼肌（图 4.8）、心肌和平滑肌。骨骼肌分布于骨骼，心肌分布于心脏，平滑肌分布于内脏和血管。

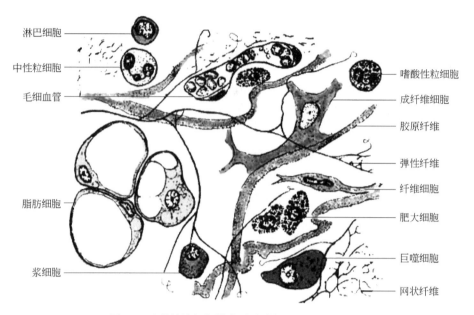

图 4.7　疏松结缔组织模式图（引自王元秀，2016）

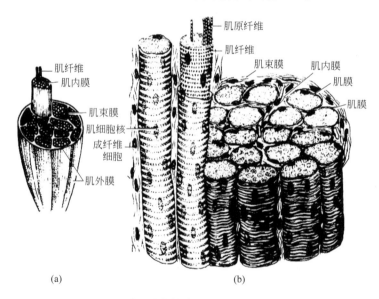

(a)　　　　　　　　　(b)

图 4.8　骨骼肌结构模式图（仿 Bloom，1984）

（a）一块骨骼肌模式图，示肌外膜、肌束膜；　（b）骨骼肌纤维纵横切面

4. 神经组织

神经组织（nervous tissue）由神经细胞和神经胶质细胞构成。神经细胞能感受刺激传导冲动。神经细胞高度分化，一般不容易分裂繁殖，又因其位置比较固定，所以常把神经细胞看作整个神经系统的结构功能单位，又称神经元（图 4.9）。

神经胶质细胞数量多，约为神经元的 10～50 倍。神经胶质细胞分布在神经元与神经元之间、神经元与非神经细胞之间，除突触部位以外，都被神经胶质细胞分隔、绝缘，以保证信息传递的专一性和不受干扰。分布于神经细胞周围的神经胶质细胞，对神经细胞起支持、营养、保护、绝缘的功能。中枢神经系统的神经胶质细胞有四种，即室管膜细胞、星形胶质细胞、少突胶质细胞、小胶质细胞。

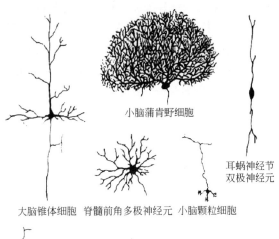

图 4.9　神经元的主要形态（仿邹仲之，2010）

（二）动物的器官与系统

许多形态相似、功能相关的细胞群构成组织。四种基本组织按照不同的比例和不同的方式结合在一起构成器官。器官（organ）具有一定的形态特征，能进行一定的生理活动。一些在机能上密切相关的器官联系在一起，进行一系列的生理活动，叫系统（system）。人体可以分为八个系统，即运动系统、消化系统、呼吸系统、泌尿系统、生殖系统、内分泌系统、循环系统、神经系统。

二、动物界的分类

（一）原生动物门（Protozoa）

1. 主要特征

① 原生动物是身体由单个细胞构成的最原始、最低等的单细胞动物。体型微小，长约 30～300μm，最小的利什曼原虫只有 2～3μm，最大的（某些有孔虫）可达 10cm 左右。

② 原生动物由单细胞构成，除具有细胞质、细胞核、细胞膜等一般细胞的基本结构外，还具有动物细胞所没有的特殊细胞器（类器官，如胞口、胞咽、伸缩泡、鞭毛等），完成运动、消化、排泄、生殖、感应等各种生理机能。作为一个细胞它是最复杂的，作为一个动物机体是最简单的。某些原生动物个体聚合形成群体，但细胞没有分化，最多只有体细胞和生殖细胞的分化，细胞具有相对的独立性。

③ 原生动物体表的细胞膜，有的种类极薄，称为质膜，不能使身体保持固定的形状，体形随细胞质的流动而不断改变。多数种类体表有较厚且具有弹性的表膜，能使动物体保持

一定的形状，在外力压迫下改变形状，当外力取消即可由弹性恢复虫体原状。还有些原生动物的体表形成坚固的外壳，外壳为几丁质、矽质、钙质或纤维质等。

④ 原生动物通过鞭毛、纤毛、伪足等来完成运动。主要有三种营养方式：有色素体鞭毛虫，通过光合作用制造营养物质，进行光合营养（phototrophy）；变形虫等靠吞噬其他生物或有机碎屑，进行吞噬营养（phagotrophy）；寄生种类借助体表的渗透作用吸收周围的可溶性有机物，进行渗透营养（osmotrophy）。呼吸通过体表直接与周围的水环境进行，并通过体表和伸缩泡（contractile vacuole）排出部分代谢废物。

⑤ 原生动物的生殖方式多种多样，分为无性生殖和有性生殖。无性生殖又有四种方式，包括二裂（有纵二分裂和横二分裂两种）、复分裂、出芽、质裂等。有性生殖包括配子生殖（同配生殖、异配生殖）、接合生殖（纤毛虫特有的）等。

⑥ 包囊和适应。生活环境恶化时，许多原生动物体表分泌物质把自身包裹起来，形成所谓的包囊，不吃不动以保证自身度过干燥、严寒、酷暑等不良环境，且易被风带到其他地方。因此原生动物的分布广泛，海水、淡水、潮湿土壤中均有，并有许多寄生种类。

2. 原生动物门分类及代表动物

原生动物约有三万多种，其中化石种类 2 万种，营自由生活的 1.7 万种，寄生的约 0.68 万种。

（1）鞭毛纲（Mastigophora）

① 鞭毛纲主要特征　以鞭毛为运动器，通常 1～4 条，少数种类具有较多鞭毛。营养方式有光合营养、渗透营养、吞噬营养等。生殖方式，无性生殖为纵二裂（绿眼虫）、出芽（夜光虫）；有性生殖有同配生殖（盘藻虫）、异配生殖（团藻虫）。环境不良时能形成包囊。

② 鞭毛纲代表动物

眼虫（*Euglena*）：生活在有机质丰富的水沟、池沼或积水中，其单细胞的动物体内含有大量的叶绿体。在温暖季节可大量繁殖，使水呈绿色，近年来也有用眼虫作为有机物污染环境的生物指标，用以确定有机物污染的程度。虫体梭形，前端钝圆，后端尖，长约 $60\mu m$。体表覆有具弹性的表膜，具沟和嵴交替排列形成的斜纹表膜，使眼虫保持一定形状，又能做收缩变形运动。表膜斜纹是眼虫科的特征，其数目多少是种的分类特征之一。

利什曼原虫（*Leishmania*）：虫体小，寄生人体的有三种，我国流行的是杜氏利什曼原虫（*Leishmania donovani*），能引起黑热病，故叫黑热病原虫。其生活史是寄生在人或狗体内的巨噬细胞中，称为无鞭毛体（amastigote）。无鞭毛体以巨噬细胞为食，不断分裂（二分裂）。当繁殖到一定数量时，巨噬细胞破裂，无鞭毛体（长约 $2～3\mu m$）又侵入其他巨噬细胞，引起大量巨噬细胞破坏死亡，故患者肝、脾肿大，造成贫血而死亡，死亡率可达 90% 以上，为我国五大寄生虫病之一。另一阶段寄生在白蛉子体内，当白蛉子叮人吸血时，无鞭毛体进入消化道，发育为前鞭毛体（promastigote，长约 $15～25\mu m$）。白蛉子再叮人时，就将原虫注入人体内，故白蛉子传播黑热病。预防的方法是灭蛉和防蛉。

锥虫（*Trypanosoma*）：鞭毛由体后基体发出，沿虫体向前与细胞质拉成波动膜，鞭毛和波动膜的摆动完成运动。波动膜适于在黏稠度较大的环境中运动，故其广泛分布于脊椎动物血液中。种类约有 400 多种，侵入脑、脊髓中使人得昏睡病（非洲），在我国主要危害牲畜。

（2）肉足纲（Sarcodina）

① 肉足纲主要特征　广泛生活于淡水、海水中，也有寄生种类。体表仅有极薄的质膜。细胞质明显分为外质和内质。内质又分为可相互转换的凝胶质和溶胶质。虫体裸露，或质膜

外具石灰质或几丁质或硅质外壳。通常二分裂繁殖，除有孔虫和放射虫外，一般不行有性生殖，形成包囊者极为普遍。

② 肉足纲代表动物

大变形虫（*Amoeba*）：生活在清水池塘或水流缓慢的浅水中，在富生藻类的浅水中分布较多，生活于水中植物或其他物体的黏性沉渣中。其最大特点是体形随原生质的流动而经常改变，故名。变形虫结构简单，体长约 200～600μm，体表为一层极薄质膜。质膜下的一层外质（ectoplasm）特点是无颗粒，均质透明。外质之内的内质（endoplasm）特点是具颗粒，可流动，不透明，含有扁盘形的细胞核、伸缩泡、食物泡等。内质中泡状结构的伸缩泡，无固定位置，外有一层单位膜，由许多小泡围绕；再外有一圈线粒体，通过有节律地膨大、收缩，排出体内过多的水分和代谢废物调节水平衡。变形虫呼吸作用通过体表进行。

在运动时，变形虫由体表任何部位都可形成临时性的原生质突起。内质分为位于外层相对固态的凝胶质（plasmagel）和位于内部呈液态的溶胶质（plasmasol），可随时形成伪足（pseudopodium）。运动时前部外质向外突出呈指状，后部凝胶质转变为溶胶质流入其中，流到临时突起前端即向外分开，接着变为凝胶质。同时后边的凝胶质又转变为溶胶质，不断向前流动，这样虫体就不断向伪足伸出的方向移动形成变形运动。它是研究生命科学的重要实验材料。

痢疾内变形虫（*Entamoeba histolytica*）：与人类关系密切，也叫溶组织阿米巴。痢疾内变形虫寄生在人的肠道里，能溶解肠壁组织引起痢疾。其形态按其生活过程分为三型：大滋养体、小滋养体和包囊。滋养体指原生动物摄取营养的阶段，能活动、摄取养料、生长和繁殖，是寄生原虫的寄生阶段。大、小滋养体结构基本相同，不同的是大滋养体个大，运动活泼，能分泌蛋白分解酶溶解肠壁组织；小滋养体个小，运动迟缓，不侵蚀肠壁，以细菌和霉菌为食。包囊是原生动物不摄取养料的阶段，有囊壁包围，抵抗不良环境能力强，是感染阶段。痢疾内变形虫的包囊形成时是一个核，核仁位于正中，以后核经两次分裂形成二个核、四个核。四核包囊是感染阶段。

包囊经口感染宿主，在肠液作用下壁变薄，虫体破囊而出，分裂成四个小滋养体寄生于肠中。宿主健康，小滋养体形成包囊随粪便排出体外；宿主体弱时，小滋养体变为大滋养体破坏肠壁，吞食红细胞和组织细胞，肠壁和血管被破坏故有出血现象。大滋养体不直接形成包囊，再度转变为小滋养体。大滋养体随血流至肝、肺、脑、心各处，造成溃疡和脓肿。预防本病的关键是管理好粪便、保护水源，注意饮食卫生，消灭传播包囊的昆虫。

（3）孢子纲（Sporovoa）

① 孢子纲主要特征　寄生种类，无运动器或只在生活史一定阶段有，异养，生活史复杂，有世代交替现象。无性世代在脊椎动物（或人）体内，有性世代在无脊椎动物体内。先进行无性裂体生殖，再是有性的配子生殖，最后是无性孢子生殖。

（视频 24）

② 孢子纲代表动物：间日疟原虫

间日疟原虫（*Plasmodium vivax*）：疟原虫能引起疟疾（打摆子），是我国五大寄生虫病之一。寄生在人体的疟原虫有间日疟原虫、三日疟原虫、恶性疟原虫和卵形疟原虫四种。它们遍布全世界，我国以间日疟和恶性疟（瘴气）最为常见，由于生活史相似故以间日疟为例简述其形态和生活史。

间日疟原虫有人和按蚊两个寄主，生活史复杂，有世代交替现象。无性世代裂体生殖在人体内进行，有性世代在雌蚊体内进行，雌蚊传播疟疾。

当传染疟原虫的雌蚊吸入血时，疟原虫子孢子随蚊唾液进入人体血液中。半小时后进入肝细胞进行裂体生殖，形成数万圆形裂殖子，侵入红细胞继续裂体生殖，发育成戒指形的小滋养体（环状体），再发育成大滋养体，继续分裂成 16 个核时停止分裂，此时称裂殖体。子核分裂最终形成 16 个裂殖子，红细胞破裂，裂殖子散入血浆侵入其他红细胞再次裂体生殖。当红细胞大量破裂，裂殖子及疟色素等代谢产物进入血液时，患者出现先寒后热、盗汗等病状，此过程每发生一次，间日疟 48h、三日疟 72h、恶性疟 36～48h。故疟原虫对人危害很大，能大量破坏红细胞，造成贫血，使人肝脾肿大，并能损害脑组织，严重影响人的健康，甚至造成死亡。

进入红细胞的裂殖子发育为大、小配子母细胞，被吸入蚊胃后分别发育为大、小配子，在蚊胃中融合为合子。未被蚊吸取则大、小配子母细胞停止发育，在 1～2 个月内被白细胞吞噬或变性。

合子形成几小时后在蚊胃基膜与上皮细胞间发育为圆形卵囊。核和胞质经多次分裂形成子孢子。子孢子成熟后逸出散入血腔中进入唾液腺。蚊再次叮人时，子孢子进入另一人体开始下一周期。

如图 4.10 所示为间日疟原虫生活史。

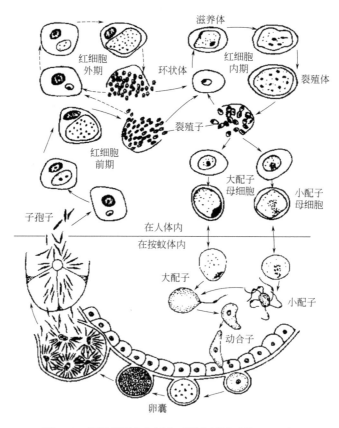

图 4.10　间日疟原虫生活史（引自刘凌云等，2009）

预防措施：消灭按蚊。

20 世纪 60 年代，疟原虫对奎宁类药物已经产生了耐药性，严重影响到治疗效果。青蒿素及其衍生物能迅速消灭人体内疟原虫，对恶性疟疾有很好的治疗效果。屠呦呦受中国典籍《肘后备急方》启发，创造性地研制出抗疟新药——青蒿素和双氢青蒿素，获得对疟原虫100%的抑制率，为中医药走向世界指明一条方向，被誉为"拯救两亿人口"的发现。

（4）纤毛纲（Ciliata）

① 纤毛纲主要特征　体表具纤毛。纤毛结构与鞭毛相同，但短而数量多。纤毛运动时节律性强。纤毛成排分散存在，由多数纤毛黏合成小膜排列在口的边缘，称小膜带；也可由一单排纤毛黏合形成波动膜；或簇黏合成束称棘毛。纤毛虫是原生动物结构最复杂的：具表膜下纤毛系统，细胞核分为大、小核，多具摄食的胞器。无性生殖为横二分裂，有性生殖为接合生殖。

② 纤毛纲代表动物：大草履虫

大草履虫（*Paramecium caudatum*）：生活在有机质丰富的污水沟或池塘中，形似倒置的草鞋，前端钝圆，后端稍尖，长约150～300μm。细胞质分为内质和外质。虫体表面为表膜，表膜由三层膜构成，最外层在体表和纤毛上是连续的；最里层和中间层膜在纤毛基部形成一对表膜泡，增加表膜硬度又不影响虫体的局部弯曲，起缓冲作用。表膜下有一层与表膜垂直排列的刺丝泡（trichocyst），囊状，有孔和表膜相通。动物受刺激刺丝泡射出的内容物遇水成为细丝，可能有防御作用。

全身满布纤毛，纤毛有节奏地摆动，使虫体旋转游泳。纤毛从体前端开始有一斜沟伸向体中部，沟端有口故称口沟。口沟内侧有波动膜，摆动使食物随水流入胞口，经胞咽进入内质形成食物泡。食物泡与溶酶体融合，在胞质中循一定路线环流过程中进行消化，不消化残渣由体后部临时胞肛排出。在前后内、外质间有两个伸缩泡，各有6～11条放射状排列的收集管，收集管与内质网相通。收集管和伸缩泡上收缩丝的收缩使内质网收集的水分和可溶性代谢废物通过收集管进入伸缩泡，再由表膜上固定的小孔排出体外。前后两个伸缩泡及伸缩泡和收集管交替收缩，以调节水分平衡。

大草履虫有一大核、一小核。大核是营养核，肾形，为多倍体；小核为生殖核，圆形，位于大核凹陷处。呼吸作用通过体表进行。通常行横二裂生殖，每天可分裂1～2次，有时进行接合生殖，交换小核后一个个体发育为四个个体以增加生活力。

车轮虫（*Trichodina*）：寄生于淡水鱼类的鳃、体表。体似车轮，侧面看呈钟形，两圈纤毛之间有胞口，以胞口吞食宿主细胞。

3. 原生动物与人类的关系

原生动物研究不仅对了解动物演化是重要的，而且和人类的关系也比较密切。有利的如有的种类（眼虫）可作为有机物污染指示动物；浮游种类是鱼类的天然饵料；死亡浮游生物大量沉积于水底淤泥中，在微生物的作用和高温、高压下可形成石油；在了解动物的进化和进行生物基础理论研究中有重要价值。许多种类是有害的，寄生于人体和经济动物体内的种类引起疾病，危害健康；有的污染破坏环境、资源等。

（二）海绵动物门（多孔动物门）

1. 海绵动物门主要特征

（1）体型

体型多数不对称，少数种类有一定的形状和辐射对称，多数种类不规则生长，形成扁的、圆的、树枝状不对称。

甚至有些连个体也分不清，只有固着端和游离端。虽然身体的周围是相似的，但由于附着物不平或因出芽，均可引起不对称。

（2）没有器官系统和明确的组织

海绵动物体壁基本由两层细胞构成，外层称皮层，内层称胃层，两层之间为中胶层。皮层由扁细胞组成，有保护作用，扁细胞内有能收缩的肌丝，具一定的调节功能。扁细胞之间穿插有无数的戒指状的孔细胞，孔细胞上的孔称入水孔，是外界水流进入中央腔的通道，中央腔是由胃层包围的腔，也称胃腔。中央腔顶端有一较大的开口称出水孔，是水流的出口。中胶层是胶状物质，其中有钙质或矽质的骨针和类蛋白质的海绵丝。骨针的形状有单轴、三轴、四轴等，海绵丝分支呈网状，它们起骨骼支持作用，也是分类依据。

总之，海绵动物的细胞分化较多，身体的各种机能是由独立细胞完成的，没有消化腔，食物在细胞内消化。无神经系统，故一般认为其只是处在细胞水平的多细胞动物。

（3）具水沟系

水沟系是海绵动物体内水流所经过的途径，是其特有结构，它对固着生活很有意义。按其结构和进化程度可分为三种基本类型：单沟型、双沟型、复沟型。

（4）生殖和发育

海绵动物的生殖分为无性和有性两种方式，无性生殖又分出芽和形成芽球两种。出芽是由海绵体壁的一部分向外突出形成芽体，芽体长大后与母体脱离长成新个体，或不脱离母体形成群体。

2. 海绵动物门分类地位

海绵动物是后生动物中最原始、最低等的类群，细胞分化相当简单，无明确的组织分化，体壁各层细胞彼此保持一定的相对独立性，故结合松弛。没有神经系统和肌肉系统。其祖先很可能是原生动物的领鞭毛虫。由于海绵动物有其他多细胞动物所不具备的领细胞，无消化腔和口，无神经系统等特征，而且在胚胎发育中有胚层逆转现象，即胚胎发育到囊胚期时，植物极的大细胞裂开一口，动物极的小细胞从开口处翻出并反包植物极细胞而形成两层细胞个体的过程。由于胚层逆转现象，一般认为它是动物进化过程中的一个侧支，因而称为侧生动物。

（三）腔肠动物门（Coelenterata）

1. 腔肠动物门主要特征

腔肠动物是第一类真正的后生动物，它是处在细胞水平上的最原始的多细胞动物。在进化中占重要的地位，为低等后生动物。所有其他后生动物都是经这个阶段发展起来的。

（1）辐射对称（radial symmetry）

即从口面到反口面通过其体内的中央轴可以有许多个切面把身体分成两个相等的部分，这是一种原始的低级的对称形式。其只有上下之分，无前后左右之分，这是对水中固着或漂浮生活的一种适应，可利用其辐射对称器官从周围环境中摄取食物或感受刺激。

（2）两胚层及原始的消化腔

本门动物是真正的具两胚层的动物，而海绵动物从发生上看只能称为是两层细胞。在内、外胚层之间还有由它们分泌形成的中胶层，因种类不同，中胶层的厚薄也不同，像水螅类就较薄，而水母类就较厚。并有由内、外胚层细胞及中胶层构成的体壁所围成的腔，即胚胎发育中的原肠腔，因具有消化的功能，故叫做消化腔。消化后的食物颗粒经循环流动，可被某些内胚层细胞吞入，进行细胞内消化。可见腔肠动物具有细胞外和细胞内两种消化方式。由于消化腔又能将营养物质输送到身体各部分，所以又称为消化循环腔（gastrovascular cavity）。该消化腔具有许多原始的特征，即有口无肛门，消化后的残渣仍由口排出体外，口为胚胎发育时的原口。

（3）细胞与组织分化

腔肠动物不仅已分化出具各种不同形态功能的细胞，而且已分化出原始的组织。主要是上皮组织的分化，其不但构成了个体的内外表面，还分化出了感觉细胞、消化细胞等。而且在上皮细胞内还含有肌原纤维，使其兼有上皮和肌肉的功能，故又称为上皮肌肉细胞（epithelio-muscular cell），简称皮肌细胞。皮肌细胞中间有特殊的刺细胞，故腔肠动物门又称刺细胞动物门。

（4）原始的神经系统——神经网（nerve net）

腔肠动物的神经系统基本上是由二极和多极的神经细胞组成，它们都具有形态上相似的突起，可由突起相互连接，形成一个疏松的网，即神经网。这些神经细胞又与内、外胚层的感觉细胞、皮肌细胞等相联系，当感觉细胞感受到刺激后，经神经细胞的传导，皮肌细胞的肌纤维收缩产生动作，这样就形成了神经肌肉体系（neuromuscular system）。这种体系能对外界的光、热、化学的、机械的、食物等刺激产生有效的反应，但由于无神经中枢，故神经的传导一般是无定向的，即扩散神经系统（diffuse nervous system）。同时神经的传导速度也很慢，如海葵的传导速度仅为 12～15cm/s，而人的可达 12500cm/s。所以神经网是动物界最简单、最原始的神经系统。

（5）水螅型或水母型

这是腔肠动物基本的体型。水螅型圆筒状，口向上，中胶层较薄，有的有石灰质骨骼，出芽生殖，为无性世代，适应固着生活。水母型圆盘状，口向下，中胶层较厚，进行有性生殖，为有性世代，适应漂浮生活。若将水母型向上翻，使其口向上方，就可看出水螅型和水母型的基本结构是一样的，只是水母型较扁平。

（6）生殖和世代交替

腔肠动物的生殖有无性的，也有有性的。无性生殖多为出芽生殖，有时芽体长成后仍不脱离母体而构成复杂的群体；有性生殖为异配生殖，多数种类雌雄异体。其性细胞是由间细胞形成的，可能起源于外胚层或内胚层。许多海产种类在个体发育至原肠胚期时，出现体表长满纤毛的能游动的浮浪幼虫（planula），浮浪幼虫游动一段时间后，沉入海底，附着在固体物上，再发育成新的个体。

2. 腔肠动物门分类及代表动物

腔肠动物约有 1 万多种，分为水螅纲、钵水母纲、珊瑚纲三个纲。

（1）水螅纲（Hydrozoa）

本纲约有 3700 种，绝大多数生活在海水中，少数淡水中，生殖腺源于外胚层，仅外胚层中有刺细胞，多有世代交替现象。

水螅（*Hydra*）：生活在淡水中，在水流较缓、水草丰富的清水或池塘中，特别是洁净而骚扰少的池塘中，分布广，易采集和培养。但由于近年来环境的污染变化，城市附近已很难采集到。

水螅的身体管状，封闭端为基盘（pedal disk），上有能分泌黏液的腺细胞，并借此附着于水草或其他物体上。游离端有一关闭时呈星形的口，口周围有一圈细长的触手（tentacle），一般 5～12 条，呈辐射状排列，主要为捕食和运动器官。口周围与触手相通，经口与外界相通，叫做消化循环腔。水螅无骨骼，这便于将身体和触手伸得很长，并可向任何方向慢慢弯曲和摆动。水螅就是借助触手和身体的弯曲作尺蠖样运动或翻筋斗运动。如遇刺激，水螅可把全身缩成一团，这是水螅最显著的特征之一。

水螅的体壁由一层具保护和感觉功能的外胚层细胞，以及一层具营养功能的内胚层细胞构成，两层细胞之间是非细胞结构的中胶层。中胶层中除了含有一些分散的神经细胞外，不含游走细胞或其他细胞，这一点与海绵中胶层不同。

外胚层已分化出皮肌细胞、腺细胞、感觉细胞、神经细胞、间细胞和刺细胞。其中皮肌细胞数目最多，排列紧密，其基部伸出与身体长轴平行的伪足状的肌纤维，收缩时可使身体或触手变粗变短。腺细胞（gland cell）身体各处都有，以基盘和口周围最多，能分泌黏液润滑食物和使其在物体上滑行或固着，也可分泌气体并由黏液裹成一气泡，使水螅在水面上漂浮（此时口向下，基盘向上）。刺细胞（cnidoblast）遍布体表，以触手上最多，为腔肠动物所特有的细胞，其内有刺丝囊，贮存有毒液和盘曲的刺丝，细胞上端有一毛状原生质突起，称刺针。

当受到刺激时，刺细胞发生反应，将刺丝向外翻出，就像手套的指端从内向外翻一样，以防御敌害或捕捉猎物。感觉细胞（sensory cell）分散在皮肌细胞之间，口、触手和基盘处较多，体积较小，细胞质浓，端部有感觉毛，基部与神经相连。神经细胞（nerve cell）位于外胚层细胞基部，由突起连接成神经网，传导刺激向四周扩散，并引起全身收缩。

水螅以小动物为食，食物可比自身大好几倍。当饥饿时，触手伸得很长，捕到食物后，触手上的刺细胞把毒素射入其中将其麻醉或杀死。捕获物受伤放出谷胱甘肽（glutathione），使口受刺激而张开；同时触手将食物送入口中。在消化腔内，先胞外后胞内消化，残渣仍由口排出。水螅各细胞是直接与环境进行呼吸和排泄的。

（2）钵水母纲（Scyphozoa）

本纲约有 200 多种，全为海产，多为大型水母类（如一种霞水母伞部直径可达 2m，触手长达 30 多米），水母型触手发达，水螅型退化或无。水母型有触手囊无缘膜，生殖腺源于内胚层，内外胚层中均有刺细胞。

钵水母经济价值较高，如海蜇，其身体结构似海月水母，伞部隆起成馒头状，直径可达 500nm，中胶层特厚，伞边缘无触手，口腕愈合，大型口消失，口腕上有众多小吸口，海蜇就是靠吸口吸食一些微小的动植物。海蜇营养价值丰富，含有蛋白质、维生素 B_1、维生素 B_2 等，海蜇的伞部、口柄部经加工处理后分别叫海蜇皮、海蜇头，我国食用海蜇的历史非常悠久。

（3）珊瑚纲（Anthozoa）

本纲约有 6100 种，全为海产，多生活在暖海、浅海和海底，固着生活，只有复杂的水螅型，无水母型，生殖腺来源于内胚层，两辐对称体制。

常见种为海葵（Actiniaria）。海葵无骨骼，体呈圆柱状，以基盘附着于其他物体上，另一端有呈裂缝形的口，称为口盘。口周围有几圈触手，触手上有刺细胞，可捕捉小型动物。食物经口进入消化腔，口道壁是由口部的外胚层细胞褶入形成的，在口道两端各有一纤毛沟（或称口道沟），沟内壁生有纤毛，纤毛摆动使水流进入消化腔。消化腔被宽窄不一的隔膜隔成许多小室，隔膜是由体壁内胚层细胞向内突出形成的，依其宽度分为一级、二级、三级，只有一级隔膜上连口道。隔膜的游离缘形成隔膜丝，其上含有丰富的刺细胞和腺细胞，能杀死捕获物，并行胞外和胞内消化。隔膜丝沿隔膜边缘下行，直达消化腔底部，有的在底部形成游离的丝状物，称为毒丝。毒丝可由口或壁孔射出，有防御和进攻的机能。在较大的隔膜上都有一条纵肌肉带，称为肌旗。隔膜和肌旗的排列是分类的依据之一。

海葵为雌雄异体，生殖腺位于隔膜上的隔膜丝附近，精子成熟后由口流出，进入另一雌体与卵在消化腔结合，发育为浮浪幼虫，但有些种类无浮浪幼虫阶段。

3. 腔肠动物与人类的关系

国内外报道已从本门动物体中提得了许多具很强生理活性的成分。如羽螅（*Plumularia setacea*）的提取物对神经系统有明显的镇静作用；从僧帽水母（*Physalia physalis*）、海月水母（*Aurelia aurita*）的刺丝囊分离的毒素对神经、肌肉、心血管都有较强的生理活性；从纵条矶海葵（*Haliplanella luciae*）的体内提出了具神经毒和抗凝血的成分，抗凝血作用是肝素的 14 倍。

又如我国从柳珊瑚（*Plexaura homomalla*）中提出了前列腺素 A_2，具类似氯丙嗪的安定作用和阻断多巴胺的作用；从黄海葵（*Anthopleura xanthogrammica*）的体中提出的海葵毒素的强心作用为目前医用强心苷的 500 倍。

在近万种腔肠动物中，现作药用的仅有 20 余种，占本门动物总数的 0.2% 左右。

此外，纵条矶海葵、僧帽水母、海月水母等也供药用。

海蜇（*Rhopilema esculenta*）：以口腕部（海蜇头）、伞部（海蜇皮）入药。始载于《本草拾遗》。《本草纲目》中有：清热化痰，消肿散结，养阴润燥。临床：与荸荠合用治疗高血压，疗效显著。主要分布：我国南方各省区沿海，以广西、广东较多。

（四）扁形动物门（Platyhelminthes）

1. 扁形动物门主要特征

（1）两侧对称

本体制对进化意义很大，因为通过身体的中央轴，只有一个切面将动物体分成左右相等的两部分，使身体有了明显的背腹、前后左右之分，这是动物体由水中漂浮转向水底爬行生活的结果。由于在水底爬行运动由不定向变为定向，使神经系统和感觉器官向体前端集中，进而导致动物的身体进一步分化。前端司感觉，后端司排遗，背部司保护，腹部司运动，使动物对外界刺激的反应更灵敏、准确。因此，两侧对称是动物由水生进化到陆生的基本条件之一。

（2）中胚层的形成

中胚层产生于内、外胚层之间，一方面减轻了内外胚层的负担，引起一系列组织、器官、系统的分化，使扁形动物达到了器官系统水平；另一方面加强了新陈代谢。如中胚层形成发达的肌肉组织，强化了动物的运动机能和动物在空间位移的速度。这样动物体在单位时间里所接受的外界刺激量明显增加，致使动物的感觉器官相应得到进一步的发展，捕食效率高，营养状况好，从而促进了消化系统和排泄系统的形成。此外，中胚层形成的实质组织，具有储存养料和水分的机能，动物体耐干旱和饥饿。因此中胚层的出现也是动物由水生进化到陆生的基本条件之一。

（3）皮肤肌肉囊

由外胚层形成的表皮和中胚层形成的肌肉紧贴在一起，形成的包裹全身的体壁，称为皮肤肌肉囊。其内由实质组织充填，体内所有器官都包埋在其中，具保护和运动机能，加上两侧对称，使动物能更快、更有效地摄食，利于动物的生存和发展。

（4）消化系统

自由生活的种类为不完善消化系统，有口无肛门，肠是由内胚层形成的盲管。营寄生的种类，消化管退化（吸虫纲）或完全消失（绦虫纲）。

（5）排泄系统

扁形动物中除无肠目外均具有原肾管，即来源于外胚层的由焰细胞、排泄管和排泄孔等组成的具有排泄功能的管状系统。排泄管具许多分支，每一小分支末端即是焰细胞，其为伸入实质中的盲管状细胞，主要功能是调节体内水分代谢，同时排出一些代谢废物。

（6）神经系统

扁形动物已出现原始的中枢神经系统，即梯形神经系统，其由前端的"脑"和由脑向后分出的若干纵神经索，以及纵神经索之间连接的横神经组成。高等种类的纵神经索减少到只有一对发达的腹神经索。但神经细胞不完全集中在"脑"中，也分散在神经索中。

（7）生殖系统

大多数雌雄同体。由于中胚层的出现，形成了产生雌雄性生殖细胞的固定的生殖腺和一定的生殖导管（如输卵管、输精管等），以及一系列附属腺（如前列腺、卵黄腺等）。这些管和腺使在中胚层产生的生殖细胞可以通到体外，同时也出现了交配和体内受精现象，这也是动物由水生到陆生的基本条件之一。

（8）生活方式

扁形动物中一类营自由生活（涡虫纲），可在水中、潮湿的土壤中游泳或爬行，捕捉小动物为食；另一类营寄生生活（吸虫纲、绦虫纲），寄生在其他动物的体表或体内，摄取该动物的营养（又可分外寄生和内寄生），且生活史复杂，并有更换宿主的现象。

2. 扁形动物门分类及代表动物

扁形动物已知的约二万种，可分为三个纲。

（1）涡虫纲（Turbellaria）

① 主要特征　体不分节，体表有纤毛，上皮细胞内有杆状体，营自由生活，具不完全消化系统。纤毛和皮肤肌肉囊强化了运动机能；杆状体有利于捕食和防御；感官和神经系统发达，对外界环境变化反应迅速。

② 代表动物

三角涡虫（*Dugesia japonica*）：涡虫生活在淡水溪流中的石块下，以活或死的蠕虫、小甲壳类及昆虫的幼虫为食。外形叶状，背腹扁平，左右对称，前端呈三角形，两侧各有一发达的耳突。背面稍凸颜色深，头部有2个黑色的眼点。腹面平色淡，密生纤毛，并有黏液分泌于附着物上，利于蠕动。口位于腹面体后1/3处，稍后为生殖孔，无肛门。

（2）吸虫纲（Trematoda）

① 主要特征　体不分节，无纤毛状体，消化道简单，具吸盘，营寄生生活，运动机

能退化，无一般的上皮细胞，有具小刺的皮层，神经感官退化，有吸附器，可固于寄生组织上。

② 代表动物

华支睾吸虫（*Clonorchis sinensis*）：又称肝吸虫、华肝蛭。成虫寄生于人体的肝胆管内，可引起华支睾吸虫病（clonorchiasis），又称肝吸虫病。

1874 年首次在加尔各答一华侨的胆管内发现成虫，1908 年才在我国证实该病存在。1975年在我国湖北江陵西汉古尸粪便中发现本虫虫卵，继之又在该县战国楚墓古尸见该虫卵，从而证明华支睾吸虫病在我国至少已有 2300 年以上的历史。2017 年 10 月 27 日，世界卫生组织国际癌症研究机构公布的致癌物清单初步整理参考，华支睾吸虫（感染）在一类致癌物清单中。

成虫寄生在人、猫、狗等的肝脏胆管和胆囊内，在人体内被它寄生而引起的疾病就称为华支睾吸虫病。患者有软便、慢性腹泻、消化不良、黄疸、水肿、贫血、乏力、胆囊炎、肝肿等，主要并发症是原发性肝癌，可引起死亡。

虫卵随胆汁进入消化道混于粪便排出，在水中被第一中间宿主沼螺吞食后，在螺体消化道孵出毛蚴，穿过肠壁在螺体内发育，经历了胞蚴、雷蚴和尾蚴三个阶段。成熟的尾蚴从螺体逸出，遇到第二中间宿主淡水鱼类，则侵入鱼体内肌肉等组织发育为囊蚴。终宿主因食入含有囊蚴的鱼而被感染。囊蚴在十二指肠内脱囊。一般认为脱囊后的尾蚴沿肝汁流动的逆方向移行，经胆总管至肝胆管，也可经血管或穿过肠壁经腹腔进入肝胆管内，通常在感染后一个月左右，发育为成虫。成虫在人体的寿命一般认为有的可长达 20～30 年。如图 4.11 所示为华支睾吸虫生活史。

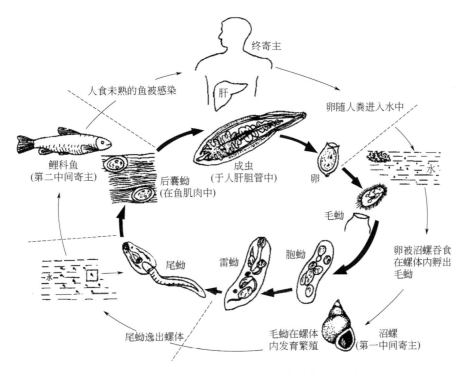

图 4.11 华支睾吸虫生活史（引自江静波等，1995）

日本血吸虫（*Schistosoma japonicum*）：我国流行的为日本血吸虫，可引起血吸虫病，该病在热带与亚热带地区流行很广，其成虫寄生在人和其他哺乳动物的门静脉及肠系膜静脉内，患者肝、脾肿大，腹水，成人丧失劳动力；儿童发育不正常，可引起侏儒症；妇女不能生育，甚至丧失生命。

日本血吸虫成虫雌雄异体，常合抱在一起，雄虫粗短，乳白色，体表光滑，口吸盘和腹吸盘各一个，腹吸盘后虫体两侧向腹侧内褶成抱雌沟。雌虫较细长，暗黑色，前端细小，后端粗圆。虫卵椭圆形，淡黄色，其一侧有一小刺，排出的虫卵已发育到毛蚴阶段。交配在肠系膜的小静脉管内进行，雌虫产卵后，虫卵顺血流进入肝内或肠壁，成熟后其毛蚴分泌酶溶解肠黏膜，使虫卵进入肠腔，与粪便一起排出体外，入水后毛蚴孵出，钻进钉螺体内发育，经母胞蚴和子胞蚴而发育为尾部分叉的尾蚴。尾蚴入水中游泳，当接触人、畜皮肤或黏膜时，借其头腺分泌物的溶解作用和本身的机械作用侵入皮肤，脱去尾部发育为童虫。童虫侵入毛细血管或毛细淋巴管，随血液循环达门静脉，发育为成虫。未达门静脉系统的一般不能发育为成虫。自毛蚴感染到成虫产卵约四周时间，成虫在人体内寿命估计有10～20年。

（3）绦虫纲（Cestoda）

（视频26）

① 主要特征　体分节片，无纤毛和杆状体，体内寄生，雌雄同体，带状，由许多节片组成。生殖器官高度发达，每一成熟节片均有两性生殖器官，消化道消失，渗透营养，抗宿主消化酶消化能力强。

② 代表动物

猪带绦虫（*Taenia solium*）：一生均可寄生于人体，分布很广，成虫白色带状，全长2～4m，有700～1000个节片。分为头节、颈部和节片三部分。头节圆球形，直径约1mm，前端中央为顶突，顶突上有25～50个小沟，分内外两轮排列。顶突下有四个圆形的吸盘。这些都是适应寄生生活的附着器官。颈部细，与头节无明显界限，下部为生长区，以横裂法产生节片。节片愈靠近颈部愈小，反之愈宽大老熟。依节片内生殖器官的成熟情况可分为未成熟节片、成熟节片和孕卵节片三种，未成熟节片宽大于长，内部结构尚未发育；成熟节片近于方形，内有雌雄生殖器官，每节有精巢150～200个、卵巢一个；孕卵节片长方形被子宫充塞，其他器官萎缩，甚至消失。靠体表吸收宿主肠内营养，并转化为糖储于实质中，排泄器官属原肾管型。

其生活史复杂，人是其唯一终宿主，中间宿主为猪或人。成虫寄生于人的小肠内，以头节的小沟和吸盘附着于肠黏膜上。虫体末端节片逐节或逐段脱落，节片内的虫卵随节片的破坏散落于粪便中，虫卵在外可活数周，当孕卵节片或虫卵被中间宿主（猪）吞食后，在其小肠内膜被消化液溶解，六钩蚴孵出后以其小钩钻入肠壁，经血流或淋巴带至全身各部，在肌肉中经60～70天发育为囊尾蚴。其为卵圆形、乳白色、半透明的囊泡，头节凹陷在泡内，内有小沟及吸盘。这种具囊尾蚴的肉俗称"米粒肉"或"豆肉"。如被人误食，囊尾蚴又未被杀死，可在十二指肠内将头节翻出，借小沟及吸盘附着于肠壁，经2～3个月后发育为成虫，成虫寿命可达25年以上。

猪带绦虫病可引起患者消化不良，腹痛，腹泻，失眠，乏力，头痛，儿童影响发育，若侵入脑部，可引起癫痫、阵发性昏迷或循环、呼吸紊乱。加强猪的饲养管理、不吃未煮熟的猪肉、避免粪便污染等，是杜绝此病的关键。

3. 扁形动物门与人类生活的关系

扁形动物门中，涡虫纲动物和人类关系不密切，而吸虫纲和绦虫纲动物则由于有很多种类可寄生在人、畜体内，引起人、畜产生寄生虫病，对人类健康和畜牧事业带来极大的危害，如日本血吸虫病、华支睾吸虫病、姜片虫病、肝片虫病、肺吸虫病、猪带绦虫病。

（五）线形动物门（Nematomorpha）

1. 线形动物门主要特征

原腔动物又称假体腔动物，是几类动物的总称，包括线虫动物门、线形动物门、轮虫动物门等七个门类。尽管各门之间在形态结构上差异较大，但有许多共同的特征：

① 多数种类无明显的头部，两侧对称，身体不分节。

② 体表具有角质膜和环纹（假分节），寄生种类的角质膜特别发达，以抵抗寄主消化酶的消化作用。

③ 体壁与消化管之间出现了原体腔，这种体腔无体腔膜包围，不属于真正的体腔，它相当于胚胎发育时期的囊胚腔，故称假体腔。又由于它在动物演化过程中出现得最早，又称初生体腔。原体腔的出现较扁形动物中胚层产生的实质有明显的进步意义，它为体内各器官系统的发展和活动提供了空间，提高了营养物质的运转、维持体内水分平衡和新陈代谢的能力。此外，腔内充满的体腔液，可对体壁肌肉产生一定的反压，以维持虫体的形状，辅助动物身体的运动。

④ 出现了发育完整的消化系统。身体前端有口，后端分化出了肛门。

⑤ 排泄系统均为外胚层演化而来的原肾管型。寄生种类的原肾细胞退化为无纤毛的单一管型或腺型。

⑥ 原腔动物无循环系统和专门的呼吸器官，寄生种类营厌氧呼吸，自由生活的种类靠体表呼吸。

2. 线形动物门代表动物

人蛔虫（*Ascaris lumbricoides*）：成虫颇长，雌体达 40cm，雄体 25cm，寄生于人肠内，夺取宿主养料。虫数多时，还引起肠阻塞；又可钻入肝脏和腹腔中，引起严重的症状。在宿主小肠内交配后，雌虫产卵于肠腔内，每条雌虫每日可产卵 20 万粒，寿命 9～10 个月，一生约产 3000 万粒。卵随宿主粪便排出体外，在适宜条件下，约经两周，卵内形成幼体，这种卵称为侵袭卵，人由于误食侵袭卵而受到感染。侵袭卵在小肠内孵出幼体，幼体随即穿入肠壁，并随血流循环到肺部，在肺中发育一段时间后，再经咽、食道和胃，到达小肠中，发育为成虫。

蛲虫（*Enterobius vermicularis*）：成虫小，雄体长只有 5mm，雌体 12mm。寄生在人体盲肠和大肠上部。由于卵的发育需要氧气，雌体交配后，多在夜间爬到肛门近处产卵，刺激患者肛门，引起奇痒，使患者失眠和疲劳。儿童用手搔抓，虫卵沾手，通过口而重复自我感染。

十二指肠钩虫（*Ancylostoma duodenale*）：成虫体长雄体达 11mm、雌体达 18mm，寄生在人体小肠内，吮吸血液，使患者严重贫血，面黄肌瘦，体力衰弱，有时可引起心脏病和其他并发症而导致死亡。在人体小肠内交配后，雌虫产卵，卵随粪便排出体外，在温湿的土壤中发育，孵出第一期杆状蚴，幼体以土内细菌和有机腐屑为食，蜕皮一次后，变为第二期杆状蚴的老皮，作为保护之用，口因此封闭，这种幼体有感染性，若与人的手足等暴露部分接触，就由皮肤穿入皮下组织，进入静脉，旋即随血液循环到肺部，再经咽而入小肠，就在小肠内发育成为成虫。

丝虫（Filarioidea）：成虫寄生在脊椎动物终宿主的淋巴系统、皮下组织、腹腔、胸腔等处。大多数微丝蚴出现于血液中，少数出现于皮内或皮下组织。幼虫在某些吸血节肢动物中间宿主体内进行发育。当这些中间宿主吸血时，成熟的感染期幼虫即自其喙逸出，经皮肤侵入终宿主体内发育为成虫，引起象皮病。

3. 线形动物门与人类生活的关系

线形动物有很多营寄生生活的种类，可寄生在人体、家畜、家禽和其他经济动物、栽培的农作物或经济作物的体内，给人类健康和经济上造成重大损失，如蛔虫病、钩虫病、丝虫病。

（六）环节动物门（Annelida）

环节动物包括常见的蚯蚓、沙蚕和水蛭等，它们是高等无脊椎动物的开始，在形态、结构和生理机能上比原腔动物有了明显的发展。

1. 环节动物门主要特征

（1）身体分节

环节动物最突出的特征之一，是身体由前向后分成许多相似而又重复排列的部分，称为体节，这种现象称为分节现象，它是在胚胎发育过程中，由中胚层发育而成的。因此，分节不单表现在体表，而且内部器官（如循环、排泄、生殖、神经等）也按体节排列。环节动物分节的特点，是进化到高等无脊椎动物的标志。但环节动物的分节，除前两节和最后一节外，其余体节基本相同，故称同律分节，这还是一种比较原始的分节现象。分节现象对加强身体同环境的适应、强化运动机制以及增强新陈代谢等有着重大的意义。至于分节现象的起源问题，一般认为可能来源于低等蠕虫（如涡虫、纽虫）的假分节现象。

（2）真体腔的发生

真体腔的出现在动物进化上具有重大意义。环节动物在胚胎发育过程中，原肠后期中胚层细胞最先形成两条中胚层带，突入囊胚腔，后来每一条中胚层带中央裂开成体腔囊，并逐渐扩大，最终其内侧与内胚层结合形成肠壁（即消化管壁）、其外侧与外胚层结合形成体壁。中央的腔则为体腔，是由中胚层所形成的体腔膜所包围的，由于这种体腔是由中胚层带裂开形成的，所以称为裂体腔，或者称为真体腔。又因在发生上，比原体腔来得迟，故又称次生体腔。环节动物的体腔，由隔膜分割为若干和体节相一致的小室，彼此经孔道相通，各小室经排泄孔与体外相通。体腔内除有循环、排泄、生殖、神经等内脏器官外，还充满了体腔液。体腔液与循环系统共同完成体内运输的机能。

（3）闭管式循环系统

在动物界发展过程中，纽形动物开始出现了循环系统，但却十分简单和原始，血的流动主要依赖身体的运动，而无一定的方向。环节动物则出现了完善的循环系统，且多数种类为闭管式循环，即血液从心脏流出，从一条血管流入另一条血管，中间由微血管网连接，血液始终不离开血管进入组织间隙。但是也有的种类为开管式循环（如蛭类）。环节动物主要靠血管壁的收缩和扩张，有规律地搏动来推动血流循环。

环节动物闭管式循环系统的形成，与真体腔的产生有密切关系。胚胎发生时，由于真体腔扩大，原体腔（即囊胚腔）被排挤而成为背、腹血管的内腔和血管弧或称"心脏"。

环节动物的血浆中具血色素，有携带氧的功能。但血细胞不含血色素，此点与脊椎动物不同。

在蛭类中，真体腔被中胚层形成的葡萄状组织所填充，因而体腔相应缩小，变成无肌肉壁的血窦，血管消失。这与其他环虫截然不同。

（4）排泄系统

环节动物具有按体节排列的后肾管，它起源于中胚层。在较原始的种类中，仍保留着原肾管，但是焰细胞已被有管细胞所代替。典型的后肾管是一条两端开口迂回盘曲的管子，一端为开口于前一节体腔的多细胞纤毛漏斗，叫肾口；另一端为开口于该体节腹面外侧的体壁，叫排泄孔（或肾孔）。后肾管具有排泄代谢废物及平衡体内渗透压的功能，有的还是生殖细胞排出的通道。

（5）神经系统

环节动物的神经系统比低等蠕虫的梯式神经系统更为发达而集中，发展成链状神经系统。环节动物身体前端背侧，有一个由两叶组成的脑神经节（即咽上神经节），脑由围咽神经连索与腹面的一对咽下神经节相连。自咽下神经节开始，向后由两条纵行神经索合并为一条腹神经链贯穿全身。这两条神经索在每体节内都有一对膨大的神经节，从外表看两神经节也合并为一个。由此发出许多条神经到体壁等处，以完成和控制各种反射活动。

此外，环节动物由于适应不同的生活环境，海生种类（如沙蚕）出现了疣足和刚毛，司运动和呼吸；陆生寡毛类，疣足退化，刚毛着生于体壁，为运动器官。在发生上，多数为直接发育。但有些海生种类具担轮幼虫期。

2. 环节动物门分类及代表动物

目前已知的环节动物约30000种，分布于海水、淡水、陆地等多种环境里，少数营寄生生活，分为多毛纲、寡毛纲和蛭纲三个纲。

（1）多毛纲

多毛纲动物一般生活于沿海浅滩至40m深的海底，是典型的海生环节动物。

本纲动物形态差异很大，体长可从1mm至3m大小不等。常有各种鲜艳的颜色，有叶片状疣足；有的头部明显，位于体前端，有眼和项器等感觉器官，咽可以翻出，末端具颚一对，用以捕食，头部的附肢也变成一至数对触手和一对触须；肛节有肛须；无生殖带；雌雄异体；发育过程中有担轮幼虫期。

已知的多毛类约5000余种。常见的有游走目（Errantia）的沙蚕（*Nereis succinea*）、疣吻沙蚕（*Tylorrhynchus heterochaetus*）等；隐居目（Sedentaria）的毛翼虫（*Chaetopterus variopedatus*）、螺旋虫（*Spirorbis foraminosur*）等。

（2）寡毛纲（Oligochaeta）

寡毛类多为陆生，少数淡水生，常见的有各种蚯蚓等。无疣足，刚毛直接生于体壁之上；头部不发达；有生殖环带，雌雄同体，直接发育。

已知的寡毛纲动物约有2500种。常见的有近孔目（Plesiopora）的水丝蚓（*Limnodrilus hoffmeisteri*）；后孔目（Ophisthopora）的环毛蚓（*Pheretima tschiliensis*）等。

环毛蚓：体长230～245mm，体宽7～12mm。背孔自第12节与第13节间开始。背面呈紫红色或紫灰色。环带占三节，位于第14～16节，无刚毛。体上具环生的刚毛。

蚯蚓的体壁是由角质层、表皮细胞层、环肌、纵肌和体腔膜等组成。肠壁则包括组成体腔膜的黄色细胞、肌肉层和内胚层形成的肠上皮细胞。而在体壁和消化管壁之间，包围在体腔膜中的内腔，即为真体腔。体腔中容纳体腔液、生殖器官、排泄器官、循环系统等。

环毛蚓穴居于潮湿多腐殖质的泥土中，以菜园、耕地、沟渠边数量较多。其体色因环境不同而异，具有保护色的功能，一般为棕、紫、红、绿等色。环毛蚓雌雄同体。每年 8～10 月间进行繁殖，互相交配以交换精子。受精卵在蚓茧内发育成小蚯蚓而出茧生活。环毛蚓的再生能力很强。

地龙为环毛蚓的干燥全体或去内脏的干燥全体，有利尿通淋、清热解毒、活血通经、平喘、定惊、降压的功能。

（3）蛭纲（Hirudinea）

蛭类俗称蚂蟥。多数水生，少数陆生。通常营暂时寄生生活；无疣足，一般无刚毛；体节数目恒定，身体前后端具吸盘；体腔退化，形成血窦；雌雄同体，有生殖带，直接发育。

蛭类大约有 2000 多种，一般分为棘蛭目（Acanthobdellida）、吻蛭目（Rhynchobdellida）、颚蛭目（Gnathobdellida）和石蛭目（Herpobdellida）四个目。其中以颚蛭目种类较为常见，如日本医蛭（*Hirudo nipponia*）、宽体金线蛭（*Whitmania pigra*）。

3. 环节动物的经济意义

多毛类可作为经济鱼类的天然饵料，有些种类（如沙蠋、疣吻沙蚕等）为沿海居民喜欢的食物，也有人将沙蚕掺入制成虾酱。

寡毛类的经济意义更大，表现在：①蚯蚓是一种优良的蛋白质饲料，用以饲养鱼类和家禽；②蚯蚓生活在土壤中，对提高土地经济效益和作物产量均有很大作用；③还可利用蚯蚓处理废料、垃圾，防除公害；④蚯蚓还可入药，中药称为"地龙"；⑤水栖寡毛类是淡水底栖动物的主要组成部分，它可将湖底腐殖质疏松并转变为淤泥。有些种类亦可作水质污染情况的指示生物。

蛭类具有吸血习性，曾在 19 世纪被用于医疗，作为人体组织淤血的放血手段，现今还在断肢再接手术中应用。目前，水蛭及水蛭素被作为治疗心血管疾病的良药，水蛭素基因已成功地在大肠杆菌中克隆并表达。

（七）软体动物门（Mollusca）

常见的软体动物有田螺、蜗牛、河蚌、石鳖、乌贼及章鱼等。多数软体动物具有贝壳，故又称贝类。至今已记载的软体动物有 15000 多种，其中化石种类有 35000 种，是动物界仅次于节肢动物的第二大门。

1. 软体动物门主要特征

（1）体形

软体动物身体柔软而不分节，左右对称或不对称。身体分为头、足、内脏团三部分。头位于身体前端，具摄食及感觉器官。头部发达的程度因种类而异，快速游泳的种类，如乌贼等，头部非常发达，且具发达的感觉器官；运动虽缓慢但仍相对活动的种类，如蜗牛等，也具明显的头部；不活动的种类，如石鳖等，头部完全退化。除瓣鳃类外，口腔内均有角质颚和齿舌。齿舌是口腔底部的片状角质突起，上有一行行细齿，其形似锉，并可前后移动，以锉碎食物。齿舌的形状、排列方式，是分类的重要依据。足一般位于内脏团的下方，肌肉质。足的形状常因种类及其生活习性的不同而有很大的差异。如匍匐爬行的螺类，足形广阔；穴居及埋栖的蚌类或角贝，足呈斧状或柱状；行动活泼的乌贼等，足部转而位于头部前方，分裂为腕；固着生活的牡蛎等，足退化。内脏团是足部背面隆起的部分，包括大部分的内脏器官，除腹足类外，均左右对称。

（2）外套膜

外套膜是由内脏团背侧皮肤的一部分褶襞延伸而成，由内、外表皮和结缔组织以及少数肌肉纤维组成，常包围着内脏团及鳃。外套膜与内脏团之间的空腔，称为外套腔。腔内除鳃外，还有消化、排泄、生殖等器官的开口。水生种类的外套膜表面多密生纤毛，借其摆动，可激动水流在外套腔内流动，使鳃不断与新鲜水流接触，进行气体交换。陆生种类的外套膜常富有血管，可以进行气体交换。多数软体动物的外套膜较薄，而乌贼的外套膜肌肉发达，收缩时能压迫水流从漏斗喷出，推动身体作反向运动。此外，外套膜还能分泌碳酸钙和贝壳素形成贝壳，用以保护柔软的身体。

（3）贝壳

多数软体动物有 1～2 个或多个贝壳，但在不同种类中，贝壳的形态差别很大，多板类多为八块呈覆瓦状排列；腹足类为单一的螺旋状；瓣鳃类两片都呈瓢状；掘足类呈管状；头足纲除原始种类保留外壳外，多数种类的贝壳退化为内壳、藏于背部外套膜下面。

贝壳的成分主要由碳酸钙（占95％）和少量贝壳素所构成。这些物质是由外套膜上皮细胞间隙的血液渗透出来的。贝壳常分三层：最外一层叫角质层，由贝壳素构成，很薄，透明，具有色泽。其由外套膜边缘分泌而成，随动物体的生长而逐渐增大，起着保护外壳的作用。中间一层为棱柱层，较厚，占壳的大部分，故又称壳层，由角柱状的方解石构成。此层是由外套膜缘背面表皮细胞分泌而成；最内一层为珍珠层，由叶状的霰石构成，又称壳底，表面光滑，它是由外套膜整个外表皮细胞分泌而成，随着动物的生长而增加厚度。珍珠就是珍珠贝、河蚌等的外套膜分泌物包裹着进入外套膜和贝壳之间的异物而形成的。角质层和棱柱层的生长不是连续不断的，在繁殖期或食物不足、气温低等情况下，外套膜缘停止分泌，因而在贝壳表面形成生长线。

（4）体腔和循环系统

软体动物的初生体腔和次生体腔同时存在，但次生体腔极度退缩，仅留围心腔和生殖器官、排泄器官的内腔；代表初生体腔的微血管和部分动脉、静脉的腔扩大，且无血管壁包围，成为器官组织之间的空腔，称为血窦。血液由心室经动脉，进入血窦中，然后集中于静脉，流回心脏。动脉与静脉之间无直接连续，称为开管式循环。但头足类十腕目种类动脉和静脉由微血管连接，而成为闭管式循环。血液一般无色，内含变形虫状的血细胞。有些种类血中含有血红素或血青素，使血液变成红色或青蓝色。

（5）呼吸系统

软体动物用鳃、外套膜或外套膜形成的肺进行呼吸。鳃是由外套腔内壁皮肤延伸而成，内有血管、肌肉和神经。不同的鳃，在形状、构造和数目上有所不同。原始种类的鳃左右成对，栉状，故称栉鳃，由鳃轴及其两侧交互着生的三角形鳃丝组成。有的由栉鳃进化为丝状或瓣状的鳃；有的栉鳃消失而用皮肤或皮肤表面形成的次生鳃进行呼吸。陆生种类则以外套膜形成的肺呼吸。鳃的数目除多板类甚多外，一般为1～2对，但腹足类的鳃不成对。

（6）排泄器官

软体动物的排泄器官为肾脏，与环节动物的肾管同源，均属后肾型。其一端以纤毛肾口开口于围心腔，用以收集体腔中的废物，肾管近肾口部分由腺细胞组成，能从血液中提取代谢废物，其后经囊状部（膀胱）由肾孔开口于外套腔。在腹足类、瓣鳃类、头足类的许多种类中，由围心腔壁的上皮分化成的围心腔腺以及腹足类后鳃亚纲的肝脏部分细胞，都有排泄作用。

（7）神经系统及感觉器官

原始种类的神经中枢，包括一围食道神经环及由此向后伸展的两条足神经索和两条侧神经索。较高等种类的神经中枢，一般由四对神经节及联络它们之间的神经索组成。这四对神经节是：脑神经节，分出神经到头部和身体前端；足神经节，分出神经到足部；侧神经节，分出神经到外套膜和鳃；脏神经节，分出神经到消化管和其他脏器。头足类主要神经节集中在食道周围，外包以软骨，形成脑，是无脊椎动物中最高级的神经中枢。

软体动物的皮肤、外套膜内面和触角等部分布有感觉神经末梢，具有感觉作用。视觉器官为眼，腹足类眼生在头部触角的基部或顶端，称为头眼。多板类、瓣鳃类和掘足类，在贝壳或外套膜上常有微眼或外套眼。头足类的眼与脊椎动物的眼在构造上极相似。多数软体动物足部附近有一对平衡器，司平衡作用。

（8）生殖与发育

软体动物多为雌雄异体，少为雌雄同体，多为异体受精。生殖腺由体腔膜形成，雌雄生殖细胞均由生殖上皮产生，生殖导管内端通向生殖腔，外端开口于外套腔或直接与外界相通。头足类的卵裂方式为盘裂，其余各类都是不等全裂。其螺旋形卵裂与扁形动物、环节动物均相似。除头足类和一部分腹足类的胚后发育为直接发育外，其他许多海产的种类都为间接发育，需要经过担轮幼虫和面盘幼虫两个时期。担轮幼虫的发育与环节动物相似，面盘幼虫由担轮幼虫发育而来，面盘幼虫进一步发育即变态为成体。而河蚌必须经过钩介幼虫阶段才能发育为成体。

2. 软体动物门分类及代表动物

（1）无板纲（Aplacophora）

无贝壳，足退化，具腹沟，体呈蠕虫状，是最原始的软体动物。如龙女簪（*Proneomenia*），产于我国南海。

（2）单板纲（Monoplacophora）

贝壳一个，帽状，足扁阔。鳃及内脏器官按体节排列。如新蝶贝（*Neopilina galathea*），是一种原始贝类的"活化石"。

（3）多板纲（Polyplacophora）

背部有贝壳八枚，覆瓦状排列，呈块状。适于在岩石吸附和爬行，神经系统呈"双梯形"，如红条毛肤石鳖（*Acanthochitona rubrolineatus*）。

（4）掘足纲（Scaphopoda）

贝壳一个，呈牛角状，两端开口，足圆柱形，适于挖掘泥沙。如大角贝（*Dentalium vernedei*）。

（5）腹足纲（Gastropoda）

头部明显，贝壳一般一个，螺旋状，足肥块状。约 88000 种，是软体动物中最大的一纲，主要依据贝壳的形态、鳃的有无及位置、侧脏神经连索是否交叉成八字形等主要特征分为三个亚纲。常见种类有前鳃亚纲（Prosobranchia）的圆田螺（*Cipangopaludina*）、笠贝（*Acmaea*）等；后鳃亚纲（Opisthobranchia）的蓝斑背肛海兔（*Notarchus leachii*）等；肺螺亚纲（Pulmonata）的椎实螺（*Lymnaeidae*）、隔扁螺（*Segmentina*）、蜗牛（*Fruticicola*）、蛞蝓（*Agriolimax agrestis*）等。

（6）瓣鳃纲（Lamellibranchia）

贝壳两瓣，左右合抱，无头部，足斧状。

瓣鳃纲约三万种，其中含化石约 15000 种，根据贝壳铰合齿的形态、闭壳肌的发达程度和鳃的构造不同，分为三个目。常见种类有列齿目的泥蚶、毛蚶、魁蚶等；异柱目（Anisomyaria）的贻贝（*Mytilus*）、珍珠贝（*Pteria*）、牡蛎、栉孔贝（*Chlamys farreri*）等；真瓣鳃目（Eulamellibranchia）的河蚌 [又称无齿蚌（*Unionidae*)]、三角帆蚌（*Hyriopsis cumingii*）和缢蛏（*Sinonovacula constricta*）等。

（7）头足纲（Cephalopoda）

除原始种类有贝壳外，一般退化为内壳或消失，头部极发达，足特化成腕。

现存的头足类约 400 种，主要依据鳃和腕的数目以及其形态特征，分为两个亚纲。常见的种类有四鳃亚纲（Tetrabranchia）的鹦鹉螺（*Nautiloidea*）；二鳃亚纲（Dibranchia）的金乌贼（*Sepia esculenta*）和章鱼（*Octopodidae*）等。

3. 软体动物的经济意义

软体动物种类繁多，分布广泛，与人类的关系密切，可分为有益和有害的两方面关系。

（1）有益方面

软体动物中除掘足纲和多板纲中的大部分种类以外，几乎都可食用；珍珠、石决明（鲍的壳）、海螵蛸（乌贼内壳）、海粉（海兔的卵群）、乌贼墨等的药用价值早已得到证明。此外，近来还从文蛤、牡蛎、海蜗牛、乌贼等体内提取出许多抗病毒物质。这方面的研究还正在深入开展。据研究，以珍珠层粉制成的注射液试用于病毒性肝炎，也有一定的疗效。总之，软体动物在医药上的应用正方兴未艾。贝类的贝壳是烧制石灰的良好原料。珍珠层较厚的贝壳是制纽扣的好原料。大型的贝壳可制成美丽的容器和餐具。大马蹄螺、夜光蝾螺的壳粉还是喷漆的珍贵调和剂。乌贼墨用于制作名贵的中国墨。某些贝类的足丝还曾被用作纺织品的原料。小型贝类可用作农肥、家禽饲料或淡水鱼的饵料。宝贝、榧螺、芋螺、竖琴螺、日月贝、珍珠贝等贝类，有的有独特的形状，有的有艳丽的光泽或花纹，都是惹人喜爱的装饰、观赏品。用贝壳雕刻装饰而成的各种工艺品，有其独特的艺术魅力，深受国内外各界人士的赞赏。而珍珠的发现，则大大提高了贝类养殖的价值。我国已成功地利用淡水河蚌、海产珍珠贝等进行人工育珠，并取得显著效果。

（2）有害方面

贝类中已知约 85 种对人类有不同的毒害作用。主要是因为这些贝类以有毒的双鞭藻类等为食，这些有毒物质在贝类体内逐渐富集，使人食后中毒。此外，织锦芋螺（*Conus textile*）等的口腔中有毒腺，被其齿舌刺伤后，可引起溃烂。钉螺（*Oncomelania hupensis*）、椎实螺、隔扁螺等淡水腹足类是人、畜寄生虫的中间宿主，对人、畜都有不同程度的危害，毛蚶可传染甲肝病毒；玉螺、荔枝螺、红螺等肉食性的螺类能杀害大量的牡蛎、贻贝，尤其对它们的幼体危害更严重。而锈凹螺、单齿螺、笠贝等草食性种类则常吃海带、紫菜等幼苗，是藻类养殖的敌害。蜗牛、蛞蝓等陆生种类危害蔬菜、果木；海洋中的船蛆、海笋等专门穿凿木材或岩石穴居，对于海中的木船、木桩及海港的防波堤和木、石建筑物等为害甚大。营固着生活的贝类，大量固着于船底时，影响船只的航速。当它们固着在沿海、沿江工作的管道系统中时，可使管道堵塞，影响生产。

（八）节肢动物门（Arthropoda）

体躯分部、附肢分节的动物称为节肢动物。节肢动物种类繁多，分布广泛，适应性强。已知种类多达 100 万种以上，约占动物界总数的 85%左右，所以，它是动物界里最大的一个门，与人类的关系极为密切，有益和有害的种类不胜枚举。常见的虾、蟹、蜘蛛、蜱螨、蜈蚣和昆虫等都属于节肢动物。

1. 节肢动物门主要特征

（1）异律分节与身体分部

动物身体的若干原始体节分别组成头、胸、腹各部，称此现象为异律分节。但有的头、胸两部愈合而成为头胸部，或胸部与腹部愈合而成为躯干部。随着身体的分部，器官趋于集中，机能也相应地有所分化，如头部用于捕食和感觉、胸部用于运动和支持、腹部用于营养和生殖。各部虽有分工但又相互联系和配合，从而保证个体的生命活动及种族繁衍。

（2）附肢分节

节肢动物不仅身体分部，而且附肢分节，故名节肢动物。附肢各节之间以及附肢和体躯之间都有可动的关节，从而加强了附肢的灵活性，能适应更加复杂的生活环境，继而导致附肢形态的高度特化。附肢除了步行外，还有游泳、呼吸和交配的机能，也出现一些用以防卫、捕食、咀嚼以及感觉的特殊结构。因此，身体分部和附肢分节是动物进化的一个重要标志。

节肢动物的附肢按其构造特征可分为双肢型和单肢型两种基本构造。甲壳纲除第一对触角是单肢型外，其余都是双肢型或由双肢型的附肢演变而来。双肢型附肢的基本形式是由着生于体壁的原肢节和同时连接在原肢节上的外肢节和内肢节所构成。由于适应不同功能，有的外肢节退化，只剩下内肢节，如虾的司行走的 5 对步足就是如此。适于陆地生活的多足纲和昆虫纲的附肢是单肢型。

（3）几丁质的外骨骼和肌肉

节肢动物的体壁一般由底膜、表皮细胞层和角膜层三部分组成。表皮细胞层是单层多角形的活细胞层，它向内分泌形成底膜，底膜是一层无定形的颗粒层；它向外分泌而形成表皮层。角膜层由内向外又可分为内角质膜、外角质膜和上角质膜。

节肢动物的角膜层为非细胞结构部分。其主要成分是几丁质和蛋白质。几丁质是节肢动物所特有，是由醋酸酰胺葡萄糖组成的高分子聚合物，分子式为 $C_{32}H_{54}N_4O_{21}$。几丁质比较柔韧，能为水渗透，但不溶于水、酒精、弱酸和弱碱。上角质膜具有蜡层，使体壁具有不透水性，在外角质膜中有钙质或骨蛋白，使体壁加强硬度，因此，体壁具有保护内部器官及防止体内水分蒸发的功能。体壁的某些部位向内延伸，成为体内肌肉的附着点，故有外骨骼之称。正因为节肢动物具有外骨骼，使其对陆地上复杂生活环境的适应能力远远超过其他动物。节肢动物的角膜层一经骨化，便不能继续扩展，即限制了虫体的生长，因此，当虫体发育到一定程度时，必须蜕去旧骨骼，才能长大虫体，称此现象为蜕皮。蜕皮时表皮细胞分泌一种酶，将旧角膜层的内角质膜溶解，使外角质膜与表皮细胞层分离。与此同时，表皮细胞层又分泌出新角质膜而后蜕去旧角质膜，通常是每蜕一次皮即增长一龄，在每次蜕皮之间的生长期称为龄期。节肢动物的龄期因种类而异。

节肢动物的肌肉是由肌纤维组成，呈束状，着生于外骨骼的内壁或表皮内突之上，肌纤维为横纹肌，根据肌肉着生的部位和功能，可分为体壁肌和内脏肌。体壁肌一般是按体节排列，有明显的分节现象。内脏肌包被于内脏器官之上，一般分横向排列的环肌和纵向排列的纵肌。体壁肌又常是伸肌和缩肌成对地排列，相互起拮抗作用。当这些肌肉迅速伸缩时，就会牵引外骨骼产生敏捷的运动。

（4）体腔和血液循环

由于开管式循环，节肢动物的体腔内充满血液，故又名血腔。这种体腔一般是由囊胚腔（初生体腔）和真体腔（次生体腔）混合而形成，所以节肢动物的最终体腔又称为混合体腔。心脏和血管位于消化道的背方。血液在心脏中由后向前，流经血管进入体腔；血液在体腔中由前向后流动，而后汇入围心窦，由心孔流回心脏，这种往复过程属于开管式循环。

节肢动物循环系统构造和血液流程，与呼吸系统有密切关系。若呼吸器官只局限在身体的某一部分（如虾的鳃、蜘蛛的书肺），其循环系统的构造和血液流程就比较复杂。若呼吸系统分散在身体各部分（如昆虫的气管），它的循环系统构造和血液流程就比较简单。而靠体表呼吸的小型节肢动物，它的循环系统可能全部退化，如剑水蚤、恙螨、蚜虫等都没有循环器官。

（5）消化系统

节肢动物的消化系统，一般分为前肠、中肠和后肠三部分，但由于各类节肢动物的食性不同，消化道的具体结构也有所变化。前肠和后肠都是由外胚层内陷而成，因此其肠壁上也具有几丁质的外骨骼，并可形成突起和刚毛等构造，用来研磨或滤过食物（如虾类）。当蜕皮时前、后肠的外骨骼也要脱落，然后再重新分泌，中肠由内胚层形成，是主要消化和吸收的地方。节肢动物头部的附肢，常常变成咀嚼器或帮助抱持食物的构造，有时还和头的一部分构成为口器（如昆虫）。

（6）呼吸和排泄

节肢动物的呼吸器官，水生种类为鳃或书鳃；陆生种类为气管或书肺。鳃和气管都是体壁的衍生物，只是形成方式不同，鳃是体壁外突而形成的，气管是体壁内陷而形成。书鳃是腹部附肢的书页状突起，书肺是书鳃内陷而成。有一些陆生的昆虫，其幼虫生活在水中，而具有气管鳃，即鳃里面含有气管。此外，较小的节肢动物，如水中的剑水蚤、陆上的蚜虫或恙螨，都可以靠全身体表进行呼吸，因此没有特别的呼吸器官。

节肢动物的排泄器官，可分为两种类型。一种是由肾管变来的腺体结构。如甲壳纲的颚腺和绿腺，蛛形纲的基节腺，原气管纲的肾管等都属于此种类型。另一类如昆虫或蜘蛛的马氏管。它是肠壁向外突起而形成的细管，开口于中、后肠交界处，吸收血腔中的废物，进入后肠，回收水分，排出残渣。

（7）神经系统和感觉器官

节肢动物的神经系统与环节动物相同，属于链状神经结构。常与身体的异律分节相适应，有时神经节也相对集中，例如蜘蛛的体外分节不明显，而神经节也都集中在食道的背方和腹方，形成很大的神经团。脑是节肢动物的感觉和统一调节活动的主要神经中枢，但并非重要的运动中心，切除脑的昆虫，如给以适当刺激，仍能行走，但不能觅食。脑神经分泌细胞能分泌脑激素，可活化其他内分泌腺，如心侧体、咽侧体及前胸腺等，产生保幼激素和蜕皮激素，以控制蜕皮和变态等生理机制。

节肢动物的感觉器官很完备，主要有触觉、视觉、嗅觉、味觉、听觉等器官，并受神经支配，可以产生各种活动和行为。

(8) 生殖和发育

多数节肢动物是雌雄异体，只有蔓足类和一些寄生性的等足类是雌雄同体。生殖方式主要为两性生殖、卵生，也有卵胎生、孤雌生殖、幼体生殖和多胚生殖等方式。卵富含卵黄，系中黄卵。卵裂属表裂、细胞核分裂并迁移到卵的表面周围，然后各自形成细胞膜，进入囊胚期。原肠形成靠内陷法或分层法。节肢动物的胚后发育很不相同，有直接发育或间接发育。间接发育者具有不同阶段的发育期和不同形式的幼体或蛹期。

2. 节肢动物门分类及代表动物

根据呼吸器官、身体分部及附肢的不同，分为三个亚门七个纲。

(1) 有鳃亚门 (Branchiata)

多数水生，用鳃呼吸，有触角 1～2 对。

① 三叶虫纲 (Trilobita)　触角 1 对，身体背部中央隆起，形成三叶状。全为化石种类，如三叶虫 (*Trilobite*)。

② 甲壳纲 (Crustacea)　触角 2 对，头和胸部常愈合为头胸部，背侧被有发达的头胸甲。甲壳纲是节肢动物中很重要的一个纲，可分为 8 个亚纲：头虾亚纲、鳃足亚纲、介形亚纲、须虾亚纲、桡足亚纲、鳃尾亚纲、蔓足亚纲和软甲亚纲。常见种类有鳃足亚纲 (Branchiopoda) 的丰年虫 (*Artemia salina*)、蚤 (*Siphonaptera*) (又名水蚤)；桡足亚纲 (Copepoda) 的剑水蚤 (*Cyclops*)；蔓足亚纲 (Cirripedia) 的藤壶 (*Balanus*)；软甲亚纲 (Malacostraca) 的糠虾 (*Opossum shrimp*)、鼠妇 (*Porcellio*)、淡水中的栉水虱属 (*Asellus*)、虾蛄属 (*Mantis shrimp*)、对虾属 (*Penaeus orientalis*)、中华米虾 (*Caridina denticulate*)、寄居虾 [又称寄居蟹 (*Paguridae*)]、三疣梭子蟹 (*Portunus trituberculatus*) 和中华绒螯蟹 (*Eriocheir sinensis*) 等。

(2) 有螯亚门 (Chelicerata)

多数陆生，少数水生，头胸部紧密愈合，无触角，附肢 6 对，第一对为螯肢，第二对为脚须，陆生种类用书肺或气管呼吸，水生种类用书鳃呼吸。

① 肢口纲 (Merostomata)　海产，头胸部的附肢包围在口的周围两侧，故名肢口。用腹部附肢内侧的书鳃呼吸。如分布于我国南海的中国鲎 (*Tachypleus triderttatus*)。

② 蛛形纲 (Arachnida)　多数陆生。头胸部除螯肢和脚须外还有步足四对，腹部无附肢。

本纲动物约有 66000 种，是节肢动物门中仅次于昆虫纲的第二大类群。它们的生活习性复杂，绝大多数陆生，也有水生和寄生的种类。身体分区，不同种类体区分化各异。一般分为头胸部和腹部，有的分为头、胸、腹三部，也有三部愈合为一体。

多为肉食性动物，以吮吸式口器或强大的吸胃将捕获物的体液和软组织吮吸入消化道中。寄生类型的口器更为特化，以适应穿刺寄主的体表和吮吸寄主的汁液。以马氏管和基节腺排泄。用书肺或气管或兼用两者呼吸。不少种类能结网营巢，因此具有丝腺和纺绩器，纺绩器是腹部附肢的遗迹。蝎目的栉状器也是附肢特化形成的。雌雄异体，卵生，但蝎目为卵胎生。通常直接发育，无变态；但蜱螨目具有六足若虫和八足幼虫两种幼体，可视为间接发育。

蛛形纲除已绝迹的五个目外，现存种类共分 11 个目，我国已知八个目。重要种类有蝎目 (Scorpionida) 的蝎 (*Scorpio*)、钳蝎 (*Buthus*)、链蝎等；蜘蛛目 (Araneida) 的圆蛛 (*Araneidae*)、水狼蛛 (*Pirata*)、蝇虎、络新妇等；蜱螨目 (Acarina) 的牛蜱属 (*Boophilus*)、波斯锐缘蜱 (*Argas persicus*)、棉叶螨 (*Tetranychus cinnabarinus*)、疥螨 (*Sarcoptes scabiei*) 等。

（3）气管亚门（Tracheata）

多陆生，少数水生，用气管呼吸。

① 原气管纲（Prototracheata） 体呈蠕虫形，体外分节不明显，附肢具爪但不分节，有一对触角。以短而不分枝的气管呼吸。同时还兼有环节动物的一些特征，如皮肌囊终生保留、附肢短而不分节、后肾管按体节排列。因此它与环节动物和其他节肢动物都有着密切的亲缘关系，如栉蚕（*Peripatus*）。

② 多足纲（Myriapoda） 身体分节明显，体分头部与躯干两部分，每体节具 1～2 对足，如蜈蚣（*Scolopendra subspinipes*）、马陆（*Spirobolus bungii*）等。

③ 昆虫纲（Insecta） 体分头、胸、腹三部，胸部具三对足，一般具两对翅，昆虫分类在形态方面主要的鉴别特征一般是根据翅的有无及翅的特征，把昆虫分为 2 个亚纲 33 个或 34 个目。

许多种类是农业上的重要害虫，如东亚飞蝗（*Locusta migratoria manilensis*）、中华蚱蜢（*Acrida chinensis*）、华北蝼蛄（*Gryllotalpa unispina*）、蟋蟀（*Gryllus chinensis*）、黑绒金龟（*Serica orientalis*）、铜绿金龟（*Anomala corpulenta*）、星天牛（*Anoplophora chinensis*）等。

有些种类产胶，蜡，为益虫。代表种类有蚱蝉（*Cryptotympana atrata*），俗称知了，体长约 50mm，为最大的蝉。

最常见且与人类关系最密切的蚊有按蚊（疟蚊）（*Anopheles*）、库蚊（家蚊）（*Culex*）和伊蚊（黑斑蚊）（*Aedes*），此三属蚊是重要的医学害虫，仅雌蚊吸食人畜血液，是传播乙型脑炎、疟疾等的重要媒介。

果蝇（*Drosophila melanogaster*）常作为遗传学研究材料；舍蝇（*Musca domestica vicina*），为最常见的蝇类，是重要的医学昆虫；大头金蝇（红头蝇），成虫栖于厕所及粪堆，也侵入人屋，污染食物。

赤眼蜂属（*Trichogrammatid*）的动物寄生于鳞翅目等害虫的卵中，已被用于生物防治，如人工养殖释放消灭松毛虫、棉铃虫等。

3. 节肢动物门的经济价值

节肢动物门有许多常见的药用动物：中华蜜蜂、蜈蚣、东亚钳蝎、蚱蝉、巨斧螳螂等。

比如中华蜜蜂为社会性昆虫，营群居生活。一个蜂群由一个雌蜂（蜂王）、少数雄蜂（孤雌生殖的个体）和很多工蜂（性器官不发育的雌蜂）组成。三种个体分工明确，各司其职。全国各地均有饲养。主要以中华蜜蜂酿造的蜜糖和蜂乳、蜂毒、蜂胶、蜂蜡等供药用。

另外，苍蝇、蚊子等动物对人畜有害。

（九）棘皮动物门（Echinodermata）

棘皮动物全部生活在海洋中，五亿多年前出现。现存的有海星、海胆、蛇尾、海参和海百合五个纲，是相当特殊的一个动物类群。身体由体盘和腕构成，辐射卵裂。

1. 棘皮动物门主要特征

（1）后口

胚胎发育到原肠后期，胚孔相对的一端，内外两胚层靠拢、紧贴，最后穿孔成为口，胚孔则变为肛门。这种口称为后口。这样形成口的动物称后口动物。此外，后口动物和原口动物主要的区别还有以肠腔法形成体腔，受精卵行辐射卵裂。

（2）次生性辐射对称

棘皮动物是唯一一类幼虫两侧对称、成体辐射对称的动物。

成体的体形多种多样，有星形、球形、圆柱形或树状分枝形等，但基本上都属于五辐射对称。五辐射对称即通过动物体口面至反口面的中轴，可做五个对称面把动物体分成互相基本对称的两部分。棘皮动物的幼虫却是两侧对称的。成体五辐射对称是次生性的。

（3）具内骨骼

棘皮动物石灰质的内骨骼与其他无脊椎动物由表皮形成的外骨骼不同，它是由中胚层形成的内骨骼。内骨骼是钙和碳酸镁的混合物，海参等的极微小，只有在显微镜下才能看到；海胆等的则形成许多骨板，骨板或互相嵌合成完整的囊；海星和蛇尾等借肌肉及结缔组织互相连接排成一定的形式；海百合形成可动关节。内骨骼埋于体壁中，外有纤毛上皮覆盖，其下是纤毛体腔上皮。但往往形成棘或刺突出体表，故称棘皮动物。

（4）体腔、水管系统与围血系统

① 围脏腔　包围消化系统及生殖器官，其内类似淋巴的体腔液中有具吞噬作用的变形细胞和海水。

② 水管系统　棘皮动物所特有的管道系统。通过筛板和海水或围脏腔中的体腔液相通。筛板上有许多小孔，其下一条钙质石管和围绕口的环管相连，环管分出五条辐管，辐管又分出成对的侧管，侧管末端与管足相连，二者间有瓣膜。圆筒形管足具肌肉壁，基部膨大成坛，末端穿过体壁骨板间伸出体外。坛收缩可将水压入管足使其伸长；相反，坛扩张，水回流其中，管足缩短收回。管足末端有吸盘的种类则可吸附在固体物上，借此运动，如海星。除运动外，管足还有呼吸和排泄的功能。

③ 围血系统　循环系统除海胆和海参较明显外，均较退化。由微小的管道或血窦组成，其外有一相应的管状体腔包围，这套管腔即围血系统，又称围血窦。其位于水管系统下方，有环围血窦、辐围血窦，排列和水管系统相同。

（5）消化系统

消化管短直。口位于体盘中央，周围是围口膜（peristomial membrane），口周有括约肌和辐射肌纤维。贲门胃大，位于近口面；幽门胃小，扁平，向各腕伸出两支幽门盲囊（pyloric caeca）。肠有两支或三支肠盲囊（intestinal caeca）。胃幽门盲囊具纤毛的上皮细胞分为贮存细胞、腺细胞和黏液细胞，肠盲囊含有后两种，腺细胞分泌酶，贮存细胞可贮存脂肪小滴、糖原和多糖-蛋白质复合物。腔肠动物内外两胚层分化，原始的消化循环腔（gastrovascular cavity）具有消化和循环的作用，相当于高等动物胚胎发育过程的原肠腔，但是，其内层细胞分泌消化酶进入消化循环腔对食物进行细胞外消化，外层细胞吞噬食物颗粒进行细胞内消化。蛇尾类棘皮动物因消化管退化，而无肠、无肛门。

（6）神经

有起源于外胚层的外神经（ectoneural）和起源于中胚层的内神经（endoneural）、下神经（hyponeural，体腔神经）三个神经系统（nervous system），分布于体盘、腕及体壁上，表皮中有大量神经感觉细胞。

2. 棘皮动物门分类及代表动物

现存棘皮动物 6000 多种，我国约 300 种。根据柄的有无，腕的形状、数目、步带沟的开合，骨骼的形状，分为两个亚门五个纲。

（1）游移亚门（Eleutherzoa）

口面向下，口位于口面，肛门位于反口面，骨骼发达或不发达。神经系统在口面。无柄，自由生活。

① 海星纲（Asteroidea）　身体星状，具有腕5条或5的倍数。腕与体盘无明显分界。腕腹面中央的步带沟内有2～4列具吸盘的管足。体表有皮鳃、棘刺和棘钳，反口面正中肛门开口旁有筛板。发育有羽腕幼虫期。

现存约1600种，生活于世界各地海域。我国常见的有海盘车（*Asterias*）、太阳海星（*Solaster*）及砂海星（*Luidia*）等。

② 蛇尾纲（Ophiuroidea）　体多扁平。体盘小，圆形或五角形，与腕区分极明显。细长不分枝或分枝的5个腕可弯曲。无步带沟，管足2列，不具吸盘，司触觉和呼吸。腕周围有一纵列脊骨，脊骨间由肌肉构成活动关节，故腕可灵活运动。消化道无肛门，消化残渣由口吐出。筛板位于口面。发育经蛇尾幼虫期。

现存约2000种，我国常见的有刺蛇尾属（*Ophiothrix*）、阳遂足属（*Amphiura*）的动物等。

③ 海胆纲（Echinoidea）　体球形、半球形、心形或扁平盾形。腕向上卷起在反口面相互愈合形成完整的壳，壳由20列子午线排列的骨板嵌合组成。每两列成为一区。五个较狭者为步带区，骨板上具管足孔，有吸盘管足由此伸出；五个较宽者为间步带区。体表上长刺、棘、叉棘等基部有肌肉附着在骨板的瘤状突起上，故活动自如。口面平坦，中央有口，周围有围口膜、棘钳，帮助捕食。口腔内咀嚼器结构复杂，可切碎食物。肠的长度超过中轴长几倍，直肠达反口面肛门。肛门周围有5个生殖板和5个眼板相间排列，每个生殖板上有一生殖孔，其中一生殖板与筛板愈合。发育经海胆幼虫变态为成体。

现存约800种，生活于岩石的裂缝中，少数穴居泥沙中。我国常见的如马粪海胆（*Hemicentrotus pulcherrimus*）、细雕刻肋海胆（*Temnopleurus toreumatcus*）等。

④ 海参纲（Holothuroidea）　体呈圆筒形无腕，有前、后、背、腹之分。体表无棘。体壁有五条发达的肌肉带，骨板细小，分散在体壁中。体背面较凸出，管足退化成乳状小突起，司呼吸和感觉。腹面平坦，管足具吸盘有爬行作用。前端有口，口周围有由管足变成的触手，后端有肛门。消化道长盘曲，后端膨大为排泄腔；腔壁向两侧体腔突起一对树状的管，通连排泄腔，称呼吸树或水肺。排泄腔收缩时，从肛门进入的新鲜海水被压入水肺进行气体交换。水管系统发达，筛板位于体腔内。体腔液中变形细胞能收集代谢废物，穿过水肺管壁进入排泄腔，经肛门排出，故水肺还兼有排泄作用。雌雄异体，生殖腺一个，树状，悬浮于体腔液中。体外受精，发育经过短腕幼虫和桶状幼虫两个时期。

现存约1000种，营海中底栖生活。我国常见的有刺参（*Stichopus japonicus*）、梅花参（*Thelenota ananas*）、海棒槌（*Paracaudina chilensis*）等。

（2）有柄亚门（Pelmatozoa）

生活史中至少有1个时期具固着柄，口和肛门均位于口面，口面向上。多数为化石种类，现存仅海百合一纲。

海百合纲（Crinoidea）：外形酷似植物。现存种类有两种类型，一种终生有柄，营固着生活，称有柄海百合类；另一种无柄，营自由生活，称海羊齿类。

3. 棘皮动物门经济价值

棘皮动物门的许多动物兼具食用和药用作用，例如罗氏海盘车、海燕、马粪海胆、刺参等。

比如刺参，主要以去内脏的腌制干燥体供药用，称为海参。刺参的药用载于《本草从新》。本品性味咸，温。能补肾壮阳，养血润燥。主治精血亏损，虚弱劳怯，阳痿，梦遗，小便频数，血燥便秘等。除含有蛋白质、脂肪、碳水化合物及微量的钙、磷、铁外，还含有海参毒素、黏蛋白、糖蛋白、甾醇和三萜醇等。其重要药理作用是粗制的海参毒素能抑制肿瘤和多种真菌。与刺参药效相似、同等入药的还有花刺参、绿刺参、梅花参、黑乳参等。

（十）脊索动物门（Chordata）

动物界最高等的一门，也是发展得最成功的一类。共同特征是在其个体发育全过程或某一时期具有脊索、背神经管和鳃裂（即脊索动物门的三大特征）。

1. 脊索动物门主要特征

（1）脊索（notochord）

位于身体背部、消化道上方、神经管的下面。它是一条支持身体纵轴、柔软而具弹性的结缔组织组成的棒状结构。在胚胎发育过程中，原肠背侧的内胚层部分细胞脱离肠管逐渐发育而成，细胞内富有液泡，因而既有弹性而又结实，起着骨骼的基本作用。低等脊索动物终生具有脊索，有的种类脊索仅见于幼体；高等的种类，脊索只在胚胎期出现，随着成长逐渐由分节的脊柱所代替。

（2）背神经管（dorsal nerve cord）

位于身体背部、脊索的上方，是脊索动物神经系统的中枢，呈管状结构，管内腔为神经腔。在高等种类背神经管分化为脑和脊髓。

（3）咽鳃裂（pharyngeal gill slits）

为咽部两侧壁裂缝，左右成对，直接或间接与外界相通。内有咽鳃，咽鳃是呼吸器官。低等脊索动物咽鳃裂终生存在，高等种类只出现在胚胎期或幼体，之后便完全消失。

2. 脊索动物门分类及代表动物

脊索动物包括尾索动物、头索动物和脊椎动物。除以上主要特征外，脊索动物还具有一些次要特征：密闭式循环系统（尾索动物除外），心脏如存在，总位于消化管的腹面；肛后尾，即位于肛门后方的尾，存在于生活史的某一阶段或终生存在；具有胚层形成的内骨骼。至于后口、两侧对称、三胚层、真体腔和分节性等特征则是某些无脊椎动物也具有的。

已知约七万多种，现生的种类有四万多种，分三个亚门：尾索动物亚门（Urochorda），如异体住囊虫（*Oikopleura dioica*）、柄海鞘（*Styela clava*）；头索动物亚门（Cephalochordata），如文昌鱼（*Branchiostoma belcheri*）；脊椎动物亚门（Vertebrata），为此门最重要和最多的类群，包括圆口纲（Cyclostomata）、鱼纲（Pisces）、硬骨鱼纲（Osteichthyes）、两栖纲（Amphibia）、爬行纲（Reptilia）、鸟纲（Aves）和哺乳纲（Mammalia）。

（1）尾索动物亚门（Urochorda）

单体或群体，营自由或固着生活的海生动物，体形常随生态而异。身体表面披以一层棕褐色植物性纤维质的囊包，其脊索仅在尾部，或终生保存，或仅见于幼体者，随着个体发育成长，脊索逐渐缩短以至消失，故名。尾索动物是最低等的脊索动物，与高等脊索动物存在着演化上的亲缘关系，两者可能都是从类似海鞘幼虫型营自由生活的共同祖先——原始无头类动物演化而来。这类原始无头类动物不但将幼体时期的尾和自由游泳的生活方式保留到成体，甚至还消失了生活史中营固着生活的阶段，并通过幼态滞留及幼体性成熟途径发展为头索动物和脊椎动物。尾索动物是在进化过程中适应特殊生活方式的一个退化分支，除保留滤食的咽及营呼吸作用的咽鳃裂外，大多数种类已在变态中失去所有的进步特征，并向固着生活的方向发展。

海鞘纲（Ascidiacea）成体呈坛状，固着于海底岩石或其他物件上。其顶端有一入水孔，旁侧有一泄殖孔（出水孔）。借流水吸入有机物作为食物；具管孔一侧为背方，反面为腹方。剖开被囊，可见一空腔，即围鳃腔（atrial cavity）。内有巨大的咽部，咽壁上有无数的鳃裂。无神经管，仅在两水孔之间有一神经节（脑节），由此再分出若干分支到身体各部。

（2）头索动物亚门（Cephalochordata）

头索动物终生具有发达的脊索和背神经管、咽鳃裂。脊索延伸到背神经管的前方，故称头索动物，又名狭心纲（Leptocardii）。因无真正的头部，又称为无头类。

代表动物白氏文昌鱼（*Branchiostoma belcheri*），由德国动物学家 P. S. Pallas 在英国 Cornwall 发现，曾被认为是软体动物蛞蝓中的一种，1774 年被命名为 *Limax lanceolatus*。意大利的 O. G. Costaren 认为是低等脊椎动物，1834 年将其命名为 *Branchiostoma*（鳃口类，触须被误认为是鳃）。英国人 William Yarrell 在 1836 年命名为双尖鱼（*Amphioxus lanceolatus*）。根据命名优先原则，*Branchiostoma* 作为属名，amohioxus 为英文俗名。1932 年 Boring 将中国厦门产的文昌鱼定名为 *Branchiostoma belcheri* Gray。

文昌鱼具有许多原始特征，如无头，无脑，无心脏，原始分节排列的肌节，无集中的肾脏，排泄与生殖器官无联系，无生殖管道，表皮为单层细胞，无脊椎骨形成；又具有脊索、鳃裂、神经管等进步特征和特化性特征，如口笠、触手、缘膜、轮器、内柱、脊索比神经管长等。因此，人们推测脊索动物祖先一支演化为自由游泳生活的原始有头类，另一支演化成少数底栖、钻沙、特化的旁支，即头索动物。文昌鱼的胚胎发育和形态结构特征证实，A. H. 谢维尔曹夫关于文昌鱼的演化是正确的。

（3）脊椎动物亚门（Subphylum Vertebrata）

脊椎动物是脊索动物门中数量最多（4300 种）、结构最复杂、进化地位最高、分布最广的一大类群。除脊索动物的三大特征外，还具有许多特征性特点。

① 发达的内骨骼（endoskeleton）：具有发达的内骨骼是脊椎动物典型的特征。

② 除圆口类外都具有上下颌。

③ 出现了明显的特征性头部和高度发达而集中的神经感官系统。

④ 胚胎时期出现咽鳃裂：适应水陆生活环境，低等水生种类用鳃呼吸，陆生种类及次生水生种类用肺呼吸。

⑤ 完善的血液循环系统：出现能收缩的心脏，动、静脉血分开使机体氧供应充足，保证机体代谢需要的物质的运输，保持高的代谢活动，体温由变温发展为恒温。

⑥ 出现构造复杂的不同类型的成对肾脏：成对的肾脏代替了肾管，提高了代谢废物的排泄能力，代谢废物的及时排出，保证了高代谢率的正常进行。

⑦ 成对附肢作为运动器官：除圆口类外，都具有成对的附肢作为运动器官。因生活环境、生活方式的改变，有些种类失去了一对（或全部）附肢，但在身体上还不同程度地保留着附肢的痕迹。

⑧ 对称体制，体分四部分：身体左右对称，分为头、颈、躯干及尾等部分。颈部显著或不显著，尾存在或不存在。

⑨ 雌雄异体，有性生殖：除极少数为雌雄同体外，绝大多数为雌雄异体，交配进行有性生殖。

（十一）脊椎动物亚门分类及代表动物

1. 圆口纲（Cyclostomata）

圆口纲是脊椎动物最原始的类群。因有头、无颌，又称无颌类（Agnatha）。现存种类包括七鳃鳗目和盲鳗目。

常见种类有东北七鳃鳗（*Lampetra morii*）、日本七鳃鳗（*Lampetra japonicus*）等。

2. 鱼纲

（1）鱼纲主要特征

① 身体多呈纺锤形，常披覆保护性的鳞片；以鳍游泳。

② 用鳃呼吸，血液循环为单循环。

③ 皮肤富含黏液。

④ 完整的内骨骼系统，脊柱彻底取代脊索，骨骼包括头骨、脊柱、附肢骨骼。

⑤ 出现上下颌。这是脊椎动物进化史上的重要转折点，颌增加了获得食物的机会，提高生命活动能力，增强动物适应性。

⑥ 脑明显分为五部分，双鼻孔，出现半规管。

⑦ 繁殖方式有卵生、卵胎生。

（2）鱼纲分类及代表动物

全世界现存鱼类约 24000 种，根据内骨骼的性质可分为：软骨鱼（Chondrichthyes）、硬骨鱼（Osteichthyes）。

软骨鱼的代表动物有：豹纹鲨（*Stegostoma fasciatum*），日本须鲨（*Orectolobus japonicus*），鲸鲨（*Rhincodon typus*），孔鳐（*Raja porosa*），黑线银鲛（*Chimaera phantasma*）等。

硬骨鱼的代表动物有：中华鲟（*Acipenser sinensis*），鲥鱼（*Macrura reevesii*），大银鱼（*Protosalanx hyalocranius*），海鳗（*Muraenesox cinereus*），鲅鱼（*Scomberomorus niphonius*），牙鲆（*Paralichthys olivaceus*），黄鮟鱇（*Lophius litulon*）等。

（3）鱼纲经济价值

鱼类与人类的关系源远流长。其中淡水的青鱼、草鱼、鲢鱼、鳙鱼被人们称为"四大家鱼"。四大海产当中的大黄鱼、小黄鱼以及带鱼也属于鱼类。

近年来，通过遗传学技术改良的鲫鱼、鲤鱼等都是淡水养殖的常见鱼类。

3. 两栖纲（Amphibia）

两栖纲是一类在个体发育中经历幼体水生和成体水陆兼栖生活的变温动物。

少数种类终生生活在水中是次生性现象。在动物演化过程中，从水中移到陆地生活是一个非常重要的改变，需要该生物体内各器官结构由适应水生转为适应陆生，在两栖类登陆前昆虫、植物已经登陆了。

（1）两栖纲主要特征

① 身体具有明显的头、颈、躯干、尾（有的无明显颈部），据此可以把本纲动物分为蚓螈型、鲵螈型、蛙蟾型三种类型。

② 表皮开始发生角质化，没有很好地解决防止水分蒸发的问题。皮肤多腺体，有些是

毒腺。色素细胞会改变体色。

③ 骨骼多为硬骨：脊椎骨有分化——颈椎、躯干椎、荐椎、尾椎。脊索消失。有的种类具肋骨。大多具五指型附肢，且与脊柱形成连接，利于承受体重。五指型附肢是多支点杠杆，使附肢不仅可依躯体运动，而且附肢各部可作相对应转动，有利于沿地面爬行。

④ 心脏三腔：两心房一心室，不完全双循环，体温不恒定。

⑤ 排泄系统为中肾，主要含氮废物为尿素。

⑥ 呼吸器官：鳃、肺、皮肤及口腔内壁，幼体有外鳃。

⑦ 两个大脑半球完全分开，脑神经 10 对，听觉器官生成中耳。

⑧ 繁殖方式卵生，极少数卵胎生。生殖未脱离水。发育中有变态。

（2）两栖纲分类及代表动物

现存两栖纲动物约 4200 种，我国有 280 种。分为三个目：

① 无足目（Apoda）　蠕虫状，无附肢，肛门位于体末端。

鱼螈（*Ichthyophis glutinosa*）：雌体常将产出的卵以身体缠绕保护，直到孵出，幼体进入水中发育。主要分布于亚洲热带地区，我国云南西双版纳亦产。无足目约 160 种，为两栖纲原始而特化的类群。

② 有尾目（Urodela）　体长，多具四肢，少数具前肢，尾发达，终生存在。皮肤光滑无鳞。脊椎数目多，椎体双凹型或后凹型。肩带、腰带多为软骨，桡尺骨分离，胫腓骨分离。

大鲵（*Megalobatrachus davidianus*）：产于湖南、湖北、贵州、广西、四川、陕西、山西等地。成体灰褐色，体背有大黑斑，皮肤有各种斑纹，头顶、腹部有许多成对疣状物。前肢四趾，后肢五趾，趾间有蹼。肉食性，以蛙、鱼、蟹、虾、小昆虫为食。列入《世界自然保护联盟濒危物种红色名录》、《中国重点保护野生动物》（Ⅱ级)、《华盛顿公约》（附录Ⅰ级保护动物）。

③ 无尾目（Anura）　体形宽短，具发达的四肢，后肢强大，适于跳跃。成体无尾。皮肤裸露富有黏液腺，一些种类形成毒腺疣粒。有活动的眼睑和瞬膜，鼓膜明显。椎体前凹或后凹，荐椎后边的椎骨愈合成尾杆骨。一般不具肋骨，肩带有弧胸型和固胸型，桡尺骨愈合，胫腓骨愈合。成体肺呼吸，不具外鳃和鳃裂，营水陆两栖生活，生殖回到水中，变态明显。

代表动物有：中华蟾蜍（*Bufo gargarizans*）、中国雨蛙（*Hyla chinensis*）等。

中国林蛙（*Rana chensinensis*）：背灰色有黄红色斑，鼓膜处有一深色三角形斑，腹部乳白色有红色斑，两眼间有一黑横纹或头后方有"∧"形斑，背侧褶有时呈棕红色。四肢背面有显著黑横纹，大腿背面有 4～5 条。雄性第一指有极发达的灰色婚垫，分为四团，上面有灰色小刺。有一对咽下内声囊。后肢长，左右跟部交互。中国林蛙除去内脏的全体为药用哈士蟆，养阴滋肾，治虚劳咳嗽。中国林蛙输卵管干制品为哈士蟆油，补肾益精，润肺养阴，治产后无乳、盗汗、神经衰弱。

（3）两栖纲经济价值

① 两栖类是消灭农林害虫的能手。利用蛙类防治害虫，"保蛙、养蛙、治虫"是省工、省钱、没有农药污染的最佳办法之一，是保证农业增产、节约的有效措施。

② 不少两栖类的肉可供食用，且被列为上品。如棘皮蛙、牛蛙、虎纹蛙等大型蛙类已广泛被人工饲养，作为肉食之补充来源。

③ 可供药用，如蟾蜍耳后腺的分泌物可加工成蟾酥，用以配制六神龙、喉症丸等著名

中药。

④ 蛙类还是进行生物学和医学科学实验及教学的良好实验材料，如在医学临床上常用雄蛙或蟾蜍诊断妊娠等。

4. 爬行纲（Reptilia）

爬行纲动物是体被角质鳞或甲，在陆地繁殖的变温羊膜动物。爬行动物是从石炭纪末期古代两栖类（坚头类）进化来的。石炭纪末期地球发生造山运动，陆地气候由原来的温暖潮湿转变为干燥的大陆气候，出现四季变化，许多古代两栖类灭绝了。具有适应陆生的体制结构、适应陆生生殖方式和有比较发达的脑的爬行动物出现了。最早的化石出现在下二叠纪（距今二亿五千万年前）叫西蒙龙。有典型的两栖动物特征和爬行类特征。

（1）爬行纲主要特征

① 身体已明显分为头、颈、躯干、四肢和尾部，颈部较发达，可以灵活转动，增加了捕食能力。

② 皮肤角质化程度加深，缺少腺体而干燥，表皮有角质层分化，细胞积累大量角蛋白，角质层外侧形成角质鳞片或甲角质层磨损后由其下边的生发层产生细胞补充。

③ 骨骼系统包括中轴骨骼和附肢骨骼，中轴骨骼包括头骨、脊柱，脊柱分化为五部分：颈、胸、腰、荐、尾，附肢骨骼包括肩带、腰带。

④ 心脏二心房一心室，心室内有不完全隔膜，动脉圆锥消失。

⑤ 一对后肾位于腹腔后部背侧，表面分叶或光滑。

⑥ 呼吸系统有鼻、喉、气管、支气管、肺，能进行口咽式呼吸、胸腹式呼吸。

⑦ 两个大脑半球体积增大，脑神经 12 对。

⑧ 体内受精，卵生、卵胎生。

（2）爬行纲分类及代表动物

爬行动物现存约 6550 余种，我国有 380 种。分为五个目：喙头目、蜥蜴目、蛇目、龟鳖目、鳄目。

① 喙头目（Rhynchocephaliformes）　本目为最古老的类群，大多生活在下二叠纪和三叠纪。

现仅存一种楔齿蜥（喙头蜥）（*Sphenodon punctatus*），生活在新西兰北方苟克海峡的一些小岛上。体长 50～76cm，外形与蜥蜴相似，被颗粒状细小角质鳞，背正中央有一列锯齿状鳞。具有原始特征：椎体双凹型，保留脊索。具腹壁肋（坚头类腹甲的遗迹）。端生齿。顶眼发达，具角膜、晶体、视网膜。雄性无交配器官。双颞窝。

② 龟鳖目（Testudoformes）　爬行动物中特化的一群。躯干部被包在坚固的骨质硬壳内（背甲与腹甲，甲内层为真皮骨板、外层为角质层。脊椎骨与背甲愈合，上胸骨、锁骨参与形成腹甲），肩带位于肋骨腹面，无牙齿代之以角质鞘。

代表动物有：乌龟（*Chinemys reevesii*）、陆龟（*Testudo horsfieldi*）、海龟（*Chelonia mydas*）、玳瑁（*Eretmochelys imbricata*）、棱皮龟（*Dermochelys coriacea*）、鳖（*Amyda sinensis*）等。

③ 蜥蜴目（Lacertiformes）　体被角质鳞，具发达的四肢（个别退化），五趾有爪。具活动眼睑。舌扁平能收，无舌鞘。现存 3750 种，20 科。我国约 150 种，7 科。

代表动物有：大壁虎（*Gekko gecko*）（蛤蚧）、台湾龙蜥（*Japalura swinhonis*）等。

④ 蛇目（Serpentiformes）　体分头、躯干、尾三部分，颈部不明显，四肢消失，带骨退

化。无活动眼睑，鼓膜、耳咽管消失，无膀胱。现存 13 科，2500 种。我国有 8 科 148 种。

代表动物有：虎斑游蛇（*Rhabdophis tigrinus*）、蟒（*Python molurus*）、赤链蛇（*Dinodon rufozonatus*）、眼镜王蛇（*Ophiophagus hannah*）、蝮蛇（*Agkistrodon halys*）、竹叶青（*Trimeresurus stejnegeri*）等。

⑤ 鳄目（Crocodilia）　爬行类中最高等的一群，左右心室仅留一孔，次生腭完整，槽生齿。肾门静脉退化，小脑发达，有蚓部和小脑卷分化。适应水生：尾侧扁，后足有蹼，鼻孔、耳孔有瓣膜，口腔后部、咽前方有腭帆——肌质瓣膜。在水中张口时挡住咽的入口，分开食道和呼吸道。鼻孔可在水面呼吸，口可吞吃食物。肺复杂，适于在水中停留较长时间不换气。现存一科鳄科（Crocodylidae）25 种。

扬子鳄（*Alligator sinensis*）：背部棕褐色，有黄斑与黄条纹，上颌每侧有 17～18 个牙，下颌每侧 18～19 个牙。前肢五趾，后肢四趾，具爪。泄殖腔孔纵裂。我国特产，一级保护动物。

（3）爬行纲经济价值

爬行类因种类和数量较少，经济意义并不突出，但多数蛇类捕食害鼠，蜥蜴、壁虎以昆虫（其中不少是农业、林业和人畜害虫）为食，对农林业、卫生保健都有积极作用。

爬行类对人类的危害，主要是毒蛇对人、畜的伤害，尤其是毒蛇密度较大的地区，更为严重。如亚洲热带地区，每年因蛇伤致死的人达 2 万～4 万。

5. 鸟纲（Aves）

鸟类是在爬行类基础上进一步适应飞翔生活的一支特化的高级脊椎动物。Aves：拉丁文 avis（鸟）的复数。现今已知鸟类约 9000 余种，现存种类约 8600 种。它们起源于爬行动物鸟龙类的槽齿类。由于鸟类骨骼较薄、易碎而不易保存，因此保留下来的化石很少，最早的化石为始祖鸟。始祖鸟化石共七件，均发现于德国巴伐利亚省索伦霍芬附近的晚侏罗世（距今约 14500 万年）海相沉积印板石灰岩内。1861 年 H. V. Meyer 报道的第一块化石是单根羽毛，保存在原东柏林博物馆。第二块化石为同一人报道，为一基本完整的个体，头骨不全，头后骨骼完整并有羽毛印痕。命名为印板石始祖鸟，现保存在英国自然历史博物馆。第三块标本发现于 1877 年，是最完整的一只始祖鸟，现保存在柏林博物馆，常被书刊引用。第五件标本为 1855 年发现，原被错定为翼龙，1970 年 J. H. Ostrom 确认为是始祖鸟骨骼，现保存在荷兰。第六块标本发现于 1951 年，由于缺少羽毛印痕被误定为小食肉类恐龙，1973 年由 Mayr 更正，现保存在德国。第七块于 1987 年发现，亦缺少羽毛印痕。

1984 年发现中国古鸟化石——甘肃鸟，为中生代水鸟类，比始祖鸟进化；1992 年发现辽宁省朝阳地区中生代九佛堂组的三塔中国鸟和燕都华夏鸟为我国已知最早的化石鸟类，约在 13500 万年前（晚侏罗纪至早白垩纪），较始祖鸟晚约 1000 年；90 年代初我国古生物学家在辽西地区发现了中华龙鸟，它是具毛的兽脚类恐龙，它的毛不是羽毛，是由皮肤衍生成的丝状物，是原始的羽毛，后来又发现了尾羽龙和原始祖鸟，它们均具羽毛——具羽轴和羽枝，是有羽毛的恐龙。

（1）鸟纲主要特征

① 身体分为头、颈、躯干、尾、四肢，颈部长而转动灵活，外形流线型，前肢特化为翼。

② 体表被覆羽毛，皮肤薄、韧、缺少腺体，只有一个尾脂腺。表皮有角质层分化，细

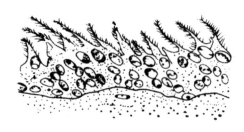

图 4.12 鸟类瞬膜的羽毛上皮

（引自 Welsch et al, 1976）

胞积累大量角蛋白，角质层外侧形成角质鳞片或甲角质层磨损后由其下边的生发层产生细胞补充。如图 4.12 所示为鸟类瞬膜的羽毛上皮。

③ 骨骼系统包括中轴骨骼和附肢骨骼，骨骼轻而坚固，骨骼内具有充满气体的间隙，头骨、脊柱、骨盆的骨块有愈合现象，与飞翔扇翼有关的胸肌、腿部肌肉特别发达，躯干背部肌肉不发达。

④ 消化系统发达，口内无牙但有角质喙，口腔内有唾液腺，胃分为腺胃和肌胃，肛门开口于泄殖腔，鸟类消化力很强，这与鸟类活动性强、新陈代谢旺盛有关。

⑤ 鸟类心脏的相对大小居脊椎动物的首位，约占体重的 0.4%～1.5%，具完整的四个腔，动静脉血完全分开，为完全的双循环。

⑥ 排泄系统由肾脏、输尿管、泄殖腔组成，鸟类的肾与爬行类近似，胚胎期为中肾，成体为后肾，不具膀胱，产的尿连同粪便随时通过泄殖腔排出体外。

⑦ 鸟类适应飞行生活的明显特征是具有与气管相通的、非常发达的气囊，以保证飞翔时剧烈的呼吸作用，进行双重呼吸。

⑧ 鸟类的嗅叶退化，大脑的顶壁很薄，但底部十分发达，称为纹状体，纹状体是鸟类复杂的本能活动和"学习"的中枢，丘脑下部为体温调节中枢，脑神经 12 对，感觉器官中视觉器官最发达，恒温。

⑨ 大多数鸟仅具左侧卵巢和输卵管，右侧的退化，体内受精，卵生。

（2）鸟纲分类与代表动物

已知的鸟类约 9000 多种。

① 古鸟亚纲（Archaeornithes） 具牙齿，无龙骨突，前三趾彼此分离，趾端具爪，尾椎骨 13 枚以上，无尾综骨。

代表动物始祖鸟（*Archaeoptery × lithographica*）。

② 今鸟亚纲（Neornithes） 多有龙骨突，尾椎骨不超过 13 块，有尾综骨，3 块掌骨愈合并在远端与腕骨愈合成腕掌骨。

平胸总目代表动物有：非洲鸵鸟（*Struthio camelus*）、美洲鸵鸟（*Rhea americana*）、澳洲鸵鸟（*Dromaius novaehollandiae*）（鸸鹋）、食火鸡（*Casuarius casuarius*）（鹤鸵）、维鸟（*Apteryx owenii*）等。

企鹅总目代表动物有：王企鹅（*Aptenodytes patagonicus*）、帝企鹅（*Aptenodytes forsteri*）等。

突胸总目代表动物有：短尾信天翁（*Diomedea albatrus*）、普通鸬鹚（*Phalacrocorax carbo*）、黑鹳（*Ciconia boyciana*）、大白鹭（*Egretta alba*）、苍鹭（*Ardea cinerea*）、朱鹮（*Nipponia nippon*）、豆雁（*Anser fabalis*）、鸿雁（*Anser cygnoides*）、绿头鸭（*Anas platyrhynchos*）、鸳鸯（*Aix galericulata*）、秃鹫（*Aegypius monachus*）、绿孔雀（*Pavo muticus*）、红腹锦鸡（*Chrysolophus pictus*）、褐马鸡（*Crossoptilon mantchuricum*）、丹顶鹤（*Grus japonensis*）、原鸽 [*Columba livia*（岩鸽）]、珠颈斑鸠（*Streptopelia chinensis*）、虎皮鹦鹉（*Melopsittacus undulatus*）、四声杜鹃（*Cuculus micropterus*）、翠鸟（*Alcedo atthis*）、戴胜（*Upupa epops*）、大斑啄木鸟（*Dendrocopos major*）、绿啄木鸟（*Picus canus*）、百灵（*Melanocorypha mongolica*）、

家燕（*Hirundo rustica*）、金腰燕（*Hirundo daurica*）、山鹡鸰（*Dendronanthus indicus*）、灰喜鹊（*Cyanopica cyanus*）、画眉（*Garrulax canorus*）、红嘴相思鸟（*Leiothrix lutes*）、三道眉草鹀（*Emberiza cioides*）等。

（3）鸟纲经济价值

绝大多数鸟类是有益于人类的。它们是维护人类生存环境以及生态系统稳定性的重要因素。近年来，生物多样性的保护问题已成为全球关注的热点之一。

鸟类与人类的直接利害关系主要有：

① 鸟类的捕食作用。大多数鸟类能捕食农业害虫。

② 食虫鸟类的保护与利用。保护食虫鸟类的根本原则是保护和改善其栖息环境，控制带有残毒的化学杀虫剂的使用，以及禁止乱捕滥猎。

③ 鸟类捕食对植物散布的影响。许多鸟类是花粉的传播及植物授粉者，例如蜂鸟、花蜜鸟、太阳鸟、啄花鸟、绣眼鸟等。以植物种子或果实为生的鸟类，可以帮助植物扩大分布范围。

④ 鸟类在一定范围内也有一定的危害，例如"鸟撞"。"鸟撞"是飞机航行中遭遇大群迁徙鸟类相撞而引发的事故。

⑤ 鸟类可以携带一些细菌、真菌和寄生虫等，有些可在家禽、家畜或人类之间传播。

6. 哺乳纲（Mammalia）

哺乳纲具有高度发达的神经感官系统，对环境具有极强的适应性，几乎遍及地球的每个角落，虽然种类数量不及鱼类、鸟类和昆虫多，但是是动物界中最高等的类群，许多种类已经被驯化为家畜，为人类提供丰富的肉、奶及其他肉食品，与人类的关系最为密切。

（1）主要特征

① 皮肤及其衍生物　哺乳动物的皮肤及衍生物的机能更为复杂多样，如：保护身体，避免损伤和有害物质侵入；角质层发达，有效地行使保护作用和防止水分丧失；具有感受外界刺激、参与调节体温、分泌和排泄的机能；以及储存营养等。因此，皮肤的状态常反映动物身体的健康状况。

② 骨骼系统　运动是以骨为杠杆、关节为枢纽、肌肉收缩为动力完成的。哺乳动物骨骼系统发达，功能完善，骨化完全，愈合简单，长骨生长限于早期。

③ 肌肉系统　哺乳动物肌肉的结构、功能更趋复杂化，适应复杂的陆地运动。皮肤肌发达，四肢肌强大，具有特殊膈肌。

④ 消化系统　消化道包括口、口腔、咽、食道、胃、小肠、大肠、肛门，消化腺包括唾液腺、肝脏、胰腺和肠腺。如图 4.13 所示为哺乳类的反刍胃。

⑤ 呼吸系统　呼吸道包括鼻、咽、喉、气管、支气管、肺，膈肌和肋间肌运动，改变胸腔体积，使气体进出肺，完成呼吸运动保证正常通气。腹部、颈部肌肉参与深呼吸，肋间内肌则加强呼气运动。

⑥ 循环系统　包括血液循环、淋巴循环，血液循环系统

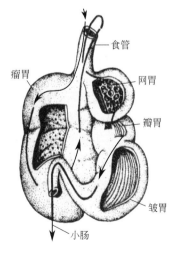

图 4.13　哺乳类的反刍胃
（仿 Hickman，1973）

包括心脏、动脉、静脉、毛细血管、血液，淋巴循环系统辅助静脉系统输送组织液回心，产生淋巴细胞、单核细胞，有免疫机能。

⑦ 排泄系统　哺乳动物新陈代谢产生的，小部分可经皮肤出汗排出，肾脏的肾单位发达，泌尿功能强，泌尿将绝大部分代谢废物排出；肾脏排泄还能调节水盐代谢和酸碱平衡。

⑧ 神经系统　哺乳动物的神经系统高度发达，尤其是大脑变得更复杂，新脑皮高度发展，形成最高级神经活动中枢。

⑨ 内分泌系统　动物体内的腺体可分为两类：有管腺——腺体分泌物经导管送出腺体，无导管腺——腺体分泌小分子生物活性强烈的物质，叫激素，直接渗入血液中，随血液流动到达靶器官或组织，这些腺体叫内分泌腺。

⑩ 生殖系统　性成熟后，动物每年会按季节规律地进入发情期，叫动情周期，非动情期卵巢处于休止状态，发情期动物排卵有自动排卵、刺激排卵（兔、水貂），恒温、胎生、哺乳。

（2）哺乳纲分类与代表动物

现存哺乳动物有 4180 种，分为三个亚纲。

① 原兽亚纲（Prototheria）　代表最低等原始哺乳动物类群，对研究哺乳动物的起源演化具有重要的科学价值。保留的爬行类特征有：卵生，母兽孵卵或在育儿袋中孵化（针鼹）。雄性无阴囊。有泄殖腔（单孔目）。肩带有乌喙骨、前乌喙骨和发达的间锁骨。口缘无唇，具喙，成体口腔无齿。无外耳壳。大脑皮层不发达，无胼胝体。哺乳动物的特点有：体被毛；有乳腺，无乳头，幼体需舔食乳汁；有横膈；左体动脉弓；下颌单一齿骨；体温在 20~30℃ 之间。

鸭嘴兽（*Ornithorhynchus anatinus*）：被浓密褐毛，嘴宽扁有角质鞘，外包黑色硬皮，两侧有缺刻可滤水，似鸭嘴而故名。鼻孔位于嘴前缘。尾宽扁，前后肢具蹼，前肢蹼大，将脚包住。无外耳，眼很小。刚出生子兽有臼齿，口中坚硬牙床代替牙。雄兽后脚有距，距底部有一个分泌毒液的腺体，有防御作用。雌兽有乳房无乳头，幼兽舔食腹部乳沟内的乳汁。

② 后兽亚纲（Metatheria）　胎生，卵黄囊胎盘，母兽有特殊育儿袋。乳头开口育儿袋内。大脑小，无胼胝体和沟回。异型齿，门齿数目多且多变。肩带中乌喙骨、前乌喙骨、间乌喙骨退化，肩胛骨发达。腰带具上齿骨，支持育儿袋。雄性具阴囊，阴茎末端分叉。体温 33~35℃。

大赤袋鼠（*Macropus rufus*）：体赤褐色，鼻孔两侧有黑色髭痕，髭痕下有白条纹（灰袋鼠体灰黑色，无髭痕及白条纹）。尾粗大，休息时可支持身体。妊娠期 39 天，每胎产一仔，幼仔需在育儿袋中发育 7~8 个月。

③ 真兽亚纲（Eutheria）（有胎盘亚纲）　胎生，具真正胎盘。乳腺发达具乳头。大脑皮层发达，有沟回和胼胝体。异型齿，再出齿。体温稳定在 37℃ 左右。乌喙骨退化为肩胛骨上的乌喙突。肛门开口于休表。雌性单阴道。

西欧刺猬（*Erinaceus europaeus*）：体被黑白相间的棘刺，棘间及腹部被软毛，颧弓粗大，上臼齿有四个相等齿尖和中央一个小齿尖。每年繁殖两次，每胎 3~6 仔，妊娠期 35~37 天。

缺齿鼹（*Mogera robusta*）：体圆筒形，被短密绒毛，前肢掌外翻。终生地下生活。

蝙蝠（*Vespertilio superans*）：体型小。吻部不具叶状突，具耳屏。背毛灰褐色，腹毛浅棕色。具发达的尾，尾间不伸出股膜外。每胎两仔。粪便为中药"夜明砂"，有清肝明目作用，治白内障、跌打损伤。

猕猴（*Macaca mulatta*）：又叫恒河猴，颜面部多成肉色或红色。毛灰棕色，背后半部橙黄色。胼胝明显，呈红色。

金丝猴（*Pygathrix roxellana*）：面部蓝色，眼周围白色，鼻孔向上，吻部突出，背部金黄色长毛可达 30cm。国家一级保护动物。

黑长臂猿（*Hylobates concolor*）：成体雄性全身黑色；雌性灰棕色，略带金黄色。

猩猩（*Pongo pygmaeus*）：毛微红，颌部突出，眼间距较窄。多树栖。

现代人（*Homo sapiens*）：体毛退化，直立行走，手足分工。大脑发达。

穿山甲（*Manis pentadactyla*）：鳞甲三角形，可入药，通经，利乳。

土拨鼠（prairie dog）：又称旱獭，体毛根黑、端部褐色。腹毛基部灰色、端部草黄，四肢、足背浅灰黄色。破坏草原，传播鼠疫。

豪猪（*Hystrix hodgsoni*）：体被棕褐色长刺，刺端白色，中间 1/3 浅褐色。额至颈背中线有一条白色纵纹，肩至颌下有半圆形白色。刺下边有稀疏白色长毛。

黑线仓鼠（*Cricetulus barabensis*）：背灰褐色，正中有一黑条纹。腹毛灰色具白尖。有颊囊。尾短为体长的 1/4。洞有贮粮洞和多分支的居住洞，洞口 1～3 个。

中华鼢鼠（*Myospalax fontanieri*）：背毛锈红色，腹毛灰黑色。额部中央有白色斑点。耳壳退化，眼小。四肢粗壮，尾短，前肢第三趾爪特别长。

麝鼠（*Ondatra zibethica*）：背毛由棕黄至棕褐色，体侧毛色浅。头扁平，眼小，耳短，吻钝圆。前肢短无蹼，后肢长具半蹼。尾侧扁，基部圆形，鳞片小而圆，黑色短毛稀疏。

褐家鼠（*Rattus norvegicus*）：背棕褐色至灰褐色，头及背中部色深，腹毛基部灰褐、尖端白色。尾上黑褐下灰白色；鳞片组成明显环节。是鼠疫等病原体的天然携带者。大白鼠为野生褐家鼠变种（*R. norvegicus* var. *aibus*）。

小家鼠（*Mus musculus*）：背毛灰褐色至黑褐色，腹毛纯白至灰黄。上门齿内侧面有一明显的缺刻。小白鼠（*M. musculus albus*）为其变种。

白鱀豚（*Lipotes vexillifer*）：体上部淡蓝灰色，腹白色，背中部有三角形背鳍。国家一类保护动物。

抹香鲸（*Physeter catodon*）：头长，前端截形。下颌每侧有 18～28 个齿。头骨中含"鲸脑油"是高级涂料。背部及尾鳍黑色，腹白色。无背鳍（小抹香鲸有背鳍）。肠中灰色甜酸味分泌物叫"龙涎香"，可制作香料。

海豚（*Delphinus delphis*）：背黑灰色，腹白色。上下颌各有 40～50 枚齿。吻突出如喙，吻基与额部间"V"形沟明显。背中央有背鳍，头顶有喷水孔。

赤狐（*Vulpes vulpes*）：背毛棕红，耳背黑色。尾大，毛蓬松，尾尖白色。变种有银狐。

豺（*Cuon alpinus*）：赤棕色或棕褐色，背中部毛尖棕褐色，腹部黄白或淡棕色，尾背面有 1 条黑纹，尾末 1/3～1/2 处黑色。

貉（*Nyctereutes procyonoides*）：体肥似狐，两颊横生淡色长毛，吻、耳较短，腿短。

大熊猫（*Ailuropoda melanoleuca*）：体毛白色，眼圈、耳壳、肩部、四肢黑色。以冷箭竹、华橘竹等竹类为食，我国特产一级保护动物。

虎（*Panthera tigris*）：体毛淡黄有黑色横纹。前额黑纹似"王"，尾部有黑环。东北虎体大，浅黄色，黑纹色浅，毛长绒密，尾丰满。华南虎体小，橘黄色，黑纹色深较宽，毛短绒稀，体侧两条纹交互形成菱形花纹。孟加拉虎毛色介于东北虎和华南虎之间，条纹细长，尾尖细，四肢较长；白虎为其变种。

狮（*Panthera leo*）：成体毛棕黄色。耳背黑色。雄狮头后颈部生鬣毛（棕黄至褐色）。尾端有球状茸毛。

云豹（*Neofelis nebulosa*）：毛黄或灰黄色，前肢至臀部体侧有大型云状斑，边缘黑色、中间灰黄色。眼后颊部有两列黑纹，颈背有四条黑纹。尾有若干黑环。

花面狸（*Paguma larvata*）：体毛灰色，头、耳黑色，头顶正中白纹达吻端，颊侧及颈部有白毛，眼下有白斑。四肢五趾，能攀缘。

亚洲象（*Elephas maximus*）：耳较小，前额中央凹陷。鼻端趾突一个，雄性象牙（门齿）突出口外。前足五趾，后足四趾，趾端蹄状。

白唇鹿（*Cervus albirostris*）：体褐有淡色小斑，吻端及下唇纯白色。臀淡黄色斑明显。雄角扁平，4~5叉。我国特产。

麋鹿（*Elaphurus davidianus*）：角似鹿，颈似驼，蹄似牛，尾似马，故称"四不象"。红棕色（冬毛灰棕色），黑褐色纵纹由颈部延至背前部，体侧下部灰白色。尾末端丛毛黑褐色。

麝（*Moschus moschiferus*）：雄性上犬齿獠牙状，腹部有麝香腺，后肢略长。颈部2条白带纹延至腋下。颈背、体背有4~5纵行土黄色斑点，腰臀部斑点密集不成行。

长颈鹿（*Giraffa camelopardalis*）：头顶具不分叉包有表皮的短角。体黄色，有不同形状黑色斑纹。

藏羚（*Pantholops hodgsoni*）：体上部浅红棕色，向下转为白色。四肢浅灰色。雄性脸黑棕、头顶白色；四肢有黑棕色纵纹；角几乎笔直，侧扁，基部有明显等距横棱。

（3）哺乳纲经济价值

哺乳类具有重大的经济价值，与人类生活有着极为密切的关系。

家畜是肉食、皮革及役用的重要对象，野生哺乳类是优质裘皮、肉、脂以及药材等的重要来源，更是维护自然生态系统稳定的积极因素。某些兽类（主要是啮齿类）对农、林、牧业构成威胁，并能传播危险的自然疫源性疾病（如鼠疫、出血热、土拉伦斯病等），危害人畜生存及经济建设。

第四节
人体结构与功能

一、人体系统概述

人类是自然界中最高等的动物。人类生命活动赖以进行的最小结构单位是细胞；结构与功能相同的细胞有序组合构成组织，人体包含四种基本组织，即肌肉组织、神经组织、上皮组织和结缔组织；两种或多种类型的组织构成器官，如心脏、肝脏、胃等；由一些功能相关的器官连接在一起形成系统，包括运动系统、循环系统、神经系统、呼吸系统、消化系统、泌尿系统、内分泌系统和生殖系统。

1. 运动系统

运动系统由骨、骨连接和骨骼肌三部分组成，约占成人体重的 60%。骨通过骨连接形成骨骼，构成人体的基本支架，骨骼肌通过肌腱附着于相邻骨的表面。在运动过程中，骨是杠杆，骨连接为支点，骨骼肌为动力器官。

2. 循环系统

循环系统包括心血管系统和淋巴系统，其中心血管系统由心脏和遍布全身的血管组成，血管又包括动脉、毛细血管和静脉；淋巴系统由各级淋巴管、淋巴器官等组成。循环系统的功能是完成体内物质的运输，将消化系统吸收的营养物质和肺吸入的氧运送到体内各器官、组织和细胞，并将它们的代谢产物运送到肾、肺、皮肤等器官排出体外，从而实现新陈代谢。另外，循环系统还可将内分泌腺分泌的激素运送至相应的靶器官，实现机体的体液调节。

3. 神经系统

神经系统由脑、脊髓及遍布全身的周围神经系统组成。全身各器官、系统的活动均在神经系统的控制下，相互配合，从而保证人体内部的统一。

4. 呼吸系统

呼吸系统包括鼻腔、咽、喉、气管、支气管和肺。呼吸系统的主要功能是进行气体交换，即吸入氧、排出二氧化碳。

5. 消化系统

消化系统由消化管和消化腺组成。其中消化管包括口腔、咽、食管、胃、小肠和大肠；消化腺包括唾液腺、肝脏和胰腺等。消化系统的基本功能是消化食物、吸收营养并将剩余的食物残渣排出体外。

6. 泌尿系统

泌尿系统由肾、输尿管、膀胱和尿道四部分组成，主要功能是排出体内的代谢产物，机体新陈代谢产生的尿素等代谢废物和多余的水分随血液循环被运送至肾而形成尿液，由输尿管将尿液输送至膀胱暂时贮存，最后经尿道排出体外。

7. 内分泌系统

内分泌系统由内分泌腺、内分泌细胞群和散在的内分泌细胞组成，与神经系统共同调节机体的新陈代谢、生长发育、生殖等生理活动，维持机体内环境的稳态。

8. 生殖系统

生殖系统由一系列繁殖后代、延续种族的器官组成。男、女生殖器官均分为内、外生殖器，内生殖器包括产生生殖细胞及分泌性激素的生殖腺、输送生殖细胞的管道及其附属腺，外生殖器为使两性生殖细胞相结合的器官。

二、骨的构造和生长

成人共有 206 块骨，约占体重的 20%。全身骨的形态多样，一般分为长骨、短骨、扁骨和不规则骨四类（图 4.14）。

（视频 27）

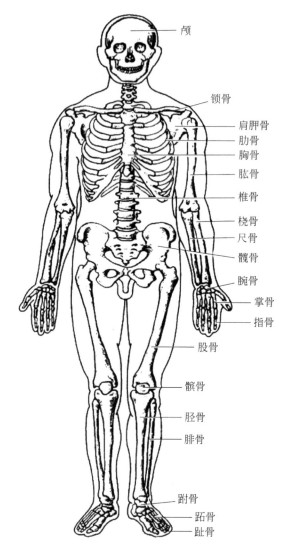

图 4.14　全身骨骼（引自柏树令等，2013）

1. 骨的分类

（1）长骨

长骨呈长管状，中间细长部分称为骨干，两端膨大部分称为骨骺。长骨主要分布在四肢，如肱骨、股骨等，在运动中起杠杆的作用。

（2）短骨

短骨呈立方形，位于连接牢固、运动复杂的部位。短骨主要分布在手、足，如腕骨、跗骨等。

（3）扁骨

扁骨呈板状，主要参与构成颅腔、胸腔和盆腔的壁，如顶骨、胸骨等。

（4）不规则骨

形状不规则，如椎骨、颞骨、上颌骨等。

2. 骨的构造

骨由骨组织和骨膜构成，骨内有骨髓腔，内含有骨髓。

（1）骨组织

骨组织是一种结缔组织，由骨细胞和细胞间质组成。

骨细胞包括四种，分别为骨原细胞、成骨细胞、骨细胞和破骨细胞，其中骨细胞数量最多。

骨组织内有大量钙化的细胞间质，因而坚硬有一定韧性。骨组织还与机体的钙、磷代谢密切相关，当机体需要时可通过细胞的活动动员大量钙、磷离子入血，或将血中过量的钙、磷离子贮存于骨组织。

骨组织的细胞间质称为骨基质，简称骨质。骨基质呈板层状排列，称为骨板，成年人的骨组织几乎全为板层骨，按骨板的排列形式和空间结构分为松质骨和密质骨，松质骨位于骨的深处而密质骨位于骨的表层。

（2）骨膜

骨的内外表面分别有骨内膜和骨外膜，主要由纤维性结缔组织构成。骨膜还含有幼稚的骨细胞、丰富的血管、淋巴管和神经，对骨的营养、生长及损伤后的修复发挥重要作用。

（3）骨髓

骨髓填充于骨髓腔和松质骨的间隙内，分为红骨髓和黄骨髓，红骨髓分布于全身骨的松质骨内，具有造血功能。胎儿及婴儿的骨髓均为红骨髓，约 6 岁开始骨髓腔内的红骨髓逐渐被脂肪组织代替变成黄骨髓，黄骨髓无造血功能。成人的红骨髓主要存在于扁骨、不规则骨和长骨两端的松质骨内。

3. 骨的化学成分

骨的化学成分包括有机物和无机物。有机物主要是骨胶原纤维，使骨具有韧性和弹性；无机物主要是骨盐，使骨坚硬并具有脆性。骨的化学成分可随年龄、营养状况而变化。青、壮年骨中有机物约占 1/3，无机物约占 2/3；幼儿的骨有机物含量相对较多，因而韧性大不易骨折；老年人骨中无机物含量较多，因而骨脆性大易骨折。

4. 骨的生长和发生

骨由幼稚的结缔组织发育而成。骨的发生有两种形式：一种是膜内成骨，即幼稚的结缔组织先增殖成结缔组织膜，膜再形成骨，颅骨以此方式成骨；另一种是软骨内成骨，是幼稚的结缔组织先形成软骨雏形，再由软骨发展为骨，躯干骨和四肢骨主要以此方式成骨。

骨的生长有加长生长和加粗生长两种方式。在长骨的生长过程中，在骨干和骨骺交界处有一层软骨称为骺软骨，骺软骨不断增殖又不断骨化使得骨的长度不断增加，成年后骺软骨会完全骨化、消失，成为一条骺线，骨不再继续加长。在长度增加的同时，骨膜深处的成骨细胞在骨干周围不断形成新的骨质，使骨逐渐加粗。

三、骨骼肌的收缩

骨骼肌是机体中最大的组织，成人共有 600 余块骨骼肌。骨骼肌的收缩是机体的主要活动形式之一，它是实现许多生理活动的基础。人和高等动物的肌肉组织可分为 3 种类型：骨

（视频 28）

骼肌、心肌和平滑肌，尽管它们都具有各自不同的解剖和功能特点，却有着类似的收缩机制。下面将主要讨论骨骼肌的超微结构及其收缩机制。

1. 骨骼肌的超微结构

（1）肌原纤维

每块骨骼肌由大量成束的肌纤维组成，每条肌纤维即为一个肌细胞。肌纤维呈细长圆柱状，直径约 10～100μm，长度约 10cm，有些长度可达 30cm。肌纤维内含有大量并行排列的肌原纤维，每条肌原纤维被肌管所环绕。

在染色后的肌原纤维纵切面上，每一条肌原纤维都呈现有规则的明、暗交替的条纹，分别称为明带和暗带，因此我们又称其为横纹肌。暗带又称 A 带，由于其对碱性染料有很强的亲和力，具双折光性而呈暗色。A 带中间有窄的着色较浅的区域，称为 H 带。A 带正中间有一条着色较深的间线，称为 M 线。相邻两个 A 带之间为明带，称为 I 带，对碱性染料无亲和力，着色较浅。I 带正中有一条染色较深的间线，称为 Z 线。每一个 A 带和两侧各 1/2 的 I 带，组成一个肌节（sarcomere），肌节是肌纤维的基本功能单位（图 4.15）。

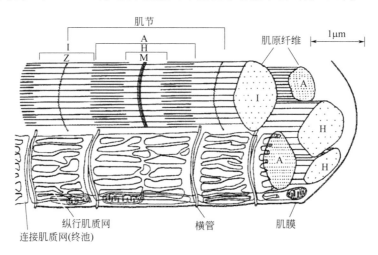

图 4.15　骨骼肌的肌原纤维（引自朱大年等，2013）

A—暗带；I—明带；H—暗带中的 H 带；M—M 线；Z—Z 线

应用电镜和 X 射线衍射方法进一步发现，A 带和 I 带由两种更微细的平行排列的肌丝，即粗肌丝（thick myofilaments）和细肌丝（thin myofilaments）组成。A 带中含有粗肌丝，粗肌丝全部由肌球蛋白组成，直径约 10nm，长约 1.6μm。I 带中含有细肌丝，其直径为 5～8nm，长约 1μm，由 Z 线伸出，纵贯 I 带全长，并伸长至 A 带部位，与粗肌丝呈交错对插。因此，A 带和 I 带的长度实际上决定于细肌丝深入 A 带的长度，伸入的长度越长，则 I 带和 H 带越短，肌节也就缩短。

（2）粗肌丝和细肌丝

粗肌丝主要由肌球蛋白（myosin）分子构成，一条粗肌丝含有 200～300 个肌球蛋白分子，它们聚合形成粗肌丝的主干。肌球蛋白分子呈杆状，杆的一端有两个球形的头部，头部从粗肌丝主干伸出形成横桥。静息状态下，横桥与主干的方向相垂直。

每一条细肌丝由两条相互盘绕形成的双螺旋链组成，每条链都由大量呈椭圆球状的单体肌动蛋白（actin）分子亚基组成。在肌动蛋白的双螺旋链结构的凹槽中，镶嵌着另一种纤维蛋白原肌球蛋白（tropomyosin）。在原肌球蛋白附近还存在另一种蛋白肌钙蛋白（troponin）复合体。横桥头具有与肌动蛋白和 ATP 结合的两个位点。在一定条件下横桥可以和细肌丝中的肌动蛋白分子发生可逆性结合，拖动细肌丝向 A 带中央滑动。

横纹肌细胞有两套独立的肌管系统。一种管道的走行方向与肌原纤维垂直，称为横管或 T 管，它是肌膜在明、暗带交界处或 Z 线附近向内凹陷形成的。另一种管道的走行方向与肌原纤维平行，称为纵管或 L 管，即肌质网，其管道交织成网，包绕在肌原纤维周围。肌质网内 Ca^{2+} 的浓度较肌浆高数千倍。肌质网在靠近 T 管的地方膨大形成终池，T 管与其两侧相邻的终池形成三联体结构，三联体结构在兴奋-收缩耦联过程中有重要的作用。

2. 骨骼肌的收缩机制——肌丝滑行学说

20 世纪 50 年代，Huxley 等提出了肌肉收缩的肌丝滑行学说，其主要内容是：肌肉收缩时在形态上表现为整个肌肉和肌纤维的缩短，但在肌细胞内并无肌丝或它们所含的分子结构的缩短，而只是在每一个肌节内发生了细肌丝向粗肌丝之间的滑行，由于粗、细肌丝的相向运动，粗肌丝的两端向 Z 线靠近，所以 I 带变窄，肌节长度缩短，从而引起整个肌原纤维、肌细胞和整条肌肉长度的缩短。

肌球蛋白头部形成的横桥对肌丝的滑行具有重要作用。横桥的作用有两点：一是可与细肌丝的肌动蛋白分子进行可逆性结合，拖动细肌丝向 A 带中央 M 线移动；二是横桥具有 ATP 酶的作用，通过分解 ATP 获得能量，作为横桥摆动和做功的能量来源。

横桥头与细肌丝结合后，桥头向 M 线摆动，拖动细肌丝向 M 线移动。桥头每向 M 线摆动一次，可拖动细肌丝向 M 线滑动约 11nm；随后桥头与肌动蛋白解离、复位，再与细肌丝上的新的作用位点结合，开始新的摆动。横桥的这种往复运动称为横桥周期，横桥周期的结果是拉动细肌丝向 M 线稳定移动。

3. 横纹肌的兴奋-收缩耦联

肌膜的电变化与肌节的机械收缩之间存在的关联过程，称为兴奋-收缩耦联。兴奋由神经传向肌肉并引发肌肉收缩是一个极其复杂的过程，中间涉及到电-化学-电的相互转换，同时伴随复杂的生物化学反应。Ca^{2+} 在肌肉收缩过程中发挥着极为重要的开关作用。

神经冲动传到轴突末梢，引起接头前膜电压门控式钙通道开放，Ca^{2+} 从胞外内流进入接头前膜，在 Ca^{2+} 的促发作用下，囊泡移动，与接头前膜融合、破裂，引发囊泡内乙酰胆碱"倾囊"式释放（量子释放）。乙酰胆碱与接头后膜上乙酰胆碱受体结合，开放肌膜上 Na^+、K^+（主要为 Na^+）通道，离子跨膜流动，产生终板电位。终板电位达到肌膜阈电位时，在肌膜上产生动作电位，并沿肌膜扩布到横管，引起三联体中终池内 Ca^{2+} 的释放。释放到肌浆中的 Ca^{2+} 与细肌丝的肌钙蛋白复合体结合，导致蛋白构象改变，使横桥与肌动蛋白的作用位点结合，引发粗细肌丝的相对滑动，肌节缩短，最终肌肉收缩。

四、心脏泵血

心脏是由心肌组织构成的具有瓣膜结构的空腔器官。心脏的节律性收缩和舒张，以及由此引起的瓣膜规律性地打开和合拢，推动血液沿单一方向循环流动，称为心脏的泵血功能，心脏泵血过程是由心肌电活动、机械收缩和瓣膜活动三者相互协同作用共同实现的。

（视频 29）

1. 心动周期和心率

心脏一次收缩和舒张，构成一个机械活动的周期，称为心动周期（cardiac cycle），心动周期可以作为分析心脏机械活动的基本单位。在一个心动周期中，左右心房同时收缩，然后舒张，心房开始舒张时，左右心室同时进入收缩期，然后心室舒张，接着心房又发生收缩，开始下一个心动周期。可见，在一个心动周期中，心房、心室均按一定的时程进行机械收缩与舒张的交替活动，二者之间又是次序进行的。

心动周期时程长短与心搏频率有关。心搏频率即心率（heart rate），安静状态下正常成年人的心率平均为 75 次/min，即每 0.8s 跳动一次。在 0.8s 的心动周期中，心房收缩期约为 0.1s、舒张期为 0.7s；心室收缩期为 0.3s，舒张期约 0.5s。心房和心室共同舒张的时间称为全心舒张期，约为 0.4s。心动周期中，无论是心室还是心房，收缩期均短于舒张期。在舒张期，心脏自身才能通过冠状血管获得营养物质和氧气，从而有利于做功能力及血液回心。

2. 心脏泵血的过程

在一个心动周期中，心脏完成一次泵血功能。心脏的收缩、舒张和瓣膜启闭的配合，实现心腔内压力、容积的变化，为了便于描述心脏收缩射血过程的阶段性变化，以左侧心脏为例，从左心房的活动开始，来分析心脏泵血的过程和机制。

（1）心房收缩期

在左心房收缩时，左心室仍处于舒张状态。心房收缩，房内压增高，将腔内血液进一步挤压入心室，因而心房容积缩小。

（2）心室收缩期

心室收缩期包括等容收缩期、快速射血期和减慢射血期。心房舒张后，左心室随即开始收缩，室内压逐渐升高到超过房内压时，心室内血液反流引起房室瓣关闭，避免血液倒流回心房。此时室内压仍低于主动脉压，主动脉瓣尚处于闭合状态，因此左心室成为一个封闭腔。心室肌虽然收缩，但并不射血，心室容积不变，此阶段为等容舒张期。左心室继续收缩，当室内压超过主动脉压时，血流冲开主动脉瓣，射入主动脉，此阶段称为快速射血期。其后的0.15s，室内压和主动脉压都已下降，且室内压已略低于主动脉压，但由于血流的惯性作用，在动能推动下仍然流向主动脉，称为减慢射血期。

（3）心室舒张期

心室舒张期包括等容舒张期、快速充盈期和减慢充盈期。左心室开始舒张后引起室内压快速下降，主动脉内血液回流冲撞主动脉瓣使其闭合。此时室内压仍显著高于房内压，房室瓣仍然处于关闭状态，心室又成为封闭腔。心室容积不变，血液没有流动，此阶段为等容舒张期。当心室舒张引起的室内压下降到低于房内压时，房室瓣受到抽吸作用而开启，心房内血液快速涌入心室，称为快速充盈期。此阶段进入心室的血液约为心室舒张末期容积的 2/3。随着心室内血液的充盈，心室与心房、大静脉之间的压力差减小，血液流入心室的速度减慢，这段时期称为减慢充盈期。紧接着心房收缩，为下一个心动周期的起始。

3. 心脏泵血的机制

心房肌和心室肌的收缩和舒张造成房内压、室内压改变，进而导致心房-心室之间以及心室-主动脉之间产生压力梯度，压力梯度是推动血液流动的直接动力，血液的单方向流动则需要在瓣膜活动的配合下实现。同时，瓣膜的启闭对于室内压的变化，特别是在等容收缩期和等容舒张期时的大幅度升降也起着重要作用。

五、动脉血压

血压（blood pressure，BP）指血管内流动的血液对于单位面积血管壁的侧压力，即压强。压强的单位是帕斯卡（Pa）（N/m^2），常用 kPa 表示，生理学中也常以毫米汞柱（mmHg）为血压单位。血压的形成需要血液充盈血管、心脏射血和外周阻力三个条件。

1. 动脉血压的形成

动脉血压指体循环中的动脉血压。循环系统内充盈的血量和心脏射血是动脉血压产生的两个重要因素。心脏射血为血液流动提供原始动力，左心室收缩产生的能量传递给射入主动脉的血液，其中 2/3 的能量转化为势能扩张主动脉形成侧压，另外 1/3 的动能推动血液向前流动。

外周阻力是影响动脉血压的另一个重要因素。外周阻力是指小动脉和微动脉对血流的阻力。血液流经动脉不同部位所产生的血压是不一致的。在主动脉和大动脉处血压几乎没有变化，平均血压可达 100mmHg，到小动脉起始部分为 85mmHg，进入毛细血管时为 30mmHg，静脉起始部分降至 15mmHg，血液到达右心房时已接近生理零值。大约 70%的血压落差发生在小动脉和微动脉，这说明循环系统中小动脉和微动脉是影响外周阻力的主要因素。

2. 动脉收缩压和舒张压

在每一个心动周期中，动脉血压都要经历升高和降低的周期性变化。心室收缩将血液大量泵入主动脉，使主动脉压迅速升高并达到最高值，称为收缩压（systolic pressure）；心室舒张时，主动脉压下降，血管壁发生弹性回缩，将在心室收缩期贮存的部分血液继续向外周推动，主动脉压继续下降到最低点，称为舒张压（diastolic pressure）。收缩压和舒张压的差值称为脉搏压，简称脉压。

由于大动脉中血压下降不明显，主动脉血压不方便测量，一般用在肱动脉测得的血压近似地代表主动脉压，即日常所说的血压。正常成人在安静状态时，收缩压生理范围是 13.3～16.0kPa（100～120mmHg），舒张压生理范围是 8.0～10.6kPa（60～80mmHg），脉压为 4.0～5.3kPa（30～40mmHg）。

六、肺通气

（视频 30）

机体从外环境中获取 O_2，再向外界释放 CO_2 的过程叫呼吸。单细胞生物通过细胞膜直接与外界进行气体交换，随着动物的进化，出现了多种形式的气体交换系统。在水生生物中，鳃是气体交换的器官。伴随着动物着陆，两栖动物成体、爬行动物到哺乳动物开始用肺作为气体交换的器官。机体借助肺与外界环境进行气体交换，称为肺通气。

1. 肺泡和胸膜腔

肺泡是肺部真正进行气体交换的部位，呈半球状，肺泡壁由单层上皮细胞构成，人体两侧肺约有 3 亿个肺泡。肺泡内表面有一层液体，形成液体-空气界面。肺泡内表面液体层中包含一种特殊的肺泡表面活性物质，化学成分主要为二棕榈酰卵磷脂，作用是调节肺泡表面活性张力，对肺泡的张缩起稳定作用。

肺紧贴胸廓，胸廓由脊柱、肋骨、胸骨及肋间肌肉组成，底部由膈肌封闭。肺表面与胸廓内壁由一层胸膜覆盖，紧贴肺的叫做脏层胸膜，紧贴胸廓的叫做壁层胸膜。两层胸膜之间只有少量浆液而没有气体，形成一个潜在的腔，叫做胸膜腔。正常情况下，胸膜腔内的压力低于大气压，常称为"胸内负压"。胸内负压导致肺无论在吸气还是呼气时，一直处于一定的扩张状态。

2. 呼吸运动

气体通过呼吸道进出肺是肺泡与外界之间的气压差导致的。肺大小的变化与肺泡内压的变化直接相关。肺没有横纹肌，不具备自动舒缩能力，只能依靠胸廓的扩大与缩小被动舒缩。胸廓在呼吸肌参与下发生节律性的扩大与缩小称为呼吸运动。

平和呼吸时，参与呼吸运动的呼吸肌为吸气肌膈肌和肋间外肌。吸气前，呼吸肌松弛，此时没有气流通过呼吸道，肺内压等于大气压。吸气由膈肌和肋间外肌的收缩发动，膈肌收缩导致穹窿向腹腔方向下降，扩大了胸廓的体积；肋间外肌收缩导致肋骨胸端向上向外移动，进一步扩大了胸廓的体积。胸廓扩大，胸腔容量扩大，引起肺扩张，肺内压下降。当肺内压低于大气压时，气体从外界经呼吸道流向肺内，直到肺内压重新与大气压相等，形成吸气过程。正常的呼气过程是被动的，主要依靠吸气肌的舒张。当吸气肌停止收缩并舒张时，胸廓和肺回缩到原来的体积，肺内压上升，当肺内压大于大气压时，肺泡内气体经呼吸道流出进入外界空气，形成呼气过程。

在用力呼吸时，不仅膈肌和肋间外肌的收缩会加强，一些辅助呼吸肌如斜角肌、胸锁乳突肌等也会参与呼吸运动。

小结

自然界是由生物和非生物两大类物质组成。

为更好地认识、利用和改造生物，生物学家们在生物的分界分类上做了大量研究工作。如古希腊动物学家亚里士多德把生物分成动物和植物两界。19世纪中叶，德国学者海克尔把单细胞生物从动、植物界中分离出来，建立了原生生物界。20世纪60年代，魏泰克把细菌、蓝藻和真菌分别成立为原核生物界和真菌界，出现了五界分类系统。近年来，病毒又被划为独立的一界，形成了现今生物分类的六界学说。

种或物种是自然选择的历史产物，是分类系统上的基本单位，是具有一定的形态、生理特征和一定的自然分布区的生物类群。

物种的命名，目前国际上采用的是用林奈（Linnaeus）首创的"双名法"，用拉丁文或拉丁化的斜体文字表示。

植物体由单细胞、群体到多细胞，由简单到复杂，并逐渐分化形成各种组织和器官；在生态习性方面植物体由水生到陆生，最原始类型的藻类全部生命过程都在水中进行；到了苔藓植物已能生长在潮湿的环境中；蕨类植物能生长在干燥环境，但精子与卵结合还需借助于水；种子植物不仅能生长在干燥环境，其受精过程已不需要水的参与；在繁殖方式方面由无性的营养繁殖、孢子繁殖到有性生殖。有性生殖由同配、异配到卵式生殖。

原生动物是身体由单个细胞构成的最原始、最低等的单细胞动物。

海绵动物体壁基本由两层细胞构成，外层称皮层，内层称胃层，两层之间为中胶层。水沟系是海绵动物体内水流所经过的途径，是其特有结构，它对固着生活很有意义。

　　腔肠动物是第一类真正的后生动物，它是处在细胞水平上的最原始的多细胞动物。在进化中占重要的地位，为低等后生动物。所有其他后生动物都是经这个阶段发展起来的。

　　扁形动物首次出现了两侧对称体制和中胚层。

　　多数软体动物具有贝壳，故又称贝类，是动物界仅次于节肢动物的第二大门。

　　环节动物身体由前向后分成许多相似而又重复排列的部分，称为体节，这种现象称为分节现象，它是在胚胎发育过程中，由中胚层发育而成的。环节动物包括常见的蚯蚓、沙蚕和水蛭等，它们是高等无脊椎动物的开始，在形态、结构和生理机能上比原腔动物有了明显的发展。

　　体躯分部、附肢分节的动物称为节肢动物。节肢动物种类繁多，分布广泛，适应性强。

　　棘皮动物全部生活在海洋中，五亿多年前出现。现存的有海星、海胆、蛇尾、海参和海百合五个纲，是相当特殊的一个动物类群。身体由体盘和腕构成，辐射卵裂。

　　脊椎动物是脊索动物门中数量最多（4300 种）、结构最复杂、进化地位最高、分布最广的一大类群。

　　圆口纲是脊椎动物最原始的类群，有头、无颌；鱼类包括软骨鱼类和硬骨鱼类，是以鳃呼吸、用鳍游泳、具有上下颌的变温水生脊椎动物；两栖纲是一类在个体发育中经历幼体水生和成体水陆兼栖生活的变温动物；爬行纲动物是体被角质鳞或甲，在陆地繁殖的变温羊膜动物；鸟类是在爬行类基础上进一步适应飞翔生活的一支特化的高级脊椎动物；哺乳纲具有高度发达的神经感官系统，对环境具有极强的适应性，几乎遍及地球的每个角落，虽然种类数量不及鱼类、鸟类和昆虫多，但是是动物界中最高等的类群，许多种类已经被驯化为家畜，为人类提供丰富的肉、奶及其他肉食品，与人类的关系最为密切。

思考题

　　1. 生物分界的理论依据是什么？目前把生物分为几界？

　　2. 何谓双名法、物种、亚种？动物有哪些主要门？

　　3. 对动物学的发展有贡献的科学家有哪些人？并简述其事迹。

　　4. 简述植物激素对生长发育的调控。

　　5. 试从苔藓植物的形态结构及其生态适应方面分析苔藓植物是从水生向陆生生活的过渡类型。

　　6. 裸子植物的主要特征是什么？与苔藓植物和蕨类植物相比，其进化之处表现在什么地方？

　　7. 原生动物的主要特征是什么？为什么说它是最原始、最低等、最简单的动物?

8．图解疟原虫的生活史。

9．扁形动物门的主要特征是什么? 试述其在动物演化上的进步特征及其意义。

10．简述节肢动物的种类、数量、分布，为什么能在动物界中占绝对优势?

11．试述哺乳动物与人类的关系。

□ **知识拓展**

实验揭示单细胞变多细胞过程

从单细胞生物到多细胞体这一过渡是怎么发生的? 据美国物理学家组织网 2021 年 1 月 16 日报道，五亿多年前，地球表面的单细胞生物开始形成多细胞簇，最终变成了植物和动物。美国明尼苏达大学研究人员在实验室用普通的啤酒酵母菌复制了这一关键进化步骤，演示了这一过渡的发生过程。相关论文发表在近期出版的《美国国家科学院院刊》上。

研究人员将啤酒酵母菌加入到培养基中，在试管内生长了一天，然后用离心机搅动使试管中的成分分层。当混合物稳定下来，细胞簇会更快地落在试管底部，因为它们最重。研究人员把这些细胞簇取出来，转移到新的培养基中，然后再次搅动它们。六轮循环后，细胞簇已经包含了几百个细胞，看起来就像球形的雪花。

酵母菌"进化"成了多细胞簇，能协同合作、繁殖并改变它们的环境，基本上变成了今天地球生命的初期形式。分析显示，细胞簇并不是随机黏在一起的细胞群，而是互相关联的，它们随着细胞分裂而保持连接。这表示它们具有遗传相似性以促进合作。当细胞簇达到临界大小时，一些细胞就会进入凋亡过程而死亡，将后代细胞分隔开来。而后代细胞簇的繁殖扩展也只能到达它们"父母"所达到的大小。"这种劳动分工进化得非常快，以雪花状集簇的形式不断繁殖。"国家科学基金会环境生物学分部代理副主管乔治·吉尔克利斯特说，"通向多细胞复合体的第一步，好像并没有理论认为的那么艰巨。"

"一个细胞簇还不能称为多细胞体，只有当其中的细胞开始合作，自我牺牲以达成公共利益并能适应变化，这就是向多细胞体进化的一种过渡。"论文作者之一、明尼苏达州立大学科学家威尔·拉特克利夫解释说，要形成多细胞生物，大部分细胞要牺牲它们的繁殖能力，这是一种有利整体却不利于个体的行为。比如人体的几乎所有细胞从本质上说就是一个支持系统，只有精子和卵子负责把 DNA 传到下一代。所以多细胞体是由其合作性来定义的。进化生物学家们估计，这种多细胞体独立地进化成了 25 个体系，将来通过对比多细胞簇留下来的化石，可进一步揭示每个体系中相应的发展机制和基因异同。

新实验方法可用于对许多医疗和生物重要课题的研究，比如多细胞体在癌症、老化及其他生物学关键领域中的功能。论文合著者、明尼苏达大学的迈克尔·特拉维萨诺说，最近有人提出，癌症是一种源自最初的多细胞体的化石，而老化的起源也与此类似，通过多细胞酵母菌可以直接对此进行研究。

高血压

高血压（hypertension）是以体循环动脉压持续增高为主要表现的临床综合征，是最常见的心血管疾病，分为原发性高血压和继发性高血压。高血压病因不明，称为原发性高血压，占总高血压患者的 95%以上；继发性高血压是继发于肾、内分泌和神经系统疾病的高血压，多为暂时性。随着流行病学调查结果的更新和循证医学证据的不断完善，高血压的诊断标准也在不断修订。1979 年世界卫生组织（WHO）制定的高血压诊断标准为：收缩压≥160mmHg 或舒张压≥95mmHg。1998 年 WHO 和世界高血压联盟重新修订的诊断标准为：收缩压≥140mmHg 或舒张压≥90mmHg。我国高血压诊断标准自 1959 年确定至今，已修订四次，目前与 1998 年国际标准一致。

ECMO

自新冠肺炎疫情暴发以来，ECMO 这项技术越来越多地进入公众视野，并且在新冠肺炎的治疗中，获得显著的效果。什么是 ECMO 呢？

体外膜肺氧合（Extracorporeal Membrane Oxygenation, ECMO），俗称"叶克膜"，也叫"人工肺"。ECMO 作为一种医疗急救技术设备，主要用于对重症心肺功能衰竭患者，提供持续的体外呼吸与循环，以维持患者生命。它对原发性疾病没有直接治疗作用，但通过对心肺功能进行部分或全部的替代，为患者提供更好的氧合与通气，可以为诊断和治疗疾病争取更多的时间。ECMO 的概念来源于 1953 年 Gibbon 为心脏手术患者实施的体外循环技术，该研究在我国起步较晚，前期主要应用于心脏病领域，在呼吸衰竭领域的应用始于 2009 年新型甲型 H1N1 在国内的大流行，后来此项技术得以进一步开展，并在全国成立了多个 ECMO 中心。

ECMO 工作时，将静脉血引出体外，离心泵（人工心脏）将血泵入膜式氧合器，经膜式氧合器氧合及加温后的血液重新注入病人的动脉或静脉系统。膜式氧合器（人工肺）作为 ECMO 系统的核心组成部分，其原理是在氧气和血液经过交换膜两侧时，氧气和血液中的二氧化碳分别透过膜实现气体交换，实现氧合功能。其主要有两种模式：静脉到静脉 ECMO（VV-ECMO）与静脉到动脉 ECMO（VA-ECMO）。VV-ECMO 将静脉血引出体外，使血液与氧气结合后泵回体内，通过颈内静脉最终注入右心房，以辅助呼吸，此类型代替肺脏呼吸机能，只用于肺部疾病。VA-ECMO 完全绕过心脏与肺，将静脉血氧合后泵入动脉，减轻心脏负荷，辅助呼吸和循环，常用于心功能不全的患者。在新型冠状病毒重症患者的治疗中，主要应用的是 VV-ECMO，重症患者肺部病变严重，出现呼吸衰竭，肺脏无法完成气体交换功能，在暂时没有有效抗病毒药物的情况下，临床上使用 ECMO 技术进行治疗，维持各器官的供氧，为肺功能的恢复赢得宝贵时间。

第五章

生态与环境

⏩ **本章导言**

以前曾把麻雀作为"四害"来消灭。可是在大量捕杀麻雀之后的几年里，却出现了严重的虫灾，使农业生产受到巨大损失。后来，科学家们发现，麻雀是吃害虫的好手，消灭了麻雀，害虫没有了天敌，就大肆繁殖起来，导致了虫灾发生、农田绝收一系列后果。20 世纪30 年代，一些商人把非洲大蜗牛（图 5.1）运到夏威夷群岛，供人养殖食用。有的蜗牛长老了，不能食用，就被扔在野外，不到几年，蜗牛大量繁殖，遍地都是，把蔬菜、水果啃得乱七八糟，人们喷化学药剂，连续 15 年翻耕土地也不能除净。

(a) 生态照　　　　　　　　　　　　(b) 螺壳标本照

图 5.1　非洲大蜗牛的形态特征（引自刘若思等，2020）

所以说，生态系统是人类赖以生存与发展的基础，生态系统的平衡往往是大自然经过了很长时间才建立起来的动态平衡。一旦受到破坏，有些平衡就无法重建，带来的恶果可能是人的努力无法弥补的。因此人类要尊重生态平衡，帮助维护这个平衡。

第一节

生物多样性

生物多样性（biodiversity）是一个描述自然界多样性程度的广泛概念。对于生物多样性，不同的学者所下的定义是不同的。例如 Norse 等学者认为，生物多样性体现在多个层次上；而 Wilson 等认为，生物多样性就是生命形式的多样性；孙儒泳认为，生物多样性一般是指"地球上生命的所有变异"；在《保护生物学》一书中，蒋志刚等给生物多样性所下的定义为："生物多样性是生物及其环境形成的生态复合体以及与此相关的各种生态过程的综合，包括动物、植物、微生物和它们所拥有的基因以及它们与其生存环境形成的复杂的生态系统"。随着生物学的不断发展和进步，生物多样性的定义统一为：一定范围内多种多样活的有机体（动物、植物、微生物）有规律地结合所构成的稳定的生态综合体。这种多样包括动物、植物、微生物的物种多样性，以及物种的遗传与变异的多样性和生态系统的多样性。如图 5.2 所示为川藏铁路沿线动物多样性示意。

金钱豹 *Panthera pandus*　　　　　　棕熊 *Ursus arctos*

马麝 *Moschus chrysogaster*　　　　中华鬣羚 *Capricornis milneedwardsii*

猞猁 *Lynx lynx*　　　　　　　　　猕猴 *Macaca mulatta*

图 5.2　川藏铁路沿线动物多样性（引自肖宏强等，2021）

一、物种多样性

据估计，地球上的生物共有 500 万～3000 万种，但有科学记载的生物约 200 万种。目前科学家对高等植物和脊椎动物了解得比较多，对个体较小而数量巨大的微生物和昆虫了解得比较少。全球物种分布也不均匀，大部分集中在热带、亚热带地区的少数国家，包括巴西、哥伦比亚、厄瓜多尔、秘鲁、墨西哥、刚果民主共和国、马达加斯加、澳大利亚、中国、印度、印度尼西亚、马来西亚共 12 个国家拥有全球大约 60%～70%的物种。

中国是世界上生物多样性特别丰富的国家之一，有高等植物三万余种，占世界总种数的 10%，仅次于世界高等植物最丰富的巴西和哥伦比亚；裸子植物约 250 种，居世界首位；哺乳类、鸟类、鱼类均位于世界前列。高等植物中特有种最多，占中国高等植物的 57%以上；哺乳类动物中，特有种占总种数的 19%。特有属、种中，尤为人们所注意的是有"活化石"之称的大熊猫、白鱀豚、水杉、银杏、银杉和攀枝花苏铁等。中国栽培植物、家养动物及其野生亲缘的种质资源异常丰富，共有家养动物品种（或类型）1938 个，是世界上家养动物品种和类群最丰富的国家之一；也是水稻和大豆的原产地，品种分别达 50000 个和 20000 个。中国有 1000 种以上的经济树种、10000 多种药用植物、4000 多种牧草和 2200 多种观赏花卉。

二、遗传多样性

遗传多样性是指种内基因的变化，包括种内显著不同的种群间和同一种群内的遗传变异，亦称为基因多样性，如图 5.3 所示。种内的多样性是物种以上各水平多样性的最重要来源。遗传变异、生活史特点、种群动态及其遗传结构等决定或影响着一个物种与其他物种及其环境相互作用的方式。而且，种内的多样性是一个物种对人为干扰进行成功反应的决定因素。种内的遗传变异程度也决定其进化的潜势。

图 5.3　中国乌骨鸡遗传多样性（引白翁苗先等，2019）

遗传多样性的测度比较复杂，主要包括四个方面，即形态多样性、染色体多态性、蛋白质多态性和 DNA 多态性。染色体多态性主要从染色体数目、组型及其减数分裂时的行为等方面进行研究。蛋白质多态性一般通过两种途径分析，一是氨基酸序列分析，二是同工酶或等位酶电泳分析，后者应用较为广泛。DNA 多态性主要通过 RFLP（限制性片段长度多态性）、DNA 指纹、RAPD（随机扩增多态性 DNA）和 PCR（聚合酶链式反应）等技术进行分析。此外，还可应用数量遗传学方法对某一物种的遗传多样性进行研究。虽然这种方法依据表型性状进行统计分析，其结论没有分子生物学方法精确，但也能很好地反映遗传变异程度，而且实践意义大，特别是对于理解物种的适应机制更为直接。

三、生态系统多样性

生态系统的概念是英国生态学家坦斯利在 1935 年提出来的。20 世纪 40 年代，美国生态学家林德曼在研究湖泊生态系统时，受到我国"大鱼吃小鱼，小鱼吃虾米，虾米吃泥巴"这一谚语的启发，提出了食物链的概念，他又受到"一山不能存二虎"的启发，提出了生态金字塔的理论，使人们认识到生态系统的营养结构和能量流动的特点。

生态系统是各种生物与其周围环境所构成的自然综合体。所有的物种都是生态系统的组成部分。在生态系统中，不仅各个物种之间相互依赖、彼此制约，而且生物与其周围的各种环境因子也是相互作用的。生态系统是指在一定空间内的生物成分和非生物成分，通过物质循环和能量流动互相作用、互相依存而构成的一个生态功能单位，自然界中只要在一定空间内存在生物和非生物两种成分，并能互相作用达到某种功能上的稳定性，哪怕是短暂的，这个整体就可以视为一个生态系统。我们居住的这个地球上有许多大大小小的生态系统，大至生物圈或生态圈、海洋、陆地，小至森林、草原、湖泊和小池塘。除了自然生态系统外，还有很多人工生态系统，如农田、果园、自给自足的宇宙飞船等。地球上最大的生态系统是生物圈。

生态系统多样性是指生物圈内生境、生物群落和生态过程的多样化以及生态系统内生境、生物群落和生态过程变化的惊人的多样性。此处的生境主要是指无机环境，生境的多样性是生物群落多样性乃至整个生物多样性形成的基本条件。生物群落的多样性主要指群落的组成、结构和动态（包括演替和波动）方面的多样化。生态过程主要指生态系统的生物组分之间及其与环境之间的相互作用，主要表现在系统的能量流动、物质循环和信息传递等方面。

1. 森林生态系统

地球上森林生态系统的主要类型有四种，即热带雨林、亚热带常绿阔叶林、温带落叶阔叶林及北方针叶林，这些主要类型之间还有许多过渡类型。

热带雨林分布在赤道及其两侧的湿润区域，是目前地球上面积最大、对维持人类生存环境起作用最大的森林生态系统。热带雨林面积近 1400 万平方公里，约占地球上现存森林面积的一半。它主要分布在南美洲的亚马逊盆地、非洲的刚果盆地、东南亚的一些岛屿，往北可深入我国西双版纳（图 5.4）与海南岛南部。热带雨林植被种类组成丰富，群落结构复杂，无明显季相交替，乔木树种常具板状根、裸芽、茎花现象。雨林植被特点给动物提供了常年丰富的食物和多种多样的隐蔽场所，因此这里也是地球上动物种类最丰富的地区之一。热带雨林还是陆地生态系统中生产力最高的类型之一。

常绿阔叶林指分布在亚热带湿润气候条件下并以壳斗科、樟科、山茶科、木兰科等常绿阔叶树种为主组成的森林生态系统。它是亚热带大陆东岸湿润季风气候下的产物，主要分布于欧亚大陆东岸北纬 22°～40°之间。此外，非洲东南部、美国东南部、大西洋中的加那利群岛等地也有少量分布，其中我国常绿阔叶林是地球上面积最大、发育最好的一片。常绿阔叶林的结构较之热带雨林简单，物种不如热带雨林丰富，藤本植物与附生植物仍常见，但不如雨林茂盛。我国常绿阔叶林是中华民族经济与文化发展的主要基地，平原与低丘全被开垦成以水稻为主的农田，是我国粮食的主要产区。原生的常绿阔叶林仅仅残存于山地。

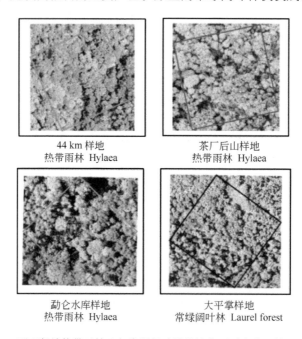

44 km 样地　　　　　　　　　茶厂后山样地
热带雨林 Hylaea　　　　　　热带雨林 Hylaea

勐仑水库样地　　　　　　　　大平掌样地
热带雨林 Hylaea　　　　　常绿阔叶林 Laurel forest

图 5.4　西双版纳热带雨林及与常绿阔叶林的比较（引自李强等，2019）

落叶阔叶林又称夏绿林，分布于中纬度湿润地区。由于这里冬季寒冷，树木仅在暖季生长，入冬前树木叶子枯死并脱落。优势树种为壳斗科的落叶乔木，如山毛榉属、栎属、栗属、椴属等，其次为桦木科、槭树科、杨柳科的一些种。目前，原始的落叶阔叶林仅残留在山地，平原及低丘多被开垦为农田，如我国的华北平原、北美东部等，为棉花、小麦、杂粮及落叶果树的主要产区。

北方针叶林分布在北半球高纬度地区，面积约为 1200 万平方公里，仅次于热带雨林占据第二位。由于这里气候寒冷，土壤有永冻层，不适于耕作，所以自然面貌保存良好。因冷季长，土壤贫瘠，北方针叶林净初级生产力是很低的。但是，北方针叶林组成整齐，便于采伐，作为木材资源对人类是极其重要的，在世界工业木材总产量中，一半以上来自针叶林。北方针叶林种类组成较贫乏，乔木以松、云杉、冷杉、铁杉和落叶松等属的树种占优势。枯枝落叶层很厚（可达 50t/hm²），分解缓慢，下部常与藓类一起形成毡状层。树木根系较浅，这是对土壤冻结层的适应。

2. 草原和热带稀树草原生态系统

草原一度曾覆盖地球陆地表面积的 42%，在北半球，草原极盛时曾分布于整个北美大陆的南部并横贯欧亚大陆的中部。在南半球，草原曾覆盖南美大陆南部的大部分地区和南部非洲的高原地带。但现在，草原只占地球陆地表面的大约 12%，而且其中很多都正在被改造为农用地或因过度放牧而退化。草原共同的一个气候特征是雨量处于 250mm 和 800mm 之间，水分蒸发强烈和经历周期性干旱。草原地势平坦或有起伏，食草动物和穴居动物占有优势。大部分草原都需要有周期性火烧以便维持草原的存在、更新和排除树木的生长。草原上最惹人注目的脊椎动物是大型食草有蹄动物和穴居哺乳动物。在世界各大洲草原上，动物的种类十分相似。全球只有三大草原进化出了失去飞翔能力的鸟类，这就是南美草原的美洲驼、非洲草原的鸵鸟、澳洲草原的鸸鹋。新西兰草原没有食草哺乳动物，但曾有过食草的大群恐鸟，现已灭绝。虽然北半球的草原没有像恐鸟、鸵鸟、鸸鹋这样大型的鸟类，但在欧亚草原上栖息着体重可达 16kg 的大鸨，其数量因农田的扩张已大为减少。

　　热带稀树草原覆盖着非洲中南部、印度西部、澳大利亚北部和巴西西北部的广大地区，有些稀树草原是天然的，还有一些是半天然的，是在几百年来人类的干预和影响下产生和维持的，特别是非洲的稀树草原，很难把人类的影响和气候的影响区分开来。但印度中部的稀树草原则是人为破坏森林的结果。在非洲稀树草原上至少栖息着 40 种有蹄动物，其中角马和斑马在干旱季节要进行大规模迁移。其他种类如高角羚在干旱季节进行部分扩散。还有种类如长颈鹿和格氏斑马则完全没有或很少有季节扩散。热带稀树草原（图 5.5）上还有很多专门以有蹄动物为食的食肉动物，包括狮子、豹、猎豹、鬣狗和野犬。以吃剩的猎物或兽尸为食的动物是食腐动物，如秃鹫。

图 5.5　克鲁格国家公园（引自周宝良，2013）

3. 荒漠生态系统

　　荒漠是地球上最耐干旱的，以超旱生的灌木、半灌木和小半灌木占优势的，地上部分不能郁闭的一类生态系统。它主要分布于亚热带干旱区，往北可延伸到温带干旱区。这里生态条件极为严酷，年降水量少于 200mm，有些地区年雨量还不到 50mm，甚至终年无雨。由于雨量少，易溶性盐类很少淋溶，土壤表层有石膏累积。地表细土被风吹走，剩下粗砾及石块，形成戈壁，而在风积区则形成大面积沙漠。荒漠植被极度稀疏，有的地段大面积裸露，主要有 3 种生活型适应荒漠区生长：荒漠灌木及半灌木、肉质植物、短命植物与类短命植物。荒漠生态系统的消费者主要是爬行类、啮齿类、鸟类及蝗虫等，它们如同植物一样，也是以各种不同的方法适应水分的缺乏。

荒漠生态系统的初级生产力非常低，低于 $0.5g/(m^2 \cdot a)$。生产力与降雨量呈线性函数关系。由于生产力低下，所以能量流动受到限制并且系统结构简单。通常荒漠动物不是特化的捕食者，因为它们不能单依靠一种类型的生物，必须寻觅可能利用的各种能量来源。荒漠生态系统中营养物质缺乏，因此物质循环的规模小。即使在最肥沃的地方，可利用的营养物质也只限于土壤表面 10cm 范围之内。由于许多植物生长缓慢，动物也多半具较长的生活史，所以物质循环的速率很低。

4. 淡水湖泊生态系统

绝大多数的湖泊是直接受河水补给的，湖泊是水系的组成部分，它的水文状况与河流有着密切关系（水库是一种人工湖泊），而不受河水直接补给的湖泊数量不多，它们大都是孤立的水体。按湖水矿化度可将我国的湖泊分为三类：淡水湖（<1g/L）、咸水湖（1～3.5g/L）、盐湖（>3.5g/L）。我国主要的淡水湖有鄱阳湖、洞庭湖、太湖、洪泽湖等。湖泊湿地地处水陆过渡带，湿生植物的促淤功能使湖泊湿地得以蓄积来自水陆两相的营养物质而具有较高的肥力，又有与陆地相似的光、温和气体交换条件，并以高等植物为主要的初级生产者，因而具有较高的初级生产力。同时，湖泊湿地为鱼类和其他水生动物提供了丰富的饵料和优越的栖息条件，具有较高的渔业生产能力。

5. 海洋生态系统

海洋生态系统是海洋中由生物群落及其环境相互作用所构成的自然系统。广义而言，全球海洋是一个大生态系统，其中包含许多不同等级的次级生态系。每个次级生态系占据一定的空间，由相互作用的生物和非生物，通过能量流和物质流，形成具有一定结构和功能的生态系统。海洋生态系统分类，目前无定论，若按海区划分，一般分为海岸带生态系统、大洋生态系统、上升流生态系统等；按生物群落划分，一般分为红树林生态系统、珊瑚礁生态系统、海洋藻类生态系统等。

红树林生态系统一般包括红树林、滩涂和基围鱼塘三部分。一般由藻类、红树植物和半红树植物、伴生植物、动物、微生物等生物及阳光、水分、土壤等非生物因子所构成。分解者种类和数量均较少，且以厌氧微生物为主，有机体残体分解不完全。消费者主要是鸟类尤其是水鸟和鱼类以及底栖无脊椎动物、昆虫，两栖动物、爬行动物亦较常见，哺乳动物种类和数量较少。

珊瑚礁生态系统是热带、亚热带海洋中由造礁珊瑚的石灰质遗骸、石灰质藻类堆积而成的礁石及其生物群落所构成的整体，是全球初级生产量最高的生态系统之一。

海洋藻类生态系统是以海洋藻类等生物为主与海洋环境构成的海洋生产力最大的海洋生态系统类型。根据生活方式可以分成 5 种藻类生态类型：①浮游藻类，如单细胞和多细胞的甲藻、黄藻、金藻、硅藻等门的多数藻类；②漂浮藻类，藻体全无固着器，营断枝繁殖，在大西洋上形成大型的漂流藻区，如漂浮马尾藻等；③底栖藻类，如石莼、海带、紫菜，体基部有固着器，营定生生活，主要生长在潮间带和潮下带；④寄生藻类，如菜花藻寄生于别的藻体上；⑤共生藻类，如红藻门的角网藻是红藻与海绵动物的共生体，一些蓝藻、绿藻和子囊菌类或担子菌类共生，成为复合的有机体——地衣。

第二节
生态系统与生态平衡

　　生态系统的概念是由英国生态学家坦斯利（Tansley，1871—1955）在 1935 年提出来的，他认为，"生态系统的基本概念是物理学上使用的'系统'整体。这个系统不仅包括有机复合体，而且包括形成环境的整个物理因子复合体"；"我们对生物体的基本看法是，必须从根本上认识到，有机体不能与它们的环境分开，而是与它们的环境形成一个自然系统"；"这种系统是地球表面上自然界的基本单位，它们有各种大小和种类"。

　　为了生存和繁衍，每一种生物都要从周围的环境中吸取空气、水分、阳光、热量和营养物质；生物生长、繁育和活动过程中又不断向周围的环境释放和排泄各种物质，死亡后的残体也复归环境。对任何一种生物来说，周围的环境也包括其他生物。例如，绿色植物利用微生物活动从土壤中释放出来的氮、磷、钾等营养元素，食草动物以绿色植物为食物，肉食性动物又以食草动物为食物，各种动植物的残体则既是昆虫等小动物的食物，又是微生物的营养来源。微生物活动的结果又释放出植物生长所需要的营养物质。经过长期的自然演化，每个区域的生物和环境之间、生物与生物之间，都形成了一种相对稳定的结构，具有相应的功能，这就是人们常说的生态系统。

一、生态系统

1. 生态系统的概念

　　生态系统（ecosystem）是英国生态学家坦斯利于 1935 年首先提出来的，是指在一定的空间内生物成分和非生物成分通过物质循环和能量流动相互作用、相互依存而构成的一个生态学功能单位。它把生物及其非生物环境看成是互相影响、彼此依存的统一整体。生态系统不论是自然的还是人工的，都具有下列共同特性：

　　① 生态系统是生态学上的一个主要结构和功能单位，属于生态学研究的最高层次。

　　② 生态系统内部具有自我调节能力。其结构越复杂，物种数越多，自我调节能力越强。

　　③ 能量流动、物质循环是生态系统的两大功能。

　　④ 生态系统营养级的数目因生产者固定能值所限及能流过程中能量的损失，一般不超过 5～6 个。

　　⑤ 生态系统是一个动态系统，要经历一个从简单到复杂、从不成熟到成熟的发育过程。

　　生态系统概念的提出为生态学的研究和发展奠定了新的基础，极大地推动了生态学的发展。生态系统生态学是当代生态学研究的前沿。

2. 生态系统的组成成分

　　生态系统有四个主要的组成成分，即非生物环境、生产者、消费者和还原者。

　　（1）非生物环境，包括：气候因子，如光、温度、湿度、风、雨雪等；无机物质，如 C、H、O、N、CO_2 及各种无机盐等；有机物质，如蛋白质、碳水化合物、脂类和腐殖质等。

（2）生产者（producers），主要指绿色植物，也包括蓝绿藻和一些光合细菌，是能利用简单的无机物质制造食物的自养生物。在生态系统中起主导作用。

（3）消费者（consumers），异养生物，主要指以其他生物为食的各种动物，包括植食动物、肉食动物、杂食动物和寄生动物等。

（4）分解者（decomposers），异养生物，主要是细菌和真菌，也包括某些原生动物和蚯蚓、白蚁、秃鹫等大型腐食性动物。它们分解动植物的残体、粪便和各种复杂的有机化合物，吸收某些分解产物，最终能将有机物分解为简单的无机物，而这些无机物参与物质循环后可被自养生物重新利用。

3. 生态系统的基本特征

（1）有时空概念的复杂的大系统

通常与一定的空间相联系，以生物为主体，呈网络式的多维空间结构的复杂系统。生态系统是一个极其复杂的由多要素、多变量构成的系统，而且不同变量及其不同的组合，以及这种不同组合在一定变量动态之中，又构成了很多亚系统。

（2）有一定的负荷力

生态系统负荷力（carrying capacity）是涉及用户数量和每个使用者强度的二维概念。在实践中可将有益生物种群保护在一个环境条件所允许的最大种群数量，此时，种群繁殖速率最快。对环境保护工作而言，在人类生存和生态系统不受损害的前提下，容纳污染物要与环境容量（environmental capacity）相匹配。任何生态系统的环境容量越大，可接纳的污物就越多，反之则越少。应该强调指出，生态系统纳污量不是无限的，污染物的排放必须与环境容量相适应。

（3）有明确功能和服务性能

生态系统不是生物分类学单元，而是个功能单元。首先是能量的流动，绿色植物通过光合作用把太阳能转变为化学能储藏在植物体内，然后再转给其他动物，这样营养就从一个取食类群转移到另一个取食类群，最后由分解者重新释放到环境中。其次，在生态系统内部生物与生物之间、生物与环境之间不断进行着复杂而有序的物质交换，这种交换是周而复始和不断地进行着，对生态系统起着深刻的影响。自然界元素运动的人为改变，往往会引起严重的后果。生态系统在进行多种过程中为人类提供粮食、药物、农业原料，并提供人类生存的环境条件，形成生态系统服务（ecosystem service）。

（4）有自维持、自调控功能

任何一个生态系统都是开放的，不断有物质和能量的进入和输出。一个自然生态系统中的生物与其环境条件是经过长期进化适应，逐渐建立了相互协调的关系。

生态系统自调控（self-regulation）机能主要表现在三方面：第一是同种生物的种群密度的调控，这是在有限空间内比较普遍存在的种群变动规律。其次是异种生物种群之间的数量调控，多出现于植物与动物、动物与动物之间，常有食物链关系。第三是生物与环境之间的相互适应的调控。生物经常不断地从所在的生境中摄取所需的物质，生境亦需要对其输出进行及时补偿，两者进行着输入与输出之间的供需调控。

生态系统调控功能主要靠反馈（feedback）来完成。反馈可分为正反馈（positive feedback）和负反馈（negative feedback）。前者是系统中的部分输出，通过一定线路而又变成输入，起促进和加强的作用；后者则倾向于削弱和减低其作用。负反馈对生态系统达到和保持平衡是不可缺少的。正、负反馈相互作用和转化，从而保证了生态系统达到一定的稳态。

（5）有动态的、生命的特征

生态系统也和自然界许多事物一样，具有发生、形成和发展的过程。生态系统可分为幼期、成长期和成熟期，表现出鲜明的历史性特点，从而具有生态系统自身特有的整体演变规律。换言之，任何一个自然生态系统都是经过长期历史发展形成的，这一点很重要。我们所处的新时代具有鲜明的未来性。生态系统这一特性为预测未来提供了重要的科学依据。

（6）有健康、可持续发展特性

自然生态系统是经过长期发展形成的整体系统，为人类提供了物质基础和良好的生存环境，然而长期以来人类活动已损害了生态系统健康。为此，加强生态系统管理促进生态系统健康和可持续发展（sustainable development）是全人类的共同任务。

4. 生态系统的结构

（1）生态系统的空间结构

从空间结构来考虑，任何一个自然生态系统都有分层现象。各生态系统在结构布局上有一致性。上层阳光充足，集中分布着绿色植物或藻类，有利于光合作用，故上层称为绿带，或光合作用层。在绿带以下为异养层或分解层。

生态系统中的分层有利于生物充分利用阳光、水分、养料和空间。生态系统是生产者和消费者、消费者和消费者之间的相互作用和相互联系的系统，彼此交织在一起。生态系统的边界具有不确定性，主要是由于生态系统内部生产者、消费者和分解者在空间的位置上变动所引起，其结构较为疏松，一般认为生态系统范围越大，结构越疏松。

（2）生态系统的时间结构

生态系统的结构和外貌也会随时间不同而变化。这反映出生态系统在时间上的动态。一般从三个时间量度上来考察：一是长时间量度，以生态系统进化为主要内容；二是中等时间量度，以群落演替为主要内容；三是以昼夜、季节和年份等短时间量度的周期性变化。这种短时间周期性变化在生态系统中较为普遍。

（3）生态系统的营养结构

生态系统中各种成分之间最本质的联系是通过营养来实现的，通过食物链食物网把生物与非生物、生产者与消费者、消费者与分解者连成一个整体。食物链是指生态系统内不同生物之间在营养关系中形成的一环套一环似链条式的关系，即物质和能量从植物开始，然后一级一级地转移到大型食肉动物。食物链上的每一个环节称为营养级，根据起点不同可以分为牧食食物链（草食食物链）和腐食食物链（碎屑食物链）。生态系统中的食物链很少是单条、孤立出现的，往往是交叉链锁，形成复杂的网络结构，就是食物网。食物网从形象上反映了生态系统内各生物有机体之间的营养位置和相互关系。生态系统中各生物成分间，正是通过食物网发生直接和间接的联系，保持着生态系统结构和功能的稳定性。生态系统内部营养结构不是固定不变的，而是不断发生变化的。

5. 生态系统的分类

（1）陆地生态系统

地球陆地表面是由陆生生物与其所处环境相互作用而构成的统一体。这一系统占地球总表面积的 1/3，以大气和土壤为介质，生境复杂，类型众多。按生境特点和植物群落生长类型可分为森林生态系统、草原生态系统、荒漠生态系统、湿地生态系统以及受人工干预的农田生态系统。该系统的第一性生产者主要是各种草本或木本植物，消费者为各种类型的草食或肉食动物。在陆地的自然生态系统中，森林生态系统的结构最复杂，生物种类最多，生产力最高，而荒漠生态系统的生产力最低。

（2）水域生态系统

水域生态系统主要包括湖泊、水库、江河和海洋生态系统等不同类型，而水库实际上是"人工湖泊"，有与湖泊基本相同的特征。对水域的划分，生态学中常以对水生生物分布、生长等起重要作用的主要生态因子如水温、盐度等为依据。科学地划分水域的类型是开展水域生态系统研究的基础。水域类型不同，生物群落的结构和功能就不同，因而对外界干扰的反应和抵抗力亦不同。例如，同是淡水水域，湖泊和河流这两个类型之间无论是在生物群落的物种组成、系统的功能特征还是抗干扰的能力（如自净能力）等方面都存在着很大的差别。

与陆地生态系统相比，水生生态系统的环境因水具有流动性，广大水域比较均一而较少变化，并且很少出现极端情况，使许多水生生物具有广泛的地理分布，系统的类型也因此而比陆地少。根据水化学性质不同，可分为海洋生态系统和淡水生态系统。

（3）城市生态系统

城市生态系统由自然系统、经济系统和社会系统组成。城市中的自然系统包括城市居民赖以生存的基本物质环境，如阳光、空气、淡水、土地、动物、植物、微生物等；经济系统包括生产、分配、流通和消费的各个环节；社会系统涉及城市居民社会、经济及文化活动的各个方面，主要表现为人与人之间、个人与集体之间以及集体与集体之间的各种关系。

城市生态系统不仅有生物组成要素（植物、动物和细菌、真菌、病毒）和非生物组成要素（光、热、水、大气等），还包括人类和社会经济要素，这些要素通过能量流动、生物地球化学循环以及物资供应与废物处理系统，形成一个具有内在联系的统一整体。

城市是在人类不断改造自然、适应自然的过程中形成的人工-自然复合生态系统。实际上，与真正的自然生态系统相比，城市生态系统具有发展快、能量及水等资源利用效率低、区域性强、人为因素多等特征，因此并非发展成熟的自然生态系统。

我国城市生态环境问题居于世界中等位置，城市空气质量污染状况比较严重，经过多年来的治理，城市的污染状况有所好转，但总体上依然比较严重。

城市缺水情况严重，存在水资源污染问题。全国约有 333 个城市存在不同程度的缺水，其中，有 100 多个城市严重缺水。全国城市供水 30%源于地下水，北方城市达 89%，近 20 个城市地下水水质恶化。2020 年，全国多数城市地下水受到一定程度的点状或面状污染，劣 V 类地表水占比 0.6%（见图 5.6），虽然比 2019 年下降 2.8 个百分点，但是地表水污染情况仍然不容忽视。在城市地区表现突出的还有水污染。有些城市污水未经处理直接排入水域，全国 90%以上的城市水域受到不同程度的污染，水环境普遍恶化，近 50%重点城镇的集中饮用水水源不符合取水标准，其中铜川、沧州、邢台等 30 个城市国家地表水考核断面水环境质量较差（见表 5.1）。水源污染的直接后果是一些水源被迫停止使用，从而导致或加剧城市缺水，而寻找和建设新水源又需要耗费巨额投资；水源污染的间接后果是影响供水水质，进而损害城市居民的身体健康，这一点须引起人们的足够重视。

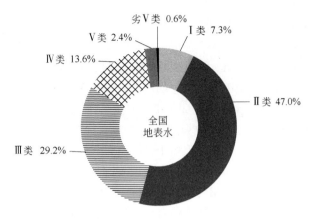

图 5.6　2020 年全国地表水总体水质状况（引自《2020 中国生态环境状况公报》）

表 5.1　2020 年国家地表水考核断面水环境质量排名前/后 30 位城市（引自《2020 中国生态环境状况公报》）

排名	城市	排名	城市
1	柳州市	倒 1	铜川市
2	桂林市	倒 2	沧州市
3	张掖市	倒 3	邢台市
4	金昌市	倒 4	东营市
5	吐鲁番市	倒 5	滨州市
6	云浮市	倒 6	阜新市
7	来宾市	倒 7	日照市
8	黔东南苗族侗族自治州	倒 8	商丘市
9	河源市	倒 9	淮北市
10	崇左市	倒 10	临汾市
11	河池市	倒 11	沈阳市
12	肇庆市	倒 12	吕梁市
13	攀枝花市	倒 13	潍坊市
14	永州市	倒 14	廊坊市
15	贵港市	倒 15	辽源市
16	梧州市	倒 16	通辽市
17	昌吉回族自治州	倒 17	天津市
18	嘉峪关市	倒 18	鹤壁市
19	阿拉善盟	倒 19	盘锦市
20	雅安市	倒 20	聊城市
21	文山壮族苗族自治州	倒 21	连云港市
22	贺州市	倒 22	菏泽市
23	百色市	倒 23	徐州市
24	喀什地区	倒 24	宿州市
25	黔南布依族苗族自治州	倒 25	青岛市
26	邵阳市	倒 26	开封市
27	恩施土家族苗族自治州	倒 27	淄博市
28	黄山市	倒 28	四平市
29	丽水市	倒 29	周口市
30	吉安市	倒 30	玉溪市

垃圾已经成为城市新"肿瘤"。城市垃圾是城市居民生活垃圾、建筑垃圾、医疗垃圾、城市污水处理厂固体沉淀物、工业生产废渣等固体废弃物的总称。它是城市化进程中的副产品，其增长趋势与城市化率成正比。国家统计局的统计数据显示，2005～2020年，我国的城市化率逐年递增。与此同时，城市垃圾也急剧增加。国家环境保护总局历年公布的《中国环境状况公报》显示，2005年，全国工业固体废物产生量约13.4亿吨，2015年城市生活垃圾清运量约1.9亿吨，2019年城市生活垃圾产生量约3.2亿吨。近年来，我国为解决垃圾围城的困窘，不断加快新技术的推广应用，但由于种种原因，我国的垃圾处理现状仍不容乐观。

城市生态系统是在人口大规模集居的城市，以人口、建筑物和构筑物为主体的环境中形成的生态系统，包括社会经济系统和自然生态系统。其特点是：①以人为主体，人在其中不仅是唯一的消费者，而且是整个系统的营造者；②几乎全是人工生态系统，其能量和物质运转均在人的控制下进行，居民所处的生物和非生物环境都已经过人工改造，是人类自我驯化的系统；③城市中人口、能量和物质容量大，密度高，流量大，运转快，与社会经济发展的活跃因素有关；④是不完全的开放性的生态系统，系统内无法完成物质循环和能量转换。许多输入物质经加工、利用后又从本系统中输出。故物质和能量在城市生态系统中的运动是线状而不是环状。因城市是一定区域范围的中心地，城市依赖区域存在和发展，故城市生态系统的依赖性很强、独立性很弱。其研究内容包括：人口构成、经济结构和城市功能结构的合理性；人口流、物质流、能量流、信息流等是否能保证城市的功能作用；城市人口及其活动的基本物质（如土地、淡水、食物、能源、基础设施等）的保证程度，环境质量评价及其改善措施；确定城市生态合理容量和制订和谐、稳定、高效的城市生态系统结构可行方案及其管理技术措施等。

（4）农业生态系统

农业生态系统是指在人类从事农业生态活动下，所形成的生态系统。广义的农业生态系统包括种植业、饲养业和农畜产品加工业等活动所形成的系统，狭义的农业生态系统则是指由于各种种植业活动所形成的农田生态系统，如稻田、麦田、果园、菜园、茶园等农田生态系统。

农业生态系统与自然生态系统一样，也由生物与环境两大部分组成。但是生物是以人工驯化栽培的农作物、家畜、家禽等为主。环境也是部分受到人工控制或是全部经过人工改造的环境。在农业生态系统中的生物组分中增加了人这样一个大型消费者，同时又是环境的调控者。

农业生态系统是在人类控制下发展起来的，与自然生态系统相比较，主要有以下几个不同特点：种植的植物单一，其生长发育进度整齐；植物种间竞争较少；各农田生态系统的分界明显；以人们选定的种植植物为中心所形成的生物群落中，生物类群贫乏，营养层次简单，食物链环数目少，系统内部自我调节的机能较差，系统的稳定性差，易受不良环境因素的影响；由于种植的植物（生产者）种类单一、数量多，往往导致一些一级消费者（如害虫）数量多、危害重，成为优势种害虫，而需要防治，尤其是使用化学防治法，常使这一系统遭到破坏，失去平衡；种植的植物生长时间短，如一年生的作物、蔬菜和多年生的果树，而使群落的演替时间短或不连续；由于系统内的一些产品（如种子、果实、叶、根等）被人们收获而离开系统，故必须采取施肥、灌水等手段，以维持系统中正常的物流和能流，保证高的生产力；农业生态系统结构因社会（人类）需要、经济效益而发生变化，故实际上是社会-经济-

自然生态系统组成的复合系统。所以人们对农业生态系统的影响，可能是积极的建设作用，也可能是消极的破坏作用。

农业生态系统的基本结构概括起来可以分成以下四个方面：农业生物种群结构，即农业生物（植物、动物、微生物）的组成结构及农业生物物种结构；农业生态系统的空间结构，这种空间结构包括了生物的配置与环境组分相互安排与搭配，因而形成了所谓的平面结构和垂直结构；农业生态系统的时间结构，其是指在生态区域与特定的环境条件下，各种生物种群生长发育及生物量的积累与当地自然资源的协调吻合状况，时间结构是自然界中生物进化同环境因素协调一致的结果；农业生态系统的营养结构，是生物之间借助能量、物质流动通过营养关系而联结起来的结构，是指农业生态系统中的多种农业生物营养关系所联结成的多种链状和网状结构，主要是指食物链结构和食物网结构。

食物链结构是农业生态系统中最主要的营养结构之一，建立合理有效的食物链结构，可以减少营养物质的耗损，提高能量、物质的转化利用率，从而提高系统的生产力和经济效率。

6. 生态系统中的物质循环

生态系统的物质循环（circulation of materials）又称为生物地球化学循环（biogeochemical cycle），是指地球上各种化学元素，从周围的环境到生物体，再从生物体回到周围环境的周期性循环。能量流动和物质循环是生态系统的两个基本过程，它们使生态系统各个营养级之间和各种组成成分之间组成为一个完整的功能单位。但是能量流动和物质循环的性质不同，能量流经生态系统最终以热的形式消散，能量流动是单方向的，因此生态系统必须不断地从外界获得能量；而物质的流动是循环式的，各种物质都能以可被植物利用的形式重返环境。同时两者又是密切相关不可分割的。

生物地球化学循环可以用库和流通率两个概念加以描述。库（pools）是由存在于生态系统中的某些生物或非生物成分中一定数量的某种化学物质所构成。这些库借助于有关物质在库与库之间的转移而彼此相互联系，物质在生态系统单位面积（或体积）和单位时间的移动量就称为流通率（flux rates）。一个库的流通率（单位/天）和该库中的营养物质总量之比即周转率（turnover rates），周转率的倒数为周转时间（turnover times）。

生物地球化学循环可分为三大类型，即水循环（water cycles）、气体型循环（gaseous cycles）和沉积型循环（sedimentary cycles）。水循环的主要路线是从地球表面通过蒸发进入大气圈，同时又不断从大气圈通过降水而回到地球表面，H 和 O 主要通过水循环参与生物地球化学循环。在气体型循环中，物质的主要储存库是大气和海洋，其循环与大气和海洋密切相关，具有明显的全球性，循环性能最为完善。属于气体型循环的物质有 O_2、CO_2、N、Cl、Br、F 等。参与沉积型循环的物质，主要是通过岩石风化和沉积物的分解转变为可被生态系统利用的物质，它们的主要储存库是土壤、沉积物和岩石，循环的全球性不如气体型循环明显，循环性能一般也很不完善。属于沉积性循环的物质有 P、K、Na、Ca、Fe、Mn、I、Cu、Si、Zn、Mo 等，其中 P 是较典型的沉积型循环元素。气体型循环和沉积型循环都受到能流的驱动，并都依赖于水循环。

生物地球化学循环是一种开放的循环，其时间跨度较大。对生态系统来说，还有一种在系统内部土壤、空气和生物之间进行的元素的周期性循环，称生物循环（biocycles）。养分元素的生物循环又称为养分循环（nutrient cycling），它一般包括以下几个过程：吸收（absorption），即养分从土壤转移至植被；存留（retention），指养分在动植物群落中的滞留；

归还（return），即养分从动植物群落回归至地表的过程，主要以死残落物、降水淋溶、根系分泌物等形式完成；释放（release），指养分通过分解过程释放出来，同时在地表有一积累（accumulation）过程；储存（reserve），即养分在土壤中的储存，土壤是养分库，除 N 外的养分元素均来自土壤。其中，吸收量=存留量+归还量。

7. 生态系统中的能量流动

能量是生态系统的基础，一切生命都存在着能量的流动和转化。没有能量的流动，就没有生命和生态系统。能量流动是生态系统的重要功能之一，能量的流动和转化是服从于热力学第一定律和第二定律的，因为热力学就是研究能量传递规律和能量形式转换规律的科学。

能量流动可在生态系统、食物链和种群三个水平上进行分析。生态系统水平上的能流分析，是以同一营养级上各个种群的总量来估计，即把每个种群都归属于一个特定的营养级中（依据其主要食性），然后精确地测定每个营养级能量的输入和输出值。这种分析多见于水生生态系统，因其边界明确、封闭性较强、内环境较稳定。食物链层次上的能流分析是把每个种群作为能量从生产者到顶极消费者移动过程中的一个环节，当能量沿着一个食物链在几个物种间流动时，测定食物链每一个环节上的能量值，就可提供生态系统内一系列特定点上能流的详细和准确资料。实验种群层次上的能流分析，则是在实验室内控制各种无关变量，以研究能流过程中影响能量损失和能量储存的各种重要环境因子。

植物所固定的能量通过一系列的取食和被取食关系在生态系统中传递，这种生物之间的传递关系称为食物链（food chains）。一般食物链是由 4～5 环节构成，如草→昆虫→鸟→蛇→鹰。但在生态系统中生物之间的取食和被取食的关系错综复杂，这种联系像一个无形的网把所有生物都包括在内，使它们彼此之间都有着某种直接或间接的关系，这就是食物网（food web）。一般而言，食物网越复杂，生态系统抵抗外力干扰的能力就越强，反之亦然。在任何生态系统中都存在着两种最主要的食物链，即捕食食物链（grazing food chain）和碎屑食物链（detrital food chain），前者是以活的动植物为起点的食物链，后者则以死生物或腐屑为起点。在大多数陆地和浅水生态系统中，碎屑食物链是最主要的，如一个杨树林的植物生物量除 6%是被动物取食处，其余 94%都是在枯死凋落后被分解者所分解。一个营养级（trophic levels）是指处于食物链某一环节上的所有生物种群的总和，在对生态系统的能流进行分析时，为了方便，常把每一生物种群置于一个确定的营养级上。生产者属第一营养级，植食动物属第二营养级，第三营养级包括所有以植食动物为食的肉食动物，一般一个生态系统的营养级数目为 3～5 个。生态金字塔（ecological pyramids）是指各个营养级之间的数量关系，这种数量关系可采用生物量单位、能量单位和个体数量单位，分别构成生物量金字塔、能量金字塔和数量金字塔。

二、生态平衡

近年来，气温的异常，自然灾害的频频发生，向人类敲响了警钟，地球的生态平衡正受到严重破坏。

生态系统一旦失去平衡，会发生非常严重的连锁性后果。生态平衡是大自然经过了很长时间才建立起来的动态平衡。一旦受到破坏，有些平衡就无法重建，带来的后果可能是靠人的努力无法弥补的。因此人类要尊重生态平衡，帮助维护这个平衡，绝不要轻易去干预大自然，引起这个平衡被打破。

　　生态系统中的能量流和物质循环在通常情况下（没有受到外力的剧烈干扰）总是平稳地进行着，与此同时生态系统的结构也保持相对稳定状态，这叫做生态平衡。生态平衡的最明显表现就是系统中的物种数量和种群规模相对平稳。当然，生态平衡是一种动态平衡，即它的各项指标，如生产量、生物的种类和数量，都不是固定在某一水平，而是在某个范围内来回变化。这同时也表明生态系统具有自我调节和维持平衡状态的能力。当生态系统的某个要素出现功能异常时，其产生的影响就会被系统做出的调节所抵消。生态系统的能量流和物质循环以多种渠道进行着，如果某一渠道受阻，其他渠道就会发挥补偿作用。对污染物的入侵，生态系统表现出一定的自净能力，也是系统调节的结果。生态系统的结构越复杂，能量流和物质循环的途径越多，其调节能力或者是抵抗外力影响的能力就越强。反之，结构越简单，生态系统维持平衡的能力就越弱。农田和果园生态系统是脆弱生态系统的例子。

　　一个生态系统的调节能力是有限度的。外力的影响超出这个限度，生态平衡就会遭到破坏，生态系统就会在短时间内发生结构上的变化，比如一些物种的种群规模发生剧烈变化，另一些物种则可能消失，也可能产生新的物种。但变化总的结果往往是不利的，它削弱了生态系统的调节能力。这种超限度的影响对生态系统造成的破坏是长远性的，生态系统重新回到和原来相当的状态往往需要很长的时间，甚至造成不可逆转的改变，这就是生态平衡的破坏。作为生物圈一分子的人类，对生态环境的影响力目前已经超过自然力量。人类对生物圈的破坏性影响主要表现在三个方面：一是大规模地把自然生态系统转变为人工生态系统，严重干扰和损害了生物圈的正常运转，农业开发和城市化是这种影响的典型代表；二是大量取用生物圈中的各种资源，包括生物的和非生物的，严重破坏了生态平衡，森林砍伐、水资源过度利用是其典型例子；三是向生物圈中超量输入人类活动所产生的产品和废物，严重污染和毒害了生物圈的物理环境和生物组分，包括人类自己，化肥、杀虫剂、除草剂、工业三废和城市三废是其代表。

三、生态系统和生态平衡之间的关系

　　每一个生态系统总是时刻不断地进行着能量交换和物质循环，因此任何生态系统的各个因素或成分之间都是动态的。但是，在一定时间和相对稳定的条件下，生态系统本身也总是趋向稳定的状态，也就是在动态中维持平衡，即该系统中的绿色植物、动物和微生物之间，或物质和能量的输入和输出之间，存在着相对平衡的关系。当生态系统中的能量流动和物质循环过程，较长时间地而不是暂时地保持平衡状态时，该生态系统的有机体种类和数量最大，生物量最大，生产力也最大。这就是衡量生态平衡的指标。

　　如果一个生态系统受到外界的干扰，超过它本身自动调节的能力，结果就会使有机体数量减少，生物量下降，生产力衰退，从而引起其结构和功能的失调，物质循环和能量交换受到阻碍，最终导致整个生态平衡的破坏。

　　在森林生态系统中，树木靠吸取土壤营养物质生活，而树叶落下后经微生物分解腐烂变为可利用的营养物质，归还给土壤又供植物取用，这样物质就可循环不止，森林自己养活自己。但如把落叶取走，那就破坏了生态平衡。森林中昆虫数量一般能够维持正常，正是由于有鸟类和其他动物吃它，受到自动控制，才不致繁殖过多而发生灾害。但如大量消灭鸟类等食虫动物，昆虫繁殖过多就会危害森林，造成生态平衡失调。

保持森林生态平衡，并不等于说森林不能采伐，问题在于在什么条件下才能采伐和如何合理采伐。比如，在河流上游的高山峡谷，地势陡峻，尤其是悬崖峭壁上，以停止采伐为上策。因为在这种地方，森林被采伐后会造成水土流失和森林不能恢复的严重后果。有些山地森林是河流的主要水源林，凡有利于水土保持、水源涵养的地段应严加保护。开发森林的关键在于不能搞掠夺式采伐，森林是可更新的自然资源，砍伐森林一定要与抚育更新相结合，要尽量维持原有的生态平衡。在我国目前森林贫乏的情况下，一般以择伐方式较好。

就草原生态系统来说，田鼠是草原生态系统中不可缺少的成分之一，所以应研究掌握其消长规律，以便控制其数量，不使其过多增长，危害草原。在一般情况下，因草原上有它的天敌老鹰、黄鼠狼，所以平时田鼠维持一定数量，不致成灾。作为皮毛兽的黄鼠狼就是靠鼠为食料，草原上没有鼠就没有黄鼠狼。鼠还能吃草原上的蝗虫，对某些类型的草原（如羊草草原）还起着松土作用，能促其生长繁茂。在鼠害猖狂时，固然需要消灭，但如用毒药，草原本身就会被污染，吃鼠的老鹰和吃虫的鸟类也会被毒死，有的地方牛羊也有被毒死的，以致破坏草原的生态平衡。

草原生态系统在适宜的气候和土壤条件下，更改为农田（包括饲料基地）生态系统是完全必要的，特别在水热、土壤条件较好的东北平原。但是在我国大多数气温低、水分缺少的草原上，如内蒙古东部锡林郭勒盟西部的草原，就不一定适宜。那里自 1949 年以来曾发生两次滥垦和乱垦，结果正如当地牧民所说："粮既长不起来，草场也被破坏了"。草场退化为鼠害和虫害提供了条件，还会引起土壤的沙漠化。这是滥垦草原、破坏生态平衡所造成的后果。

总而言之，在自然界中不论森林、草原、荒漠、湖泊、沼泽，都是由动物、植物、微生物等生物成分和光、水、土、气、热等非生物成分所组成。而且每一个成分都不是孤立存在着，而是相互联系、相互制约地形成一个统一的、不可分割的自然综合体系。这是一个生态平衡总体。单独地孤立看一个成分很容易产生片面性，必须把各种成分联系起来，看作是一个综合的整体。如果破坏自然生态平衡，必然要受到一系列的惩罚。

在自然界中，不论是天然的森林、草原、荒漠、沼泽，还是人工营造的森林、饲料基地、水库，都要注意保持其本身的生态平衡。

第三节
人类活动对生态系统的影响

人类本来就是自然的一个组成部分，近几百年来人类社会非理性超速发展，已经使人类活动成了影响地球上各圈层自然环境稳定的主导负面因子。森林和草原植被的退化或消亡、生物多样性的减退、水土流失及污染的加剧、大气的温室效应突显及臭氧层的破坏，这一切无不给人类敲响了警钟。人类必须善待自然，对自己的发展和活动有所控制，人和自然的和谐发展就成为科学发展观的重要内容之一。例如：湿地被称为地球的肾，应该严格保护，但相当数量已经开垦为耕地，特别是水稻田——人工湿地。但森林同时又是以木材为主的一系列林产品的生产基地，这些可再生的自然资源是可以也应该合理经营利用的，而且应该通过科学的培育措施，越用越好。除了少数需严格保存的自然保护区之外，合理的采伐利用，仍是必要的森林经营措施，要把森林的保护和经营利用更好地协调起来，否则，森林的调节功能下降，水土流失严重，会加剧山体滑坡等自然灾害的危害。在一些江河上（特别是西南地区）修建水电站，这是我国能源产业发展的需要，也有利于改善能源结构，减少 CO_2 排放，但水电站的建设也必然带来一些对自然环境的负面影响，有可能破坏某地区的生态环境。

一、生态系统健康的概念

关于生态系统健康目前尚无普遍认同的定义。不同学者从各自的学科背景和案例出发进行了定义。Constanza 认为健康的生态系统稳定而且可持续，具有活力，能维持其组织且保持自我运作能力，对外界压力有一定弹性。Schaeffer 等认为当生态系统的功能阈限没有超过时，生态系统是健康的，这里的阈限定义为"当超过后可使危及生态系统持续发展的不利因素增加的任何条件，包括内部的和外部的"。Karr 等认为，如果一个生态系统的潜能能够得到实现，条件稳定，受干扰时具有自我修复能力，这样的生态系统就是健康的。Haworth 等认为生态系统健康可以从系统功能和系统目标两个方面来理解：系统功能是指生态系统的完整性、弹性、有效性以及使生境群落保持活力的必要性。Rapport 等认为生态系统健康是指生态系统没有病痛反应、稳定且可持续发展，即生态系统随时间的推移有活力并且能维持其组织及自主性，在外界胁迫下容易恢复。袁兴中等认为生态系统健康是指生态系统的能量流动和物质循环没有受到损伤，关键生态成分保留下来（如野生动物、土壤和微生物区系），系统对自然干扰的长期效应具有抵抗力和恢复力。系统能够维持自身的组织结构长期稳定，并具有自我运作能力。健康的生态系统不仅在生态学意义上是健康的，而且有利于社会经济的发展，并能维持健康的人类群体。

国际生态系统健康学会将生态系统健康学定义为，研究生态系统管理的预防性的、诊断性的和预兆的特征，以及生态系统健康与人类健康之间关系的一门科学，其主要任务是研究生态系统健康的评价方法、生态系统健康与人类健康的关系、环境变化与人类健康的关系以及各种尺度生态系统健康的管理方法等。

二、影响生态系统健康的因素

干扰和胁迫是影响生态系统健康的主要因素。在生态系统可承受的外界因素作用下，生态系统对干扰的反应过程有三个阶段，开始时为初期反应，随后是抵抗阶段，最后是恢复阶段。生态系统对胁迫的反应结果有 4 种，一是消亡，二是退化（演替偏离轨道），三是恢复（即恢复到原状态及其相似状态），四是进入新的状态。干扰导致一个群落或生态系统特征超出其正常波动范围的因子。干扰体系包括干扰类型、频率、强度及时间等。各种生态系统对逆境的胁迫反应不同，同样的生态系统内个体、种群、群落和生态系统层次对胁迫的反应也不一致。生态系统在胁迫情况下会在能量、物质循环、群落结构和一般系统水平上发生变化。

生态系统在受到压力胁迫情况下会产生健康风险，然而并非所有胁迫都影响生态系统的生存力和可持续性，实际上许多生态系统依靠某种胁迫而维持，这些胁迫已成为自然生态系统的组成部分，可称为正向胁迫，但在更一般的意义上，胁迫常指给生态系统造成负面效应的逆向胁迫。胁迫表现形式多种多样，而且同一因子对不同生态系统的影响程度和强度也并不相同。如对农业生态系统，影响其健康的主要胁迫因子有如下几个方面：农药等环境污染化合物，生物技术，生态入侵，不恰当的农业生产活动和其他如一些偶发性的自然灾害，如地震、火山爆发等；对水生生态系统来说主要有以下几个方面：污染物的排放、非点源污染、过度捕捞、围湖造田、水土流失、外来种的入侵、水资源的利用不当等。

生态系统稳定性是指生态系统保持正常动态的能力，主要包括恢复力（干扰后回到先前状态的速度）和抵抗力（系统避免被取代的能力），Macarchur 提出群落复杂性导致稳定性，但 May 通过数学模型模拟表明，随着复杂性的增加生态系统趋于降低稳定性。目前关于生态系统稳定性与复杂性是否有关及其关系如何尚有争论。一般地讲，稳定的生态系统是健康的，但健康的生态系统不一定是稳定的；干扰作用于稳定的生态系统或健康的系统，会导致不稳定或不健康，在一定强度范围下，干扰可能导致生态系统不健康，但仍是稳定的。健康的生态系统是未受到干扰的生态系统，但稳定的生态系统可能受到干扰；生态系统稳定性的两个重要指标包含在生态系统健康标准中，而且干扰与这两个指标紧密相关。

三、人类活动与生态系统

人类为了生存发展和提升生活水平，不断进行着一系列不同规模、不同类型的活动，包括农、林、渔、牧、矿、工、商、交通、观光和各种工程建设等。人类加以开垦、搬运和堆积的速度已经逐渐相等于自然地质作用的速度，对生物圈和生态系改造有时也会超过自然生物作用规模。人类活动已成为地球上一项巨大的外部营力，通过自身活动迅速而剧烈地改变着自然界，反过来又影响人类自身。

人类活动常可使环境不断恶化，一方面使环境的脆弱性变得显著，自我调整能力转趋薄弱，一方面使人类自身抗灾的能力亦日益下降，再一方面许多人类破坏环境的过程本身就是自然灾害形成的过程。在这些多重因素的效应下，自然灾害的层出不穷和快速增长就会成为意料中的事情。

各地长期开发下，森林饱受破坏，生态逐渐失衡、土层裸露，控水能力变差，一经大雨就可导致山洪暴发、干季则缺少基流补注，以致无论旱涝均与时俱增。

任何一个生态系统都由生物群落和物理环境两大部分组成。阳光、氧气、二氧化碳、水、植物营养素（无机盐）是物理环境的最主要要素，生物残体（如落叶、秸秆、动物和微生物尸体）及其分解产生的有机质也是物理环境的重要要素。物理环境除了给活的生物提供能量和养分之外，还为生物提供其生命活动需要的媒质，如水、空气和土壤。而活的生物群落是构成生态系统精密有序结构和使其充满活力的关键因素，各种生物在生态系统的生命舞台上各有角色。

生物多样性包括自然界所有的生物资源，如植物、动物、微生物，以及它们生存的生态系统，同样也包括构造出生命的重要基石——染色体、基因和脱氧核糖核酸。

人类也是生物多样性的一部分。生物多样性使生命在地球这个行星上的生存变得可能。没有生物多样性，人类几乎不能在这个行星上生存。

然而，人类不科学和不可持续的开发活动却威胁到了许多物种的生存，而正是它们构成了地球这个宏伟的不能代替的支持生命的系统。

当今生物物种所受到的威胁是有史以来最大的。所有这些威胁的实质是由于人类对生物资源开发管理不当而引起，而且这种行为还经常遭受错误引导的经济政策和不完善的制度的激励。物种的自然灭绝是生命的一个事实，是一个自然规律。现在至少有一两百万个物种估计是曾生存过的几十亿个物种的幸存者。过去的灭绝由于自然的过程而发生，即自然灭绝，但今天人类的活动已毫无疑问是加速物种灭绝的一个最主要的原因。人类对生物多样性的破坏主要体现在以下几个方面：

① 对食物、能源和其他自然资源的不断增加的需求。
② 对待生物多样性问题人类知识的欠缺与忽视。
③ 短视行为，不考虑长期影响。
④ 空气、水、土壤污染。
⑤ 缺乏对生物多样性的经济利益的鉴别。
⑥ 在防止过度利用资源上及适当管理上的失败。
⑦ 人类移民、旅行、国际贸易的增加导致外来物种的入侵。
⑧ 过度捕杀及过度捕捞。
⑨ 收集珍稀蝴蝶、鸟类、古树、根头等物种做标本或移作园林树种、雕刻、盆景。

四、环境保护

环境是指周围所在的条件，对生物学来说，环境是指生物生活周围的气候、生态系统、周围群体和其他种群。从环境保护的宏观角度来说，就是这个人类的家园——地球。我们通常所称的环境就是指人类生活的自然环境。那么保护环境即是研究和防止由于人类生活、生产建设活动使自然环境恶化，进而寻求控制、治理和消除各类因素对环境的污染和破坏，并努力改善环境、美化环境、保护环境，使它更好地适应人类生活和工作需要。换句话说，环境保护就是运用环境科学的理论和方法，在更好地利用自然资源的同时，深入认识污染和破坏环境的根源及危害，有计划地保护环境，预防环境质量恶化，控制环境污染，促进人类与环境协调发展，提高人类生活质量，保护人类健康，造福子孙后代。

人生活在自然环境中，所以自然环境是人类生存的基本条件，是发展生产、繁荣经济的物质源泉。如果没有地球这个广阔的自然环境，人类是不可能生存和繁衍的。随着人口的迅速增长和生产力的发展、科学技术的突飞猛进，工业及生活排放的废弃物不断增多，从而使大气、水质、土壤污染日益严重，自然生态平衡受到了猛烈的冲击和破坏，许多资源日益减少，并面临着耗竭的危险；水土流失、土地沙化也日趋严重，粮食生产和人体健康受到严重威胁。所以，维护生态平衡、保护环境是关系到人类生存、社会发展的根本性问题。

建立自然保护区是保护森林生物多样性的重要途径，也是保护野生、珍稀、濒危动植物资源及其栖息的生态系统的最有效措施。

自然保护区就是为了保护自然及其自然资源而划出一定的空间范围并加以保护的地区。自然保护区是在有代表性的自然景观地域，如地带性天然森林植被、珍稀动植物的天然分布区、重要的天然风景区、水源涵养区、具有特殊意义的自然地质或化石产地以及为了科研、教育、文化娱乐为目的而划定的保护地域的总称。

1. 自然保护区的作用

① 为人类提供研究自然生态系统的场所。

② 提供生态系统的天然"本底"。对于人类活动的后果，提供评价的准则。

③ 是各种生态研究的天然实验室，便于进行连续、系统的长期观测以及珍稀物种的繁殖、驯化的研究等。

④ 是宣传教育的活的自然博物馆。

⑤ 保护区中的部分地域可以开展旅游活动。

⑥ 能在涵养水源、保持水土、改善环境和保持生态平衡等方面发挥重要作用。

2. 建立自然保护区的重要意义

（1）保护自然本底

自然保护区保留了一定面积的各种类型的生态系统，可以为子孙后代留下天然的"本底"。这个天然的"本底"是今后在利用、改造自然时应遵循的途径，可为人们提供评价标准以及预计人类活动将会引起的后果。

（2）储备物种

保护区是生物物种的储备地，又可以称为储备库。它也是拯救濒危生物物种的庇护所。

（3）开辟科研、教育基地

自然保护区是研究各类生态系统自然过程的基本规律、研究物种的生态特性的重要基地，也是环境保护工作中观察生态系统动态平衡、取得监测基准的地方。当然它也是教育实验的好场所。

（4）保留自然界的美学价值

自然界的美景能令人心旷神怡，而且良好的情绪可使人精神焕发，燃起生活和创造的热情。所以自然界的美景是人类健康、灵感和创作的源泉。

3. 中国自然保护区的类型

按保护对象和目的可分为以下六种类型。

（1）以保护完整的综合自然生态系统为目的的自然保护区

例如以保护温带山地生态系统及自然景观为主的长白山自然保护区，以保护亚热带生态系统为主的武夷山自然保护区和保护热带自然生态系统的云南西双版纳自然保护区等。

（2）以保护某些珍贵动物资源为主的自然保护区

如四川卧龙和王朗等自然保护区以保护大熊猫为主，黑龙江扎龙和吉林向海等自然保护区以保护丹顶鹤为主，青海可可西里国家自然保护区（图5.7）、新疆阿尔金山国家级自然保护区以保护藏羚羊为主，四川铁布自然保护区以保护梅花鹿为主等。

（3）以保护珍稀子遗植物及特有植被类型为目的的自然保护区

如广西花坪自然保护区以保护银杉和亚热带常绿阔叶林为主；黑龙江丰林自然保护区及凉水自然保护区以保护红松林为主；福建万木林自然保护区则主要保护亚热带常绿阔叶林等。

（4）以保护自然风景为主的自然保护区和国家公园

如四川九寨沟、缙云山自然保护区、江西庐山自然保护区、台湾玉山国家公园等。

（5）以保护特有的地质剖面及特殊地貌类型为主的自然保护区

如以保护近期火山遗迹和自然景观为主的黑龙江五大连池自然保护区；保护珍贵地质剖面的天津蓟州区地质剖面自然保护区；保护重要化石产地的山东临朐山旺万卷生物化石保护区等。

图 5.7　可可西里国家自然保护区（引自刘志才，2013）

（6）以保护沿海自然环境及自然资源为主要目的的自然保护区

主要有台湾省的淡水河口保护区，兰阳、苏花海岸等沿海保护区；海南省的东寨港保护区和清澜港保护区、广西山口国家红树林生态自然保护区（保护海涂上特有的红树林）等。

由于建立了一系列的自然保护区，中国的大熊猫、金丝猴、坡鹿、扬子鳄等一些珍贵野生动物已得到初步保护，有些种群并得以逐步发展。如安徽的扬子鳄保护区繁殖研究中心在研究扬子鳄的野外习性、人工饲养和人工孵化等方面取得了突破，使人工繁殖扬子鳄几年内发展到 1600 多只。又如曾经一度从故乡流失的珍奇动物麋鹿已重返故土，并在江苏大丰县、湖北石首及北京南苑等地建立了保护区，以便得到驯养和繁殖，现在大丰县麋鹿保护区拥有的麋鹿群体居世界第三位。此外，在西双版纳自然保护区的原始林中，发现了原始的喜树林。有些珍稀树种和植物在不同的自然保护区中已得到繁殖和推广。

小结

在过去的两亿年中，自然界每 27 年有一种植物物种从地球上消失，每世纪有 90 多种脊椎动物灭绝。随着人类活动的加剧，生态系统遭到大面积破坏，物种灭绝的速度不断加快，现在物种灭绝的速度是自然灭绝速度的 1000 倍！很多物种未被定名即已灭绝，大量基因丧失，不同类型的生态系统面积锐减。无法再现的基因、物种和生态系统正以人类历史上前所未有的速度消失。生态系统的自我调节能力无法维持生态平衡，人类正在遭受历史上前所未有的生态危机。

面对日益恶化的生态环境，我们必须立即采取有效措施，加强有关的应用基础研究，为有效的保护行动提供可靠的依据。保护生态环境，将不仅有利于当代人，而且可以造福子孙后代，这既有重要的理论意义，又可产生巨大的社会效益，既是中国可持续发展的需要，又是国际社会极为关注并为之努力工作的重点。

□ **思考题**

1. 什么是生物多样性?
2. 生态系统有哪些分类?
3. 根据下图分析生态系统的组成成分。

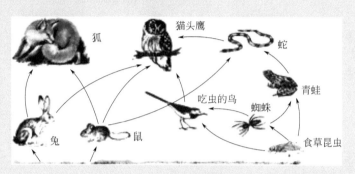

4. 简要分析生态系统的物质循环和能量循环。
5. 什么是生态系统健康? 哪些因素能够影响生态系统健康?
6. 自然环境中的生物，根据各地不同的气温、水量、地形、土质等环境条件以及生活方式，就能组成不同的生物群落，从而形成不同的生态系统。例如，在一个湖泊里，小鱼吃浮游生物，大鱼吃小鱼，鱼死后的尸体又被微生物分解成无机物，重新供浮游生物利用，这就是水生生态系统的一个实例。又如，各种禾草、灌木以水、土壤、二氧化碳为养料，在一定温度下，叶绿体利用太阳能把这些无机物转化成有机物，供草原上牛、马、羊、野兔等食用；一些肉食动物，如狼、鹰又吃食草动物；微生物又把动植物尸体分解为无机物，重新供草原植物利用，这是草原生态系统的一个实例。如果人类大量捕杀狼、鹰，你认为草原生态系统会发生什么样的变化?

□ **知识拓展**

"现代生态学之父" ——乔治·伊夫林·哈钦森

乔治·伊夫林·哈钦森 (George Evelyn Hutchinson)，1903 年 1 月 30 日，生于英国剑桥；1991 年 5 月 17 日，逝于英国伦敦，享年 88 岁。1983 年入选英国皇家学会会士 (Fellow of Royal Society，以下简称 FRS)。哈钦森将根植于自然科学的理论研究引入生态学，使其上升为真正的科学，他也因此被广泛尊称为"现代生态学之父" (Father of modern ecology)。1974 年，在第一届泰勒奖的颁奖现场，当有人尊称他为"生态学之父"时，哈钦森立即谦逊地拒绝了这一称呼，并表示荣誉应该归于达尔文和查尔斯·埃尔顿 (埃尔顿，与哈钦森齐名的著名生态学家，于 1976 年获得泰勒奖)。随后，哈钦森表示，与虚名相比，他更自豪的是，拥有一群非常出色的学生。不管本人认可与否，哈钦森在生态学领域的诸多贡献，配这一称号，绰绰有余。

泰勒奖 (Tyler Prize)，生态环境领域最高奖项。我们熟知的《生态学基础》（Fundamentals of Ecology）作者之一尤金·奥德姆（Eugene P. Odum）于1977 年获得该奖 [该书另一作者霍华德·奥德姆（Howard T. Odum），为其弟弟。H. T. Odum 是哈钦森的学生之一]。第一个（1999 年）获得该奖项的中国人，为张德慈（中国台湾），著名的农学家、植物遗传学家；第二个（2002 年），为刘东生，著名的地学家，"黄土学之父"，2003 年获得国家最高科学技术奖。

参考文献

Albrecht F O, 1951. The Anatomy of the Migratory Locust[M]. London: The Athlone Press.

Behrensmeyer A K, Damuth J D, DiMichele W A, et al, 1993. Evolutionary Paleoecology of Terrestrial Plants and Animals[M]. Chicago: The University of Chicago Press.

Bloom W, 1984. Biology the Unity and Diversity of Life[M]. New York: Wadsworth Publishing Company.

Borradaile A K, Potts R, Damuth W A, et al, 2006. Phanerozoic Biodiversity Mass Extinctions[J]. Annu Rev Earth Plant Sci, 34.

Alberts B , 2008. Molecular Biology of the Cell[M]. 5th ed. New York: Garland Publishing Inc.

Campbell N A, Reece J B, Simon E J, 2006. Essential Biology(基础生物学)影印本[M]. 第 2 版. 北京: 高等教育出版社.

Chitwood L M, 2007. The Origin and Early Evolution of Birds[M]. New York: John Wiley & Sons, Inc.

Daniel L H, Elizabeth W J, 2009. Genetics: Analysis of Genes and Genomes[M]. Burlington: Jones & Bartlett Learning.

Hartl D L, 2020. Essential Genetics and Genomics[M]. 7th ed. New York: Jones and Bartlett Publishers.

Goodrich J, 1993. Perspectives on Animal Behavior[M]. New York: John Wiley & Sons, Inc.

Hesse R J, 1994. The Bell Curve: Intelligence and Class Structure in American Life[M]. New York: The Free Press.

Hickman C W, 1973. Biology of the Invertebrates[M]. Saint Louis the C V Mosby Company.

Iyengar G V, Kasperek K, Feinendegen L E, 1978. Determination of certain selected bulk and traceelements in the bovine liver matrix using neutron activation analysis[J]. Physics in Medicine &Biology, 23(1): 66-76.

Kinnear J, Martin M, 2016. Nature of Biology. Book 1: VCE units 1 and 2[M]. 5th ed. John Wiley & Sons Australia, Ltd.

Kreis J P, 1994. Parasitic Protozoa[M]. Pittsburgh: Academic Press.

Laughlin S B, Menzel R, Snyder A W,1975. Membranes dichroism and receptor sensitivity Photoreceptor optics[J]. Springer, Heidelberg: 237-259.

Liu Z, Cai Y, Wang Y, et al, 2018. Cloning of Macaque Monkeys by Somatic Cell Nuclear Transfer[J]. Cell,172(4): 881-887.

Luo S E,2018. Biparental Inheritance of Mitochondrial DNA in Humans[J]. Proc Natl Acad Sci USA,115(51): 13039-13044.

Parker T J, Haswell W A, 1963. A Textbook of Zoology[M]. London: Macmllan Company Ltd.

Queller D C, 1994. Genetic relatedness in viscous populations[J]. Evolutionary ecology,8: 70-73.

Reece J B, Urry L A, Cain M L, et al, 2016. Campbell Biology[M]. 11th ed. San Francisco: Pearson Education, Inc.

Schmidt N K, 1977. Animal Physiology Adaptation and Environment[M]. Cambridge University Press.

Schrock E, 1996. Multicolor spectral karyotyping of human chromosomes[J]. Science,273: 494-497.

Wells J, 2000. Icons of Evolution: Science or Myth Regnery[M]. Washington: Regnery Publishing.

Welsch U, Storch V, 1976. Comparative Animal Cytology & Histology[M]. Washington: University of Washington Press.

Wilmut I, Schniek A E, McWhir J, et al, 1997. Viable offspring derived from fetal and adult mammalian cells[J]. Nature, 385(6619): 810-813.

柏树令, 应大君. 2013. 系统解剖学[M]. 第 8 版. 北京: 人民卫生出版社.

陈汉斌, 1990. 山东植物志[M]. 青岛: 青岛出版社.

陈守良, 2005. 动物生理学[M]. 第 3 版. 北京: 北京大学出版社.

陈守良, 2012. 动物生理学[M]. 第 4 版. 北京: 北京大学出版社.

陈义, 1956. 无脊椎动物学[M]. 北京: 商务印书馆.

丁汉波, 1985. 脊椎动物学[M]. 北京: 高等教育出版社.

丁明孝, 王喜忠, 张传茂, 等,2020. 细胞生物学[M]. 第 5 版. 北京: 高等教育出版社.

高信曾, 1987. 植物学(形态、解剖部分)[M]. 北京: 高等教育出版社.

韩贻仁, 2012. 分子细胞生物学. 第 4 版. 北京:科学出版社.

贺士元, 1988. 北京植物检索表[M]. 北京: 北京出版社.

贺士元, 1984. 北京植物志:上册[M]. 北京: 北京出版社.

贺士元, 1986. 河北植物志:上、下册[M]. 北京: 北京出版社.

胡适宜, 1982. 被子植物胚胎学[M]. 北京: 高等教育出版社.

华北树木志编委会, 1984. 华北树木志[M]. 北京: 中国林业出版社.

江静波, 1995. 无脊椎动物学[M]. 第 3 版. 北京: 高等教育出版社.

蒋高明, 2018. 海洋生态系统[J]. 绿色中国, (1): 1-5.

金存礼, 1991. 中国植物志[M]. 北京: 科学出版社.

金国琴, 柳春, 2017. 生物化学. 第 3 版. 上海: 上海科学技术出版社.

李强, 王彬, 邓云, 等, 2019. 西双版纳热带雨林林窗空间分布格局及其特征数与林窗下植物多样性的相关性[J]. 生物多样性, 27(3): 273-285.

李星学, 1981. 植物界的发展和演化[M]. 北京: 科学出版社.

李修政, 林於红, 董家潇, 等, 2017. 胰岛素结构改造的研究进展[J]. 化学与生物工程, 34(09), 15-18+23.

李正理, 1983. 植物解剖学[M]. 北京: 高等教育出版社.

刘捷平, 1991. 植物形态解剖学[M]. 北京: 北京师范学院出版社.

刘凌云, 郑光美, 1997. 普通动物学[M]. 第 3 版. 北京: 高等教育出版社.

刘凌云, 郑光美, 2009. 普通动物学[M]. 第 4 版. 北京: 高等教育出版社.

刘穆, 2001. 种子植物形态解剖学导论[M]. 北京: 科学出版社.

刘若思, 段波, 刘娟, 等, 2020. 非洲大蜗牛形态特征及螺壳制作方法[J]. 现代农业科技, (5): 197-198.

刘志才, 2013. 生态环境之美[M]. 吉林: 吉林出版集团有限责任公司.

柳慧图, 2012. 分子细胞生物学. 北京:高等教育出版社.

陆时万, 1992. 植物学:上册[M]. 第 2 版. 北京: 高等教育出版社.

吕选忠, 2011. 元素生物学[M]. 合肥: 中国科学技术大学出版社.

明延凯, 1991. 植物学教程[M]. 东营: 中国石油大学出版社.

沈同, 王镜岩, 赵邦悌, 等, 1990.生物化学:上 [M].北京: 高等教育出版社.

沈显生, 2007. 生命科学概论[M]. 北京: 科学出版社.

斯特恩, 1975. 植物学拉丁文: 上、下册[M]. 秦仁昌译. 北京: 科学出版社.

汪劲武, 1985. 种子植物分类学[M]. 北京: 高等教育出版社.

汪堃仁, 1991. 细胞生物学[M]. 北京:北京师范大学出版社.

王冬梅, 2010. 生物化学[M]. 北京: 科学出版社.

王平, 2007. 浅谈氨基酸的分类[J]. 内蒙古科技与经济, (03): 93+95.

王恬, 傅永明, 吕俊龙, 2003. 小分子肽营养素对断奶仔猪生产性能及小肠发育的影响[J]. 畜牧与兽医, (4): 4-8.

王庭槐, 2018. 生理学[M]. 第 9 版. 北京: 人民卫生出版社.

王晓凌, 李根亮, 张颖, 2017.. 生物化学 [M]. 第 3 版. 南京: 江苏凤凰科学技术出版社.

王元秀, 2016. 普通生物学[M]. 第 2 版. 北京:化学工业出版社.

翁苗先, 黄佳琼, 张仕豪, 等, 2019. 利用线粒体 col 基因揭示中国乌骨鸡遗传多样性和群体遗传结构[J]. 生物多样性,27(6): 667-676.

吴国芳, 1992. 植物学:下册[M]. 第 2 版. 北京: 高等教育出版社.

吴相钰, 陈守良, 葛明德, 2014. 陈阅曾普通生物学[M]. 第 4 版. 北京: 高等教育出版社.

吴相钰, 陈守良, 葛明德, 2005. 普通生物学[M]. 第 2 版. 北京: 高等教育出版社.

武汉大学, 南京大学, 北京师范大学, 1983. 普通动物学[M]. 第 2 版. 北京: 高等教育出版社.

肖宏强, 张永兵, 韦伟, 等, 2021. 拟建川藏铁路(康定至巴塘段)沿线野生鸟兽的红外相机调查[J]. 生物多样性,29(10): 1396-1402.

徐岁南, 甘运兴, 1965. 动物寄生虫学[M]. 北京: 高等教育出版社.

徐维衡, 1984. 遗传与遗传病(四)[J]. 中华护理杂志, 19(3): 237-241.

许崇任, 程红, 2008. 动物生物学[M]. 第 3 版. 北京: 高等教育出版社.

杨继, 1999. 植物生物学[M]. 北京: 高等教育出版社.

游邵阳, 1982.一个罗伯逊易位 t(13;14)家系的核型分析[J]. 遗传, 4(6):33-34.

翟中和,2011. 细胞生物学 [M]. 第 4 版. 北京:高等教育出版社.

张守润, 2007. 植物学[M]. 北京: 化学工业出版社.

张惟杰, 2016. 生命科学导论[M]. 第 3 版. 北京: 高等教育出版社.

张英锋, 张有来, 张永安,2003.漫谈食物血糖生成指数(GI)[J]. 中学化学, (12): 9.

赵尔宓, 胡其雄, 1984. 中国有尾两栖动物的研究[M]. 成都: 四川科学技术出版社.

郑万钧, 1985. 中国树木志:1、2 册[M]. 北京: 科学出版社.

中国科学院植物所, 国家环保局, 2013. 中国珍稀濒危保护植物[M]. 北京: 中国林业出版社.

中国科学院植物所, 1982. 中国高等植物图鉴(1-5):补编第二册[M]. 北京: 科学出版社.

中国植被编辑委员会, 1980. 中国植被[M]. 北京: 科学出版社.

周宝良, 2013. 植物的生态系统[M]. 吉林: 吉林出版集团有限责任公司.

周仪, 1987. 植物形态解剖实验[M]. 北京: 北京师范大学出版社.

周云龙, 2016. 植物生物学[M]. 第 4 版. 北京:高等教育出版社.

周云龙, 2004. 植物生物学[M]. 第 2 版. 北京: 高等教育出版社.

朱大年, 王庭槐. 2013. 生理学[M]. 第 8 版. 北京: 人民卫生出版社.

邹仲之, 2010. 组织学与胚胎学[M]. 北京: 人民卫生出版社.

左明雪, 2015. 人体及动物生理学[M]. 第 4 版. 北京: 高等教育出版社.